INTRODUCTION TO SIGNALS AND SYSTEMS

3판

신호 및 시스템의 이해

김정창 지음

도서출판 WisdomPL

머리말

§

아날로그 및 디지털 신호처리는 전자 및 전기공학을 비롯하여 다양한 공학 분야에 걸쳐서 널리 적용되고 있다. 이에, 아날로그 및 디지털 신호의 이해 및 해석, 처리를 다루는 신호 및 시스템 교과목은 학생들이 다양한 시스템을 분석하고 설계하는데 있어서 기본적인 지식을 습득하기 위한 필수적인 교과목이라 할 수 있다. 신호의 해석 및 처리는 다양한 수학적인 도구들이 이용되므로 신호 및 시스템의 학습을 위해서는 다양한 수학적인 지식들이 수반되어야 한다. 이로 인하여 많은 학생들이 신호 및 시스템을 매우 어려운 교과목으로 인식하고 있다. 이 책은 아날로그 및 디지털 신호의 해석과 관련한 이론 및 응용을 학부의 한 학기 과정에서 다룰 수 있도록 핵심적인 내용을 위주로 구성되어 있다.

이 책은 대부분의 신호 및 시스템 관련 교재들이 다르고 있는 핵심적인 내용들을 두루 포함하도록 구성되어 있다. 1장~2장은 시간 영역에서 신호 및 시스템의 해석을 다루고, 3~4장은 연속시간 신호를 주파수 영역에서 해석하기 위하여 연속시간 푸리에 해석 및 라플라스 변환을 이용한 해석 방법을 다룬다. 5장은 아날로그 신호를 디지털 신호로 변환하기 위한 샘플링 이론을 소개하고, 6~7장은 이산시간 신호를 주파수 영역에서 해석하기 위한 이산시간 푸리에 해석 및 z 변환을 이용한 해석 방법을 다룬다. 마지막으로 8장에서는 응용분야로서 이산시간 필터의 기초에 대해서 소개한다.

신호는 시간과 같은 어떤 변수에 따라 변화하는 함수로 나타낼 수 있으며, 시스템은 특정 입력에 대해서 특정 출력을 갖게 된다. 신호를 발생하거나 신호로부터 정보를 추출하는 과정은 시스템과 연관되어 있다. 선형 시불변 시스템에서 입력과 출력 신호 사이의 관계를 살펴봄으로써 우리는 시간 영역에서 시스템을 해석하고 분석하는 도구가 되는 컨벌루션 성질을 이해할 수 있으며 시스템을 특정화하는 임펄스 응답을 통하여 임의의 입력에 대한 출력을 구할 수 있다.

또한 특정 주파수 성분에 대한 선형 시불변 시스템의 응답을 관찰함으로써 주파수 영역에서 신호 및 시스템의 분석 방법인 푸리에 분석을 이해할 수 있다. 선형 시불변 시스템은 특정 주파수에 대해서 출력의 크기 및 위상이 증가 혹은 감소하는 특성을 보이며, 우리는 출력 신호의 스펙트럼 혹은 주파수 응답을 통해서 이러한 특성을 관찰할 수 있다. 따라서, 선형 시불변 시스템의 주파수 영역 분석을 통하여 시스템에서 요구되는 주파수 특성을 파악하여 시스템 설계에 반영할 수 있다.

연속시간 신호로 표현되는 아날로그 신호를 다루는 아날로그 시스템은 오늘날 많은 부분에 있어서 디지털 시스템으로 대체되고 있다. 따라서 아날로그 신호를 디지털 신호로 변환하여 디지털 신호처리를 수행하고 그 결과를 다시 아날로그 신호로 변환하는 과정을 필요로 한다. 아날로그 신호는 샘플링을 통하여 이산시간 신호로 변환되고, 이산시간 신호를 주어진 비트 수로 양자화 함으로써 최종 디지털 신호가 얻어진다. 디지털 시스템은 디지털 신호를 처리하는 필터로 정의될 수 있으며 디지털 필터는 하드웨어나 소프트웨어 또는 이들의 결합으로 구현될 수 있다.

신호 및 시스템에서 다루는 이론적 내용을 잘 이해하기 위해서는 다양한 수학적 이론들을 증명하고 이들이 실제로 적용되어 나타나는 다양한 성질들을 살펴보는 것이 필요하다. 그러나 한 학기 강의에서 이를 자세히 다루는 것은 매우 어려운 일이다. 이를 고려하여 이 책에서는 학생들의 이해 및 자가 학습을 도울 수 있도록 신호 및 시스템의 분석 방법들에 대한 수학적 이론의 유도 및 증명과 예제 풀이를 최대한 자세히 기술하도록 노력하였다. 또한, 각 장의 마지막에는 매트랩 예제를 수록하였다. 오늘날 매트랩은 신호 및 시스템을 다루는데 널리 활용되는 소프트웨어 도구 중 하나이다. 이러한 매트랩을 사용하여 신호 및 시스템에서 다루는 몇몇 신호들을 표현하고 시스템을 해석해 봄으로써 신호 및 시스템의 이해를 더욱 향상시킬 수 있을 것이다.

아무쪼록 학생들이 신호 및 시스템을 이해하고 이의 해석에 대한 기본적인 지식을 쌓는데 많은 도움이 되었으면 하는 바램을 가져보며 본 교재의 집필을 가까이에서 응원해 준 아내와 아이들에게 고마움을 전한다. 마지막으로 본 교재의 출간에 애쓴 도서출판 위즈덤플의 관계자분들께도 감사를 전한다.

2025년 8월

김정창

차 례

§

1 장 신호 및 시스템의 기본개념

1장 신호 및 시스템의 기본 개념

이번 장에서는 신호 및 시스템의 해석을 위해서 필요한 신호 및 시스템의 기본적인 개념과 특징, 수학적 모델 등에 대해서 살펴본다. 신호 및 시스템은 여러 분야에서 널리 통용되는 개념으로서 이로부터 나온 다양한 내용은 전자전기, 유무선 통신, 전자회로, 기계 및 공정제어 등을 포함한 매우 다양한 분야에서 적용되고 있다. 응용 분야에 따라 다루는 대상은 비록 큰 차이를 보일지라도 이들 분야에서 신호 및 시스템이 갖는 몇 가지 공통된 특징이 있다. 앞으로 신호 및 시스템을 이해하고 해석하는데 있어서 필요한 다양한 이론 및 수학적 도구들을 살펴보고 이를 실제 문제에 적용하여 해석하고 풀어볼 것이다.

1.1 신호 및 시스템의 기본 개념

❖ 신호

신호(signal)는 어떤 물리적인 현상에 대한 물리량을 의미하며, 하나 이상의 변수(variable)를 가지는 함수(function)로 정의될 수 있다. 예를 들면 사람의 음성, 심장 박동, 혈압, 온도, 빛의 세기 등에 대한 물리량을 신호라고 할 수 있다. 또한 이러한 물리량의 신호는 많은 경우 시간에 따라 변화하는 값을 가지므로 우리는 이를 시간에 대한 함수로 정의할 수도 있다. 시간에 따라 변화하는 물리량의 신호를 전압이나 전류 등의 변화량과 같은 전기적인 신호로 변환함으로써 우리는 이들 신호를 전기적으로 처리하여 실생활에 유용한 제품을 개발할 수 있다. 또한 하나의 변수만 가지는 신호를 일차원 신호라 하고 두 개 이상의 변수를 갖는 신호를 다차원 신호라 한다.

그림 1.1은 우리 주변에서 접할 수 있는 신호의 예로서, 음성 신호와 심전도(ECG: electrocardiogram) 신호를 나타낸다. 그림 1.1(a)의 음성 신호는 시간에 따라 변화하는 소리의 크기가 전압 크기로 변환되어 나타난 신호의 예이다.

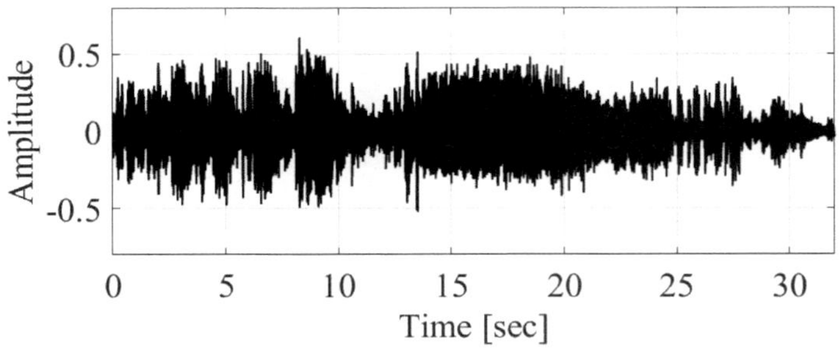

(a)

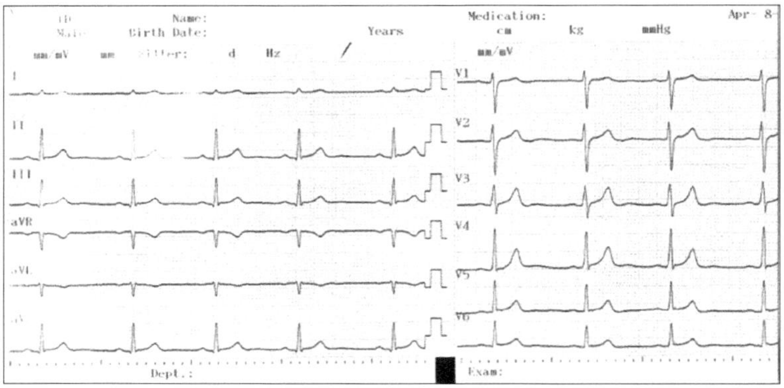

(b)

그림 1.1 신호의 예, (a) 음성 신호, (b) 심전도 신호

그림 1.1(b)의 심전도 신호는 심박동과 관련된 전기적 신호를 신체에 부착된 전극을 이용하여 측정한 신호의 예이다. 물리적 현상을 전기적 신호로 변환함으로써 우리는 물리적 현상이 나타내는 여러 정보를 LP, CD/DVD, HDD/SSD, 메모리 등과 같은 저장매체에 저장하거나 전기 및 전자회로, 마이크로프로세서, 마이크로콘트롤러, 컴퓨터 등을 통해 처리할 수 있다.

그림 1.2에서 보여지는 디지털 사진은 이미지 정보를 가지고 있으며 여기서 신호는 픽셀의 위치에 따른 밝기의 변화로 볼 수 있을 것이다.

신호의 독립변수는 연속적인 값을 가지거나 이산적인 값만을 가질 수도 있다. 이에 따른 신호의 분류를 뒤에서 살펴보도록 한다.

그림 1.2 디지털 사진 (https://pixabay.com/)

❖ 시스템

시스템(system)은 하나 이상의 신호를 입력받아 주어진 기능을 수행하기 위하여 입력된 신호를 다양한 형태로 변형하거나 연산하는 장치(device) 또는 과정(process)을 의미한다. 우리가 다루는 대부분의 영역에서 신호를 생성하거나 신호를 받아들여 필요한 정보를 추출하는 시스템은 신호와 연관되어 있다. 예를 들면, 마이크 및 녹음 장치는 음성 신호를 그림 1.1(a)와 같은 전기적인 신호로 변환하여 저장매체에 저장하는 시스템이다. 심전도 검사 장비는 심박동과 관련된 전기적 신호를 측정하여 그림 1.1(b)와 같은 전압 신호로 변환하는 시스템이다. 또한, 신호는 함수로 정의될 수도 있으므로 시스템은 함수로 표현되는 입력 신호(input signal)에 대한 다양한 수학적 연산들의 결합으로 표현될 수도 있다. 이러한 수학적 연산들은 프로그램과 같은 소프트웨어 형태로 구현되어 마이크로프로세서 혹은 컴퓨터에서 처리되거나 전기 및 전자회로, 반도체와 같은 하드웨어 형태로 구현될 수도 있다.

그림 1.3은 통신 시스템(communication system)의 구성도를 나타낸다. 송신기(transmitter)는 다양한 정보 신호를 입력받아 원거리의 목적지까지 전달하기에 적합한 형태로 변환하는 역할을 수행한다. 여기서, 정보 신호는 음성, 영

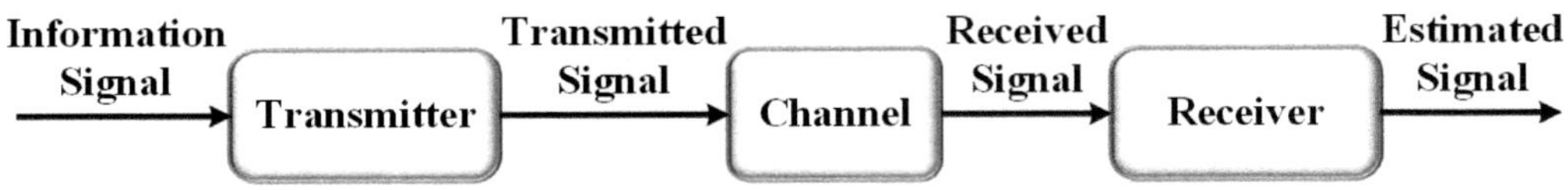

그림 1.3 통신 시스템 구성도

상, 데이터 등이 될 수 있다. 따라서 송신기는 하나의 시스템이라고 할 수 있다. 송신기에서 전송된 신호(transmitted signal)는 전화선, 광섬유, 전파 등 다양한 경로를 통하여 원거리의 목적지인 수신기(receiver)에 도달될 수 있다. 송신 신호는 송신기에서 수신기로 도달하는 경로 상에서 신호의 감쇄(attenuation)나 왜곡(distortion) 등의 영향을 받을 수 있으며, 이러한 송신기와 수신기 사이의 신호 전달 경로를 채널(channel)이라고 한다. 채널은 송신 신호를 입력받아 신호의 감쇄나 왜곡을 겪어 수신기에 도달되는 수신 신호를 출력하는 하나의 시스템이라고 할 수 있다. 수신기(receiver)는 채널을 통과하여 수신된 신호로부터 원래의 정보 신호를 추정하여 복원하는 역할을 수행하는 하나의 시스템이다. 송신기와 수신기의 동작은 통신 시스템의 종류에 따라 달라지며 아날로그 통신과 디지털 통신으로 구분될 수 있다. 아날로그 통신의 경우 음성 및 영상 신호와 같은 아날로그 정보가 송신기에서 아날로그 형태로 전송되는 반면, 디지털 통신의 경우 아날로그 형태의 정보는 송신기에서 디지털 형태로 변환되어 전송된다. 아날로그 형태의 정보는 샘플링(sampling) 과정을 통하여 디지털 형태로 변환될 수 있다. 통신 시스템은 정보를 원거리의 목적지까지 오류없이 성공적으로 전송하는데 있어서 더 낮은 전력으로 보다 멀리 전송하기 위하여 전송 효율을 향상시키기 위한 다양한 기법을 사용한다.

그림 1.4는 제어 시스템(control system)의 구성도를 나타낸다. 제어 시스템은 플랜트(plant)로 명명된 제어 대상을 제어하기 위한 제어기(controller)와 플랜트의 동작 상태를 모니터링하기 위한 센서(sensor)들로 이루어진다. 플랜트의 동작을 센서가 모니터링하여 피드백 신호(feedback signal)를 생성하고 이를 사용자가 원하는 입력 신호와 비교하여 오차 신호(error signal)를 생성한다.

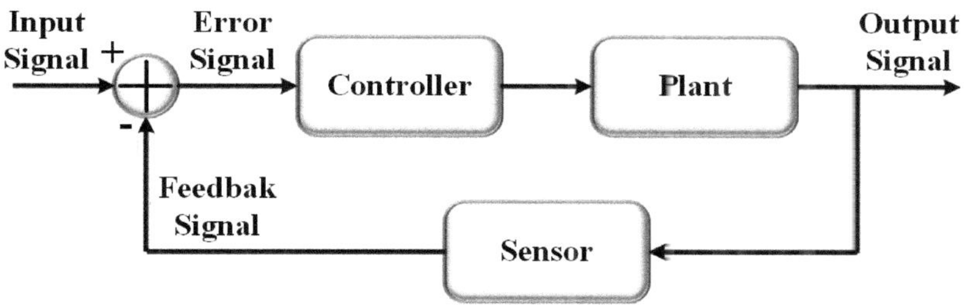

그림 1.4 제어 시스템 구성도

제어기는 오차 신호로부터 플랜트의 입력 신호를 생성하게 된다. 제어 시스템은 원하는 출력 신호를 얻기 위하여 입력 신호와 센서로부터 피드백된 신호로부터 제어 대상 시스템을 끊임없이 제어하기 위한 신호를 생성한다. 출력 신호의 크기가 허용된 범위 내에서 변화할 수 있도록 제어기를 설계해야 하며 출력 신호가 급격히 증가하여 발산하게 되면 불안정한 시스템이 된다.

그림 1.5는 저항(resistor)과 커패시터(capacitor)로 구성된 전기회로 시스템을 나타낸다. 전압 소스(source)로부터 전압이 인가되면 커패시터에 전하가 충전된다. 전압 소스의 전압 $x(t)$를 입력 신호로 정의하고 커패시터 양단의 전압 $y(t)$를 출력 신호라고 정의하면 그림 1.5의 전기회로 시스템은 입력 전압 $x(t)$가 출력 전압 $y(t)$로 변환되는 시스템을 나타낸다고 할 수 있다. 여기서, 입력과 출력 신호는 모두 시간을 변수로 하는 함수로 표현될 수 있다. 입력 신호에 대한 출력 신호의 파형은 전기회로 시스템을 구성하는 저항 값 R과 정전 용량 C에 의해서 결정된다. 이 회로에 흐르는 전류의 양은 커패시터 양단의 전압의 변화량에 비례하며 정전 용량은 비례 상수로 작용한다.

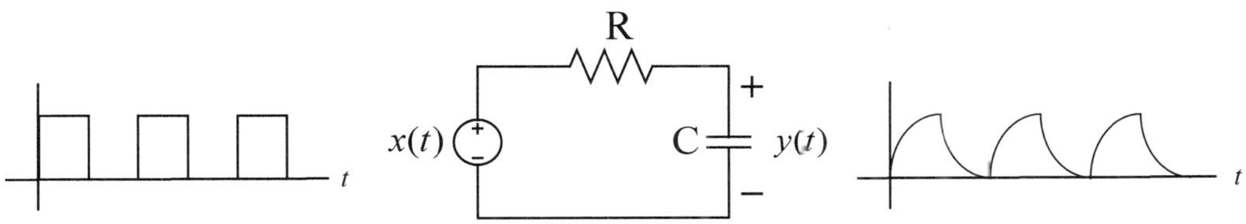

그림 1.5 전기회로의 예

전기회로에 대한 해석은 회로이론에서 보다 자세히 다룰 것이므로 여기서는 간단히 언급만 하도록 하겠다.

1.2 신호의 분류

신호는 형태, 모양 등에 따라 다양하게 분류될 수 있다. 이번 절에서는 다양한 신호의 분류 방법을 소개하고 각 신호의 특징에 대해서 살펴본다. 신호는 물리적인 현상에 대한 물리량을 나타내므로 신호의 특징은 전기적인 신호로 변환되기 이전 물리적인 현상과 연관이 있음을 알 수 있다. 뿐만 아니라, 신호는 우리가 다루고자 하는 다양한 분야의 정보를 함수의 형태로 나타낼 수 있으므로 다양한 방법으로 표현될 수 있다.

1.2.1 연속시간 신호와 이산시간 신호

❖ 연속시간 신호

연속시간 신호(continuous-time signal)는 연속적인 시간 t에 대해서 연속적인 물리량을 갖는 신호를 의미한다. 즉, 연속시간 신호는 변수 t에 대한 연속함수 $x(t)$로 정의될 수 있다. 그림 1.6은 신호의 크기가 시간에 따라 변화하는 연속시간 신호의 예로서 정현파 신호(sinusoidal signal)를 나타내며, 이를 함수로 표시하면 다음과 같다.

$$x(t) = \sin(2\pi t) \tag{1.1}$$

연속시간 신호는 다양한 물리적인 신호 또는 파형이 전기적인 신호로 변환됨으로써 생성될 수 있다. 이러한 신호의 변환은 다양한 물리량을 전기적인 신호로 변환하는 센서들을 통하여 이루어질 수 있다. 예를 들면, 온도 센서, 가속도

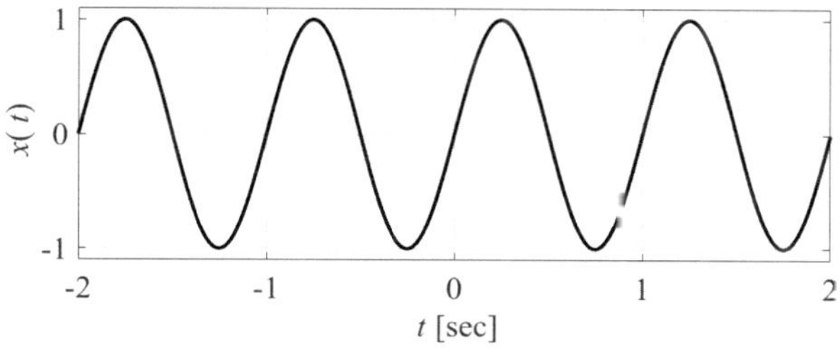

그림 1.6 연속시간 신호의 예(정현파 신호)

센서, 압력 센서는 각각 온도, 가속도, 압력과 같은 물리량을 전기적인 신호로 변환한다. 연속시간 신호는 아날로그 신호(analog signal)로도 불린다.

❖ 이산시간 신호

반면, 이산시간 신호(discrete-time signal)는 불연속적인 특정 시간에서만 값을 갖는 신호를 의미한다. 이러한 불연속적인 특정 시간을 이산시간이라고 하며, 보통 이산시간은 일정 간격을 갖는다. 이산시간 신호는 특정 시간에 연속시간 신호의 값을 취하는 샘플링 과정을 통하여 얻어질 수 있다. 샘플링 주기(period)를 T_s 라고 할 때, $t=nT_s$ 시간에서 연속시간 신호를 샘플링하여 얻어지는 이산시간 신호 $x[n]$은 다음과 같이 주어진다. 여기서, n은 정수(integer)이다.

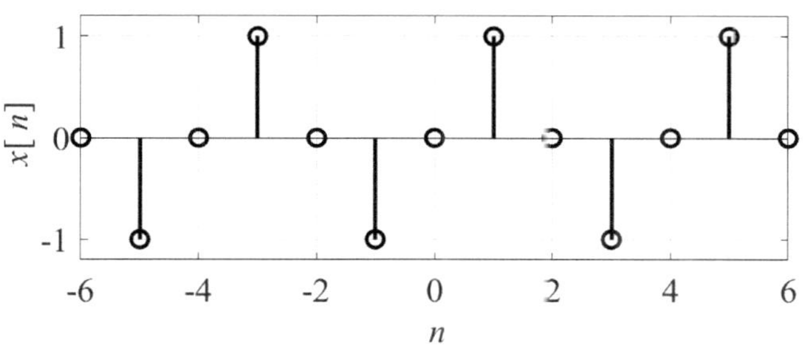

그림 1.7 이산시간 신호의 예

$$x[n] = x(nT_s),\ \ n = 0, \pm 1, \pm 2, \cdots \tag{1.2}$$

이산시간 신호는 연속시간 신호의 값을 일정 시간 간격으로 샘플링하여 얻어질 수 있으므로 이 값들을 나열하면 수열(sequence)로 나타낼 수 있다. 그림 1.7은 이산시간 신호의 예로서 그림 1.6의 정현파 신호를 $T_s = 0.25$ 초 간격으로 샘플링하여 얻어지는 이산시간 신호이다. 따라서 이와 같이 얻어지는 이산시간 신호의 값은 수식 (1.2)를 이용하여 수식 (1.3)과 같이 나타낼 수 있다.

$$x[n] = x(nT_s) = x(n/4) = \sin(2\pi n/4),\ \ n = 0, \pm 1, \pm 2, \cdots \tag{1.3}$$

그러면, 이산시간 신호는 $\cdots$, $x[-2]$, $x[-1]$, $x[0]$, $x[1]$, $x[2]$, $\cdots$ 와 같이 수열로 나타낼 수 있다.

이산시간 신호는 아날로그 신호를 디지털 신호(digital signal)로 변환하는 과정에서 얻을 수 있는 신호로서 엄밀히 말하자면, 이산시간 신호가 디지털 신호를 의미하지는 않는다. 디지털 신호는 아날로그 신호를 시간 축에서 일정한 간격의 이산시간 신호로 변환하는 샘플링 과정 이후에 각각의 이산시간 신호 값을 유한한 개수의 비트(bit)로 나타내는 양자화(quantization) 과정을 거쳐서 얻어진다. 이산시간 신호와 디지털 신호는 모두 이산 값(discrete value)이며, 단지 각각의 신호 값을 나타내는 방법만 다르다. 다시 말해서, 이산시간 신호는 무한한 정밀도(precision)를 가지지만 디지털 신호는 유한한 정밀도를 갖는다고 할 수 있다.

1.2.2 주기 신호와 비주기 신호

❖ 주기 신호

주기 신호(periodic signal)는 일정 시간 구간의 신호 값들이 반복적으로 나타나는 신호를 의미한다. 여기서, 반복적으로 나타나는 신호의 시간 길이를 주기라고 한다. 일반적으로, 연속시간 주기 신호의 주기는 T로 표기하며 양의 실수이다. 주기 T인 연속시간 신호 $x(t)$는 다음과 같은 성질을 만족한다.

$$x(t+T)=x(t) \tag{1.4}$$

수식 (1.4)를 만족하는 가장 작은 T의 값을 주기 신호 $x(t)$의 기본 주기(fundamental period)라고 정의하고 T_0로 표기한다.

그러면, $T=2T_0, 3T_0, 4T_0, \cdots$에 대해서도 수식 (1.4)를 만족한다. 따라서, T_0의 정수배에 해당하는 $T=nT_0$에 대해서도 수식 (1.4)를 만족하며 $x(t)$의 주기가 된다. 여기서, n은 양의 정수이다. 기본 주기의 역수를 주기 신호 $x(t)$의 기본 주파수(fundamental frequency)라고 정의한다. 주기는 [sec], 주파수는 [Hz] 단위로 표시되며, 주기 T와 주파수 f의 관계는 다음과 같다.

$$f=\frac{1}{T} \tag{1.5}$$

반면, 주파수를 나타내는 또 다른 방법인 각주파수(angular frequency)는 단위 시간 당 각도의 변화량을 나타내며 ω로 표기하고 다음과 같이 정의된다.

$$\omega=2\pi f=\frac{2\pi}{T} \tag{1.6}$$

여기서, 각주파수의 단위는 초당 라디안(radian)을 나타내는 [rad/sec]로 표기한다. 예를 들어, 주기가 1 [sec]인 주기 신호의 경우 각주파수는 2π [rad/sec]이며 이는 해당 신호가 1 [sec] 동안 원 위를 한 바퀴 돌 수 있는 속도로 변화함을 의미한다. 각주파수가 클수록 원 위를 한 바퀴 도는데 걸리는 시간은 더 짧아진다고 할 수 있다.

기본 주기 T에 대한 각주파수를 연속시간 신호의 기본 각주파수라고 정의하며 다음과 같이 나타낸다.

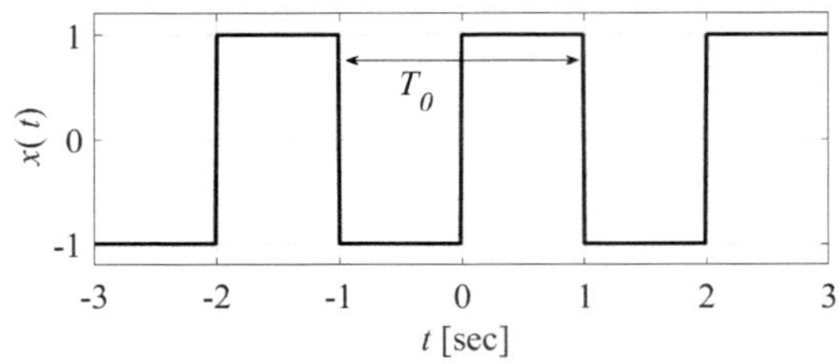

(a)

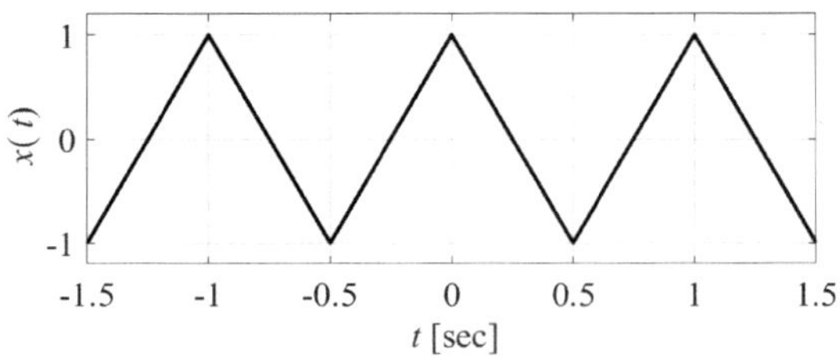

(b)

그림 1.8 연속시간 주기 신호의 예, (a) 구형파 신호, (b) 삼각파 신호

$$\omega_0 = \frac{2\pi}{T_0} \tag{1.7}$$

그림 1.8은 연속시간 주기 신호의 예로서 그림 1.8(a)는 구형파 신호(rectangular signal)를 나타내고 그림 1.8(b)는 삼각파 신호(triangular signal)를 나타낸다.

예제 1-1 연속시간 주기 신호의 주기 및 각주파수

그림 1.8(a)와 그림 1.8(b)의 연속시간 주기 신호에 대해서 기본 주기와 기본 각주파수를 구하시오.

풀이

그림 1.8(a)의 기본 주기 T_0는 2 [sec]이고 기본 각주파수 ω_0는 $\frac{2\pi}{T_0} = \pi$이다. 그림

1.8(b)의 기본 주기 T_0는 1 [sec]이고 기본 각주파수 ω_0는 $\frac{2\pi}{T_0}=2\pi$이다.

이산시간 주기 신호의 주기는 N으로 표기하며 양의 정수이다. 주기 N인 이산시간 신호 $x[n]$은 다음과 같은 성질을 만족한다.

$$x[n+N]=x[n] \tag{1.8}$$

수식 (1.8)을 만족하는 가장 작은 N의 값을 주기 신호 $x[n]$의 기본 주기라고 정의하고 N_0로 표기한다. 그러면 연속시간 신호에서와 마찬가지로 $N=N_0$에 대해서 수식 (1.8)을 만족하므로 N_0의 정수배에 해당하는 $N=kN_0$에 대해서도 수식 (1.8)을 만족하며 $x[n]$의 주기가 된다. 여기서, k는 양의 정수이다. 그림 1.9는 이산시간에 대한 주기 신호의 예로서 그림 1.9(a)는 그림 1.8(a)의 연속시간 구형파 신호를 1초에 4회 샘플링함으로써 얻어지는 이산시간 구형파 신호를 나타낸다. 또한, 그림1.9(b)는 그림 1.8(b)의 연속시간 삼각파 신호를 1초에 8회 샘플링함으로써 얻어지는 이산시간 삼각파 신호를 나타낸다.

여기서 주의해야 할 점은, 연속시간 신호의 주기 T는 양의 실수인 반면 이산시간 신호의 주기 N은 양의 정수라는 점이다. 이산시간 신호가 수열이라는 점을 상기해 본다면, 이산시간 주기 신호는 일정한 개수의 수열 값들이 반복되어 나타나므로 반복되는 수열 값들의 개수가 주기가 되며 이는 양의 정수여야 함을 자연스럽게 알 수 있다. 또한, 연속시간 신호가 샘플링되어 수열로 변환된 이산시간 신호는 더 이상 시간에 대한 함수가 아니라 샘플 인덱스(sample index)에 대한 함수로 존재하게 되므로 이산시간 신호에서 시간 n은 샘플 인덱스를 의미하고 주기의 단위는 [sample]이 된다. 따라서 연속시간 신호에서 정의되는 [Hz] 단위의 주파수는 정의되지 않으며 [rad/sample] 단위의 각주파수가 다음과 같이 정의된다.

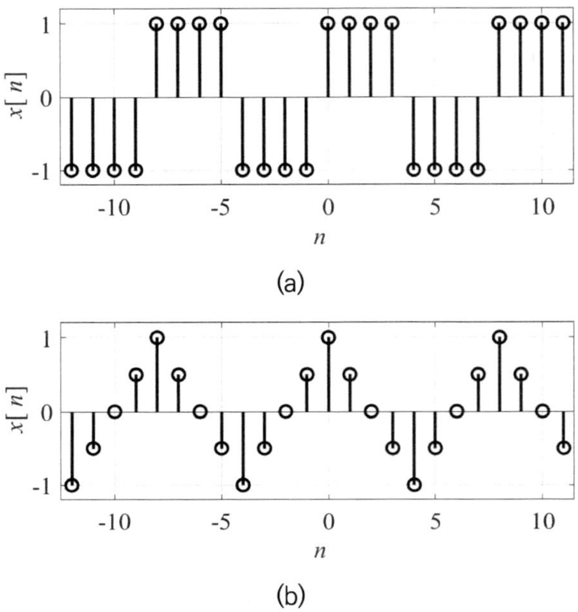

그림 1.9 이산시간 주기 신호의 예, (a) 구형파 신호, (b) 삼각파 신호

$$\Omega = \frac{2\pi}{N} \tag{1.9}$$

이는 해당 이산시간 주기 신호가 반복되는 빠르기를 나타냄에 있어서, 원 위를 회전하는 경우로 가정하여 1 [sample] 동안 원 위에서 움직인 각도를 나타낸다. 즉, 원 위에서 2π [rad] 만큼의 회전은 주기 신호에서 한 주기 만큼의 반복에 해당한다고 할 수 있다. 각주파수가 클수록 원 위를 한 바퀴 도는데 걸리는 샘플 수는 더 적어진다. 여기서 주의해야 할 점은 앞서 설명한 바와 같이 이산시간 신호의 주기 N은 양의 정수이므로 N은 1보다 크거나 같은 정수이어야만 한다는 것이다.

그림 1.10은 몇 가지 각주파수에 대한 이산시간 정현파 신호 $x[n] = \cos(\Omega \cdot n)$을 나타낸다. 그림 1.10(a)는 각주파수가 0 혹은 2π일 때 이

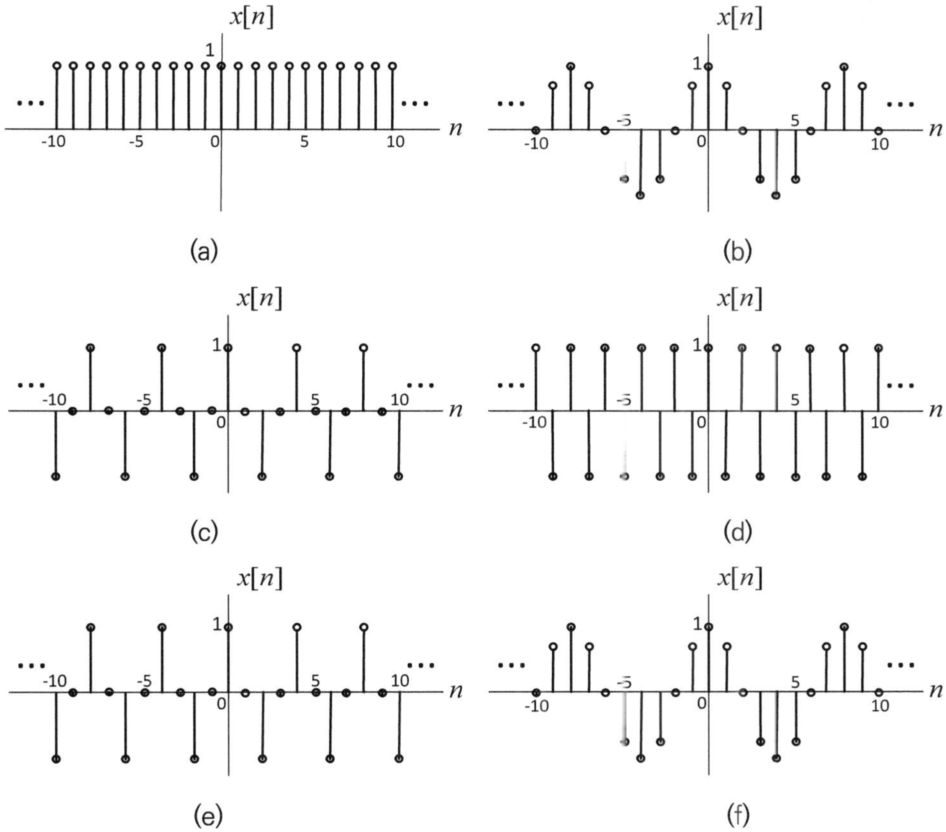

그림 1.10 각주파수 Ω에 따른 이산시간 정현파 신호 $x[n]=\cos(\Omega \cdot n)$의 예, (a) $\Omega=0$ 또는 $\Omega=2\pi$, (b) $\Omega=\pi/4$, (c) $\Omega=\pi/2$, (d) $\Omega=\pi$, (e) $\Omega=3\pi/2$, (f) $\Omega=7\pi/4$

산시간 정현파 신호를 나타낸다. 이산시간 신호의 주기 N이 작을수록 주기가 짧아지므로 가장 작은 $N=1$일 때 각주파수가 가장 클 것으로 생각하기 쉽다. 그러나 그림 1.10(a)에서 볼 수 있듯이 $N=1$일 때 이 신호는 모든 샘플 인덱스에 대해서 항상 동일한 상수 값을 가지므로 변화가 없다. 그러므로 $N=1$을 제외한 가장 짧은 주기는 $N=2$이고 각주파수는 $\Omega=\pi$이다. 그림 1.10(d)에서 볼 수 있듯이 $\Omega=\pi$인 경우 매 샘플 인덱스마다 신호의 값이 번갈아 반복되는 주기성을 보이므로 이 신호가 가장 빠른 각주파수를 가지게 된다. 그림 1.10(b)와 그림 1.10(c)는 각각 $\Omega=\pi/4$와 $\Omega=\pi/2$를 가지는 이산시간 정현파 신호를 나타내며, 각주파수가 증가할수록 주기는 짧아짐을 알 수 있다. 그림 1.10에서 살펴볼 수 있듯이 이산시간 신호의 가장 느린 각주파수는 $\Omega=0$이며 가장 빠른 각주파수는 $\Omega=\pi$이다. 그리고 Ω 값이 π 보다 커지면 신호의 주기는 점차 증가하여 신호의 실제 각주파수는 점차 감소하여 $\Omega=2\pi$일 때 이 신호는 각주파수가 0인 신호와 동일한 값을 갖는다. 따라서, 실제 이산시간 신호의 각주파수는 0과 π 사이의 값을 가짐을 알 수 있다.

기본 주기 N_0에 대한 각주파수를 이산시간 신호의 기본 각주파수라고 정의하고 다음과 같이 나타낸다.

$$\Omega_0=\frac{2\pi}{N_0} \tag{1.10}$$

예제 1-2 이산시간 주기 신호의 주기 및 각주파수

그림 1.9(a)와 그림 1.9(b)의 이산시간 주기 신호에 대해서 기본 주기와 기본 각주파수를 구하시오.

풀이

그림 1.9(a)의 기본 주기 N_0는 8 [sample]이고 기본 각주파수 Ω_0는 $\pi/4$이다.

그림 1.9(b)의 기본 주기 N_0는 8 [sample]이고 기본 각주파수 Ω_0는 $\pi/4$이다.

앞의 예제 1-1과 예제 1-2를 통하여 연속시간 주기 신호의 주기와 이산시간 주기 신호의 주기에 있어서 차이점을 확인할 수 있다. 그림 1.9(a)와 그림 1.9(b)는 각각 그림 1.8(a)와 그림 1.8(b)의 연속시간 신호를 한 주기 당 8회 샘플링하여 얻어진 이산시간 신호이다. 여기서 그림 1.8(a)의 연속시간 신호의

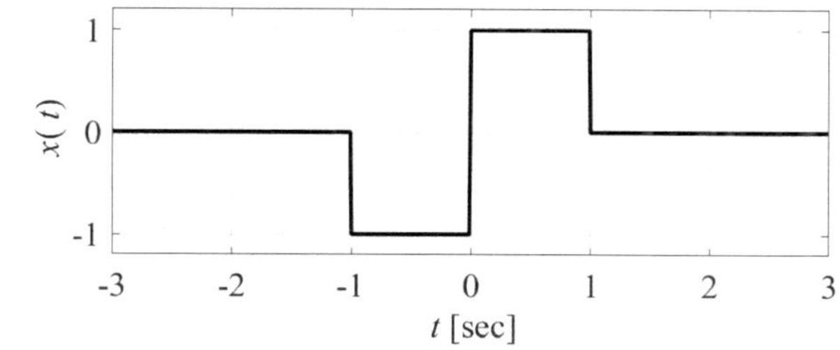

(a)

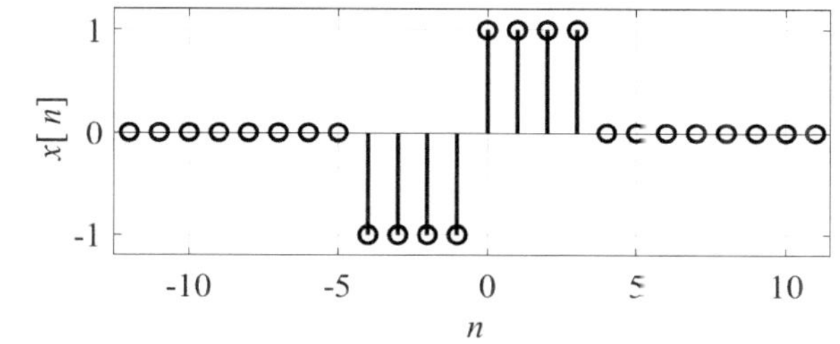

(b)

그림 1.11 비주기 신호의 예, (a) 연속시간 비주기 신호, (b) 이산시간 비주기 신호

주기는 2 [sec]이고, 그림 1.8(b)의 연속시간 신호의 주시는 1 [sec]이다. 서로 다른 두 개의 연속시간 주기 신호의 기본 주기가 서로 다르더라도 한 주기 동안 동일한 회수의 샘플링을 수행하여 얻어진 이산시간 주기 신호는 동일한 주기를 가짐을 알 수 있다. 이는 이산시간 신호의 경우 주기는 절대적인 시간의 양이 아니라 샘플의 개수로 정의되기 때문임을 다시 한번 확인할 수 있다.

❖ 비주기 신호

비주기 신호(aperiodic signal)는 수식 (1.4)를 만족하는 연속시간 신호의 주기 T 혹은 수식 (1.8)을 만족하는 이산시간 신호의 주기 N이 존재하지 않는 신호를 말한다. 그림 1.11은 연속시간 및 이산시간에 대한 비주기 신호의 예를 나타낸다. 주기 신호는 일정한 시간 간격으로 동일한 신호가 반복적으로 나타나는 반면 비주기 신호는 동일한 신호가 반복되지 않는다. 비주기 신호는 주기 신호의 한 주기에 해당하는 부분만을 취함으로써 만들 수도 있다.

예제 1-3 주기 신호 및 비주기 신호

다음과 같이 주어지는 연속시간 및 이산시간 신호에 대하여 주기 신호 혹은 비주기 신호를 판단하고, 주기 신호이면 기본 주기와 기본 각주파수를 구하시오.

(a) $x(t) = 2\cos(t)$

(b) $x(t) = \cos^2(2t)$

(c) $x(t) = \cos(4\pi t/3)$

(d) $x[n] = (-1)^n$

(e) $x[n] = 2\cos(\pi n)$

(f) $x[n] = 2\cos(n)$

(g) $x[n] = 2(-1)^n\cos(\pi n)$

(h) $x[n] = \cos(4\pi n/3)$

풀이

(a) 주기 신호, $T_0 = 2\pi$ [sec], $\omega_0 = 1$

(b) 주기 신호, $T_0 = \pi/2$ [sec], $\omega_0 = 4$

(c) 주기 신호, $T_0 = 3/2$ [sec], $\omega_0 = 4\pi/3$

(d) 주기 신호, $N_0 = 2$ [sample], $\Omega_0 = \pi$

(e) 주기 신호, $N_0 = 2$ [sample], $\Omega_0 = \pi$

(f) 비주기 신호

(g) 주기 신호, $N_0 = 1$ [sample], $\Omega_0 = 0$

(h) 주기 신호, $N_0 = 3$ [sample], $\Omega_0 = 2\pi/3$

위 예제 중에서 (c)와 (h)를 비교해보자. 여기서, (h)의 신호 $x[n] = \cos(4\pi n/3)$는 (c)의

신호 $x(t)=\cos(4\pi t/3)$를 샘플링하여 얻은 것이라고 볼 수 있다. 그런데 신호 $x(t)$는 $3/2$의 기본 주기를 가지는 반면 신호 $x[n]$은 3의 기본 주기를 갖는다. 이는 이산시간 신호는 오직 정수 값만을 갖는 샘플 인덱스에 대한 함수이기 때문이다.
또한, (a)와 (f)를 비교해보자. 여기서, (f)의 신호 $x[n]=2\cos(n)$는 (a)의 신호 $x(t)=2\cos(t)$를 샘플링하여 얻은 것이라고 볼 수 있다. 그런데 (a)의 신호 $x(t)$는 2π의 기본 주기를 가지는 반면 (f)의 신호 $x[n]$은 비주기 신호이다. 이는 이산시간 신호의 주기는 오직 정수 값만을 가져야 하는데 수식 (1.8)의 $x[n+N]=x[n]$를 만족하는 정수 값 N이 존재하지 않기 때문이다.

1.2.3 우함수 신호와 기함수 신호

❖ 우함수 신호

다음 조건을 만족하는 연속시간 신호 $x(t)$ 및 이산시간 신호 $x[n]$을 우함수 신호(even signal)라고 정의한다.

$$x(-t)=x(t) \tag{1.11}$$

$$x[-n]=x[n] \tag{1.12}$$

우함수 신호는 $t=0$ 혹은 $n=0$을 기준으로 좌우 대칭임을 알 수 있다. 그림 1.12는 연속시간 및 이산시간에 대한 우함수 신호의 예를 나타낸다.

❖ 기함수 신호

다음 조건을 만족하는 연속시간 신호 $x(t)$ 및 이산시간 신호 $x[n]$을 기함수 신호(odd signal)라고 정의한다.

$$x(-t)=-x(t) \tag{1.13}$$

$$x[-n]=-x[n] \tag{1.14}$$

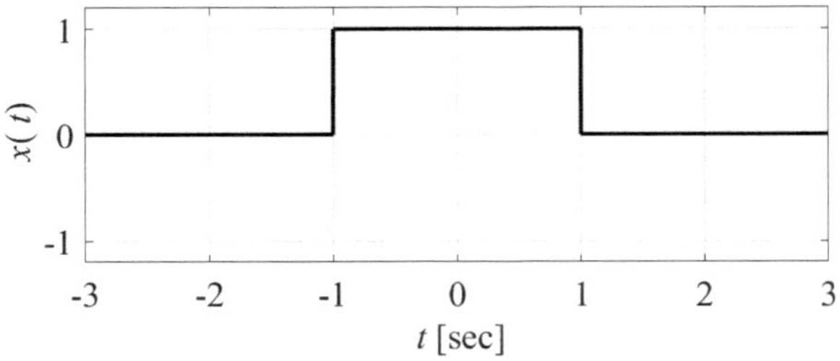

(a)

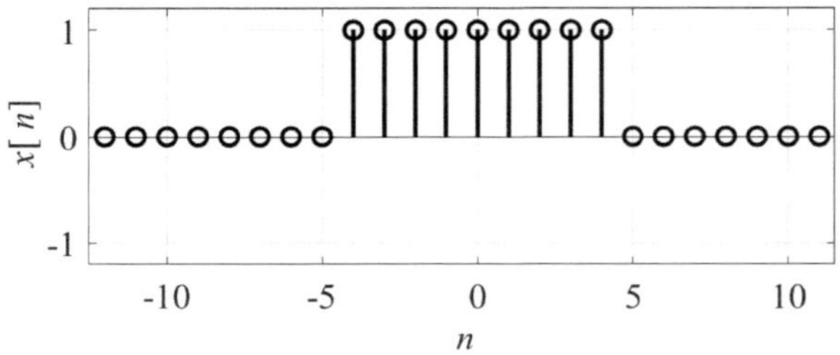

(b)

그림 1.12 우함수 신호의 예, (a) 연속시간 신호, (b) 이산시간 신호

기함수 신호는 원점 대칭임을 알 수 있다. 그림 1.13은 연속시간 및 이산시간에 대한 기함수 신호의 예를 나타낸다.

일반적으로, 임의의 신호는 다음과 같이 수식 (1.11) 혹은 수식 (1.12)를 만족하는 우함수 신호 성분과 수식 (1.13) 혹은 수식 (1.14)를 만족하는 기함수 신호 성분의 합으로 나타낼 수 있다.

$$x(t) = x_e(t) + x_o(t) \tag{1.15}$$

$$x[n] = x_e[n] + x_o[n] \tag{1.16}$$

여기서, $x_e(t)$와 $x_e[n]$은 우함수 신호 성분을 나타내고, $x_o(t)$와 $x_o[n]$은 기함수 신호 성분을 나타낸다.

연속시간 신호 $x(t)$에 대한 우함수 신호 성분 $x_e(t)$와 기함수 신호 성분 $x_o(t)$는 주어진 연속시간 신호 $x(t)$를 이용하여 다음과 같이 계산될 수 있다.

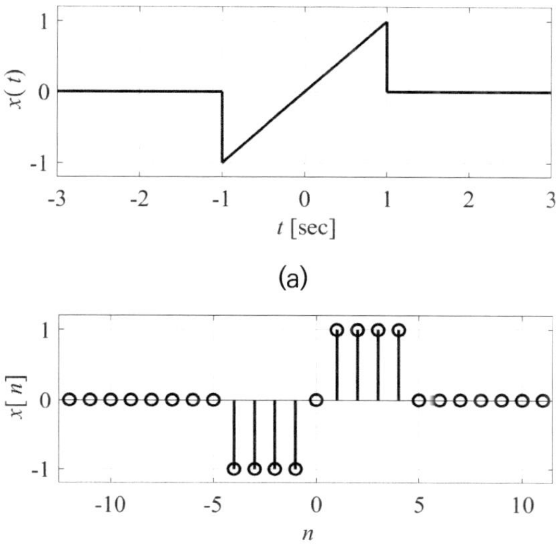

(a)

(b)

그림 1.13 기함수 신호의 예, (a) 연속시간 신호, (b) 이산시간 신호

$$x_e(t) = \frac{1}{2}(x(t) + x(-t)) \tag{1.17}$$

$$x_o(t) = \frac{1}{2}(x(t) - x(-t)) \tag{1.18}$$

또한, 이산시간 신호 $x[n]$에 대한 우함수 신호 성분 $x_e[n]$과 기함수 신호 성분 $x_o[n]$은 주어진 이산시간 신호 $x[n]$을 이용하여 다음과 같이 계산될 수 있다.

$$x_e[n] = \frac{1}{2}(x[n] + x[-n]) \tag{1.19}$$

$$x_o[n] = \frac{1}{2}(x[n] - x[-n]) \tag{1.20}$$

예제 1-4 우함수 및 기함수 신호

다음 신호들에 대해서 각각 우함수 신호 성분과 기함수 신호 성분을 구하여라.

(a) $x(t) = e^t$

(b) $x[n] = \sin[n]\cos[n]$

풀이

수식 (1.17)~수식 (1.20)을 이용하여 다음과 같이 우함수 및 기함수 성분을 구할 수 있다.

(a) $x_e(t) = \frac{1}{2}(x(t) + x(-t)) = \frac{1}{2}(e^t + e^{-t})$,

$x_o(t) = \frac{1}{2}(x(t) - x(-t)) = \frac{1}{2}(e^t - e^{-t})$

우함수 신호 및 기함수 신호 성분을 이용하여 $x(t) = x_e(t) + x_o(t) = e^t$와 같이 나타낼 수 있음을 알 수 있다.

(b) $x_e[n] = \frac{1}{2}(x[n] + x[-n]) = 0$, $x_o[n] = \frac{1}{2}(x[n] - x[-n]) = \sin[n]\cos[n]$

우함수 신호 및 기함수 신호 성분을 이용하여 $x[n] = x_e[n] + x_o[n] = \sin[n]\cos[n]$와 같이 나타낼 수 있음을 알 수 있다.

1.2.4 결정적 신호와 불규칙 신호

❖ 결정적 신호

결정적 신호(deterministic signal)는 어느 순간의 값이 정해져 있는 신호를 의미하며, 신호의 값을 정해진 함수로 나타낼 수 있다. 앞서, 그림 1.6의 정현파 신호는 함수 $x(t) = \sin(2\pi t)$와 같이 나타낼 수 있고 모든 순간의 신호 값이 함수로서 미리 정해져 있으므로 결정적 신호라고 할 수 있다. 또한, 그림 1.7 ~ 그림 1.13의 신호도 모두 결정적 신호이다.

❖ 불규칙 신호

반면, 불규칙 신호(random signal)는 신호가 발생하기 전까지 값이 결정되지 않아 불확실성을 가지고 있는 신호를 의미한다. 예를 들어, 열 잡음(thermal noise)은 전도체 전하(electron)의 열적 불규칙 운동에 의하여 발생되는 잡음으로서 확률변수에 의하여 모델링될 수 있는 불규칙한 값들이므로 불규칙 신호라고 할 수 있다. 이러한 열 잡음은 통신 시스템에서 잡음을 모델링하는데 사용된다. 또한, 그림 1.1(a)의 음성 신호와 그림 1.1(b)의 심전도 신호도 불규칙 신호의 예라고 할 수 있다.

1.2.5 에너지 신호와 전력 신호

많은 경우에 있어서 신호는 시스템에서 에너지 혹은 전력을 나타내는 물리적인 양과 관련이 있다. 신호의 에너지 및 전력을 살펴보기 위하여 전기적 시스템을 한번 고려해 보자. 전기적 시스템의 해석은 회로이론에서 자세히 다루고 있으므로 보다 자세한 내용은 회로이론을 참고할 수 있을 것이다. 전기적 시스템에서 신호는 전압 혹은 전류로 표현된다. 전기적 시스템에서 저항 R의 양단에 걸리는 전압을 $v(t)$라고 하고 저항에 흐르는 전류를 $i(t)$라고 하면 저항에서 소모되는 순간 전력(instantaneous power) $p(t)$는 다음과 같이 정의된다.

$$p(t) = \frac{v^2(t)}{R} = Ri^2(t) \tag{1.21}$$

여기서, 1 옴의 저항 값을 가정하면 순간 전력은 다음과 같이 표현된다.

$$p(t) = v^2(t) = i^2(t) \tag{1.22}$$

즉, 신호가 전압 혹은 전류로 표현될 때 순간 전력은 신호의 크기의 제곱으로 표현됨을 알 수 있다. 따라서, 주어진 신호 $x(t)$가 전압 혹은 전류에 상관없이 신호의 순간 전력은 다음과 같이 나타낸다.

$$p(t) = x^2(t) \tag{1.23}$$

연속시간 신호 $x(t)$의 전체 에너지(total energy)는 다음과 같이 정의된다.

$$E = \lim_{T \to \infty} \int_{-T}^{T} |x(t)|^2 dt = \int_{-\infty}^{\infty} |x(t)|^2 dt \tag{1.24}$$

또한, 연속시간 신호 $x(t)$의 평균 전력(average power)은 다음과 같이 계산된다.

$$P = \lim_{T \to \infty} \frac{1}{2T} \int_{-T}^{T} |x(t)|^2 dt \tag{1.25}$$

연속시간 신호 $x(t)$는 변수 t에 대해 연속인 함수이므로 적분을 이용하여 전체 에너지 및 평균 전력을 계산한다. 반면에, 이산시간 신호 $x[n]$은 변수 n에 대해 불연속인 함수이므로 적분을 합으로 바꾸어 다음과 같이 전체 에너지 및 평균 전력을 계산한다.

$$E = \lim_{N \to \infty} \sum_{n=-N}^{N} |x[n]|^2 = \sum_{n=-\infty}^{\infty} |x[n]|^2 \tag{1.26}$$

$$P = \lim_{N \to \infty} \frac{1}{2N+1} \sum_{n=-N}^{N} |x[n]|^2 \tag{1.27}$$

특히, 주기 신호의 경우 평균 전력은 전체 신호에 대해 계산한 결과와 한 주기 동안의 신호에 대해서만 계산한 결과가 동일하므로 다음과 같이 나타낼 수 있다.

$$P = \frac{1}{T} \int_{-T/2}^{T/2} |x(t)|^2 dt \tag{1.28}$$

$$P = \frac{1}{N}\sum_{n=0}^{N-1} |x[n]|^2 \tag{1.29}$$

❖ 에너지 신호

수식 (1.24) 혹은 수식 (1.26)의 전체 에너지가 유한(finite)이면 그 신호를 에너지 신호(energy signal)라고 한다. 즉, $0 < E < \infty$이면 에너지 신호이다. 그리고, 신호의 전체 에너지가 유한이면 평균 전력은 0이므로 에너지 신호의 평균 전력은 0이다.

❖ 전력 신호

반면, 수식 (1.25) 혹은 수식 (1.27)의 평균 전력이 유한이면 그 신호를 전력 신호(power signal)라고 한다. 즉, $0 < P < \infty$이견 전력 신호이다. 따라서, 신호의 평균 전력이 유한이면 전체 에너지는 ∞이므로 전력 신호의 전체 에너지는 ∞이다.

위에서 살펴본 바와 같이, 에너지 신호의 평균 전력은 0이고, 전력 신호의 전체 에너지는 ∞이다. 또한, 비주기 신호의 전체 에너지는 유한이므로 비주기 신호는 에너지 신호라고 할 수 있고, 주기 신호의 평균 전력은 유한이므로 주기 신호는 전력 신호라고 할 수 있다.

예제 1-5 신호의 에너지 및 평균 전력

다음 각각의 신호에 대한 에너지 및 평균 전력을 계산하고 각각 에너지 신호인지 전력 신호인지 판단하시오.

(a) 그림 1.8(a)의 연속시간 신호
(b) 그림 1.11(b)의 이산시간 신호

풀이

(a) 전체 에너지 $E = \infty$ 이다. 연속시간 주기 신호이므로 평균 전력은

$$P = \frac{1}{T}\int_{-T/2}^{T/2} |x(t)|^2 dt = \frac{1}{2}\left\{\int_{-1}^{0}(-1)^2 dt + \int_{0}^{1}(1)^2 dt\right\} = 1 \text{ 이다.}$$

평균 전력이 유한이므로 전력 신호이다.

(b) 전체 에너지 $E = \sum_{n=-\infty}^{\infty} |x[n]|^2 = \sum_{n=-4}^{-1}(-1)^2 + \sum_{n=0}^{3}(1)^2 = 8$ 이다.

평균 전력은 $P = 0$ 이다.

전체 에너지가 유한이므로 에너지 신호이다.

1.3 신호의 기본 연산

시스템에 입력된 신호는 다양한 형태로 가공되는 신호처리(signal processing) 과정을 거치게 된다. 이러한 신호처리는 다양한 연산들의 결합으로 이루어진다. 본 절에서는 신호처리를 위한 몇 가지 기본적인 연산들에 대해서 소개한다.

1.3.1 크기 스케일링, 덧셈, 곱셈

❖ 크기 스케일링

연속시간 신호 $x(t)$와 이산시간 신호 $x[n]$에 대해서 각각 크기 스케일링(amplitude scaling)된 결과 신호인 $y(t)$와 $y[n]$은 상수 c에 대해서 다음과 같이 나타낸다.

$$y(t) = cx(t) \tag{1.30}$$

$$y[n] = cx[n] \tag{1.31}$$

즉, 크기 스케일링은 신호의 크기를 증대시키거나 감소시키는 연산으로서 증

폭기(amplifier) 혹은 감쇄기(attenuator)가 크기 스케일링을 수행하는 장치의 한 예라고 할 수 있다.

❖ 덧셈

두 개의 연속시간 신호 $x_1(t)$와 $x_2(t)$를 더하는 연산을 덧셈(addition)이라고 하며, 두 개의 연속시간 신호를 더하여 얻어진 신호인 $y(t)$는 다음과 같이 나타낸다.

$$y(t) = x_1(t) + x_2(t) \tag{1.32}$$

또한, 이산시간 신호 $x_1[n]$과 $x_2[n]$을 더하여 얻어진 신호인 $y[n]$은 다음과 같이 나타낸다.

$$y[n] = x_1[n] + x_2[n] \tag{1.33}$$

즉, 두 신호의 덧셈은 동일한 순간의 두 신호 값을 서로 더함으로써 연산이 수행된다.

❖ 곱셈

두 개의 연속시간 신호 $x_1(t)$와 $x_2(t)$를 곱하는 연산을 곱셈(multiplication)이라고 하며, 두 개의 연속시간 신호를 곱하여 얻어진 연속시간 신호인 $y(t)$는 다음과 같이 나타낸다.

$$y(t) = x_1(t)x_2(t) \tag{1.34}$$

또한, 이산시간 신호 $x_1[n]$과 $x_2[n]$을 곱하여 얻어진 이산시간 신호인 $y[n]$은 다음과 같다.

$$y[n] = x_1[n]x_2[n] \tag{1.35}$$

즉, 두 신호의 곱은 동일한 순간의 두 신호 값을 서로 곱함으로써 얻어진다.

1.3.2 미분과 적분

연속시간 신호 $x(t)$에 대한 미분(differentiation)은 다음과 같이 나타낸다.

$$y(t) = \frac{d}{dt}x(t) \tag{1.36}$$

연속시간 신호 $x(t)$에 대한 적분(integration)은 다음과 같이 나타낸다.

$$y(t) = \int_{-\infty}^{t} x(\tau)d\tau \tag{1.37}$$

여기서, 변수 τ는 신호 $x(t)$에 대한 적분을 표현하기 위하여 t 대신 사용한 피적분 변수이다.

미분과 적분은 연속시간 신호를 입력으로 하는 연속시간 시스템의 수학적 모델링에 많이 사용된다. 이산시간 신호에서 미분과 적분에 대응되는 개념은 뒤에서 설명하기로 한다.

예제 1-6 전기회로의 수학적 모델링

그림 1.14와 같이 저항, 커패시터, 인덕터(inductor)로 이루어진 전기회로의 입력 전압 $x(t)$와 출력 전압 $y(t)$ 사이의 관계를 구하시오.

풀이

그림 1.14(a)에서 인덕터 양단에 걸리는 전압 $y(t)$는 회로에 흐르는 전류 $i(t)$의 변화량

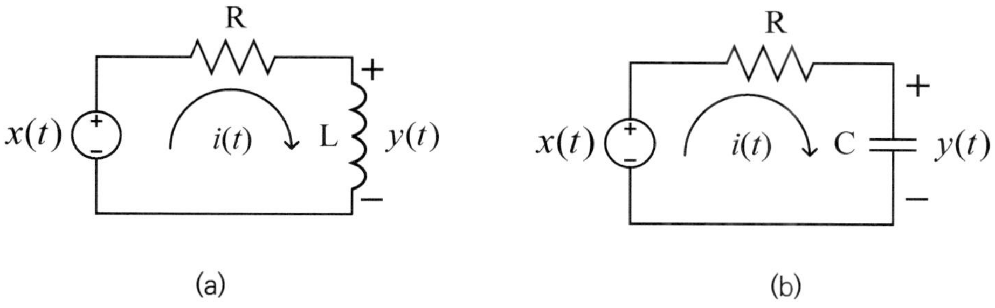

그림 1.14 전기회로, (a) RL 회로, (b) RC 회로

에 비례한다. 한편, 회로에 흐르는 전류는

$$i(t) = \frac{x(t) - y(t)}{R}$$

와 같이 나타낼 수 있으므로 인덕터에 걸리는 전압은

$$\begin{aligned} y(t) &= L\frac{d}{dt}i(t) \\ &= L\frac{d}{dt}\left\{\frac{x(t) - y(t)}{R}\right\} \end{aligned}$$

와 같다. 위 식에서 양변을 적분하면

$$\frac{1}{L}\int_{-\infty}^{t} y(\tau)d\tau = \frac{x(t) - y(t)}{R}$$

와 같이 나타낼 수 있다.

그림 1.14(b)에서 회로에 흐르는 전류는 커패시터 양단어 걸리는 전압의 변화량에 비례하므로 회로에 흐르는 전류는

$$i(t) = C\frac{d}{dt}y(t)$$

와 같다.

또한, 회로에 흐르는 전류는

$$i(t)=\frac{x(t)-y(t)}{R}$$

와 같이 저항에 흐르는 전류와 동일하다.
따라서,

$$C\frac{d}{dt}y(t)=\frac{x(t)-y(t)}{R}$$

와 같은 관계식을 구할 수 있다.
미분과 적분은 아날로그 신호를 다루는 전기회로의 동작을 수학적으로 모델링하는데 많이 사용되며, 이러한 수학적 모델은 미분방정식으로 표현될 수 있다.

전기회로에서 가장 기본적인 수동 소자인 저항, 커패시터, 인덕터에 대한 전압-전류, 전류-전압에 대한 수학적 모델을 정리하면 표 1.1과 같다.

표 1.1 전기회로 소자에 대한 전압-전류 및 전류-전압의 수학적 모델

전기회로 소자	전압-전류	전류-전압
저항	$v(t)=R\cdot i(t)$	$i(t)=\frac{1}{R}v(t)$
커패시터	$v(t)=\frac{1}{C}\int_{-\infty}^{t}i(\tau)d\tau$	$i(t)=C\frac{d}{dt}v(t)$
인덕터	$v(t)=L\frac{d}{dt}i(t)$	$i(t)=\frac{1}{L}\int_{-\infty}^{t}v(\tau)d\tau$

1.3.3 차분

이산시간 신호는 연속시간 신호와 달리 미분이 정의되지 않는다. 대신, 연속시간 신호의 미분에 대응되는 차분(difference)이라는 연산이 정의된다. 차분은

연속된 두 샘플들 사이의 차이 값으로서 이산시간 신호에서 단위 샘플 당 변화량을 의미하며 이산시간 신호 $x[n]$에 대한 차분은 다음과 같다.

$$y[n]=x[n]-x[n-1] \tag{1.38}$$

차분은 이산시간 신호를 입력으로 하는 이산시간 시스템의 수학적 모델링에 많이 사용된다. 또한, 차분 연산은 덧셈만으로 구현이 가능하다.

반면, 연속시간 신호의 적분에 해당하는 이산시간 신호의 연산은 해당하는 구간의 신호 값들에 대한 누적으로 나타낼 수 있다. 즉, $n_1 \le n \le n_2$ 구간에 대한 이산시간 신호의 누적은 $\sum_{n=n_1}^{n_2} x[n]$와 같이 계산된다.

예제 1-7 이산시간 신호의 차분

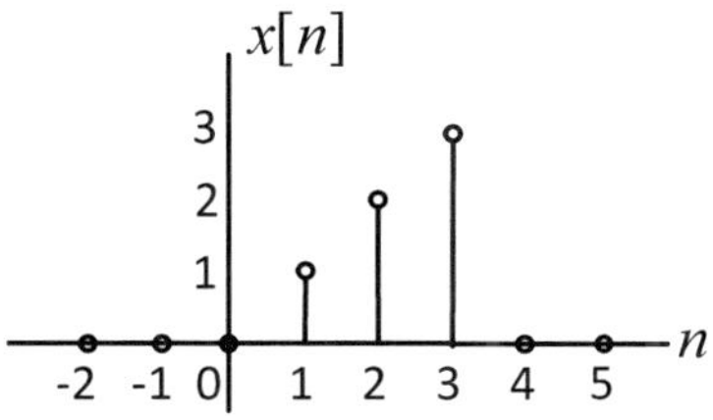

그림 1.15 예제 1-7의 이산시간 신호 $x[n]$

그림 1.15와 같이 주어진 이산시간 신호 $x[n]$에 대해서 차분 $y[n]=x[n]-x[n-1]$을 계산하여 그리시오.

풀이

그림 1.15의 이산시간 신호 $x[n]$으로부터 $y[n]$을 직접 계산하면 다음과 같다.

$$y[-1] = x[-1] - x[-2] = 0$$

$$y[0] = x[0] - x[-1] = 0$$

$$y[1] = x[1] - x[0] = 1$$

$$y[2] = x[2] - x[1] = 1$$

$$y[3] = x[3] - x[2] = 1$$

$$y[4] = x[4] - x[3] = -3$$

$$y[5] = x[5] - x[4] = 0$$

위 이산시간 신호 $y[n]$을 그래프로 나타내면 그림 1.16과 같다.

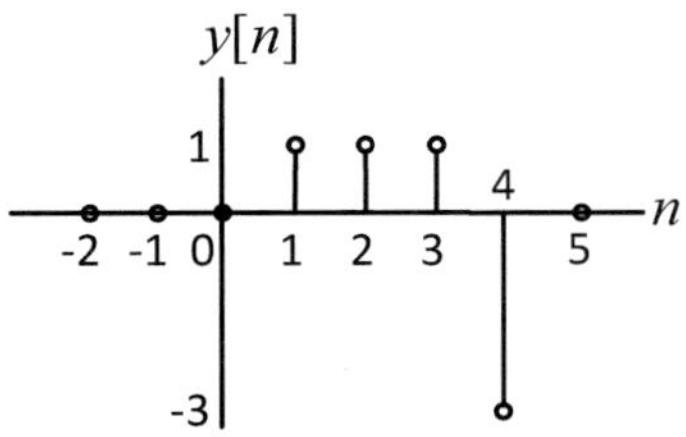

그림 1.16 예제 1-7의 차분 신호 $y[n]$

1.3.4 시간 스케일링

연속시간 신호 $x(t)$에 대하여 시간 t를 상수 a로 스케일링하는 것을 시간 스케일링(time scaling)이라고 하며, $x(t)$를 시간 스케일링하여 얻어진 신호 $y(t)$는 다음과 같이 정의된다.

$$y(t) = x(at) \tag{1.39}$$

시간 스케일링은 신호의 크기에 대한 연산이 아니라 시간 변수 t에 대한 연산이라는 점에 주목하자. 따라서, 신호 $x(t)$를 시간 스케일링함으로써 신호 값

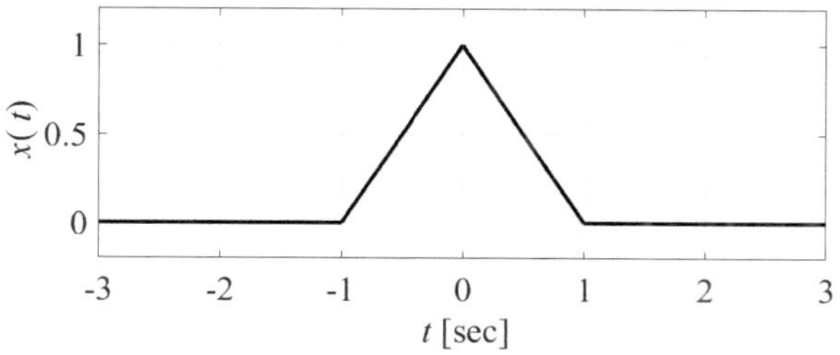

(a)

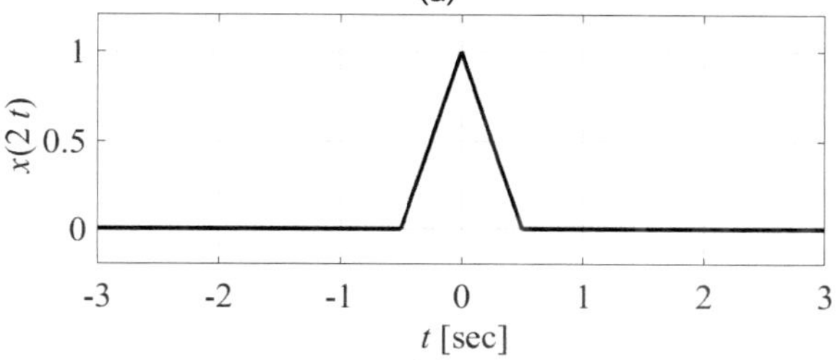

(b)

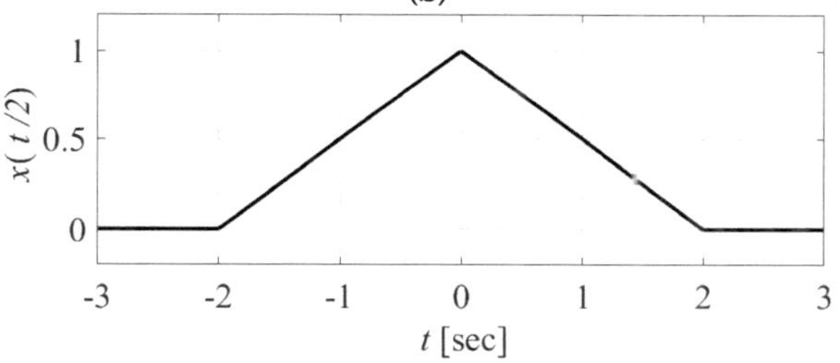

(c)

그림 1.17 연속시간 신호의 시간 스케일링의 예, (a) $a=1$, (b) $a=2$ (압축), (c) $a=1/2$ (확장)

자체의 크기 변화는 없으며 시간 축으로 압축 또는 확장된 형태의 신호가 얻어진다. 먼저, $a>1$이면 $y(t)$는 $x(t)$가 시간 축으르 압축된 형태의 신호로 나타나고, $a<1$이면 $y(t)$는 $x(t)$가 시간 축으로 확장된 형태의 신호로 나타난다.

그림 1.17은 연속시간 신호 $x(t)$에 대한 시간 스케일링의 예를 보여준다. 그림 1.17(a)는 $a=1$로서 주어진 연속시간 신호를 나타낸다. 그림 1.17(b)는 $a=2$로서 압축된 신호를 보여주고, 그림 1.17(c)는 $a=1/2$로서 확장된 신호를 보여준다.

이산시간 신호 $x[n]$에 대한 시간 스케일링은 상수 k에 대하여 다음과 같이 정의된다.

$$y[n] = x[kn] \tag{1.40}$$

먼저, $k > 1$이면 연속시간 신호에 대한 압축과 유사한 결과를 얻을 수 있다. 여기서, k는 정수이다. 반면, $k < 1$이면 다음과 같이 연속시간 신호에 대한 확장과는 다른 결과를 얻게 된다.

$$y[n] = \begin{cases} x[kn], & kn = \text{integer} \\ 0, & \text{otherwise} \end{cases} \tag{1.41}$$

여기서, kn이 정수가 아니면 $x[kn]$은 정의되지 않으므로 kn은 정수이어야 하며 kn이 정수가 아닌 경우 $y[n] = 0$을 가진다.

그림 1.18은 이산시간 신호 $x[n]$에 대한 시간 스케일링의 예를 보여준다. 그림 1.18(a)는 $k = 1$로서 주어진 이산시간 신호를 나타낸다. 그림 1.18(b)는 $k = 2$일 때 그림 1.18(a)의 이산시간 신호 $x[n]$에 대해 $\cdots, x[-4], x[-2], x[0], x[2], x[4], \cdots$의 값만을 갖는다. 그림 1.18(c)는 $k = 1/2$일 때 그림 1.18(a)의 이산시간 신호 $x[n]$의 샘플들 사이에 0이 추가로 채워짐을 알 수 있다. 예를 들어, $n = 1, 3, \cdots$인 경우 각각 $x[1/2], x[3/2], \cdots$의 값은 존재하지 않으므로 0으로 채워진다.

즉, $k > 1$이면 샘플 수의 감소를 가져오고, $k < 1$이면 샘플 수의 증가를 야기한다. 따라서, 이산시간 신호의 시간 스케일링 연산은 이미 샘플링된 이산시간 신호의 샘플링율(sampling rate)을 감소시키거나($k > 1$) 증가시키는($k < 1$) 연산을 수학적으로 표현하는데 사용될 수 있다. 샘플링 주기가 길어지면 샘플링율이 감소하고 샘플링 주기가 짧아지면 샘플링율이 증가한다. 이처럼 샘플링율을 줄이는 것을 다운 샘플링(down-sampling)이라 하고, 반대로 샘플링율을 증가시키는 것을 업 샘플링(up-sampling)이라고 한다. 그림 1.18(b)는 그림

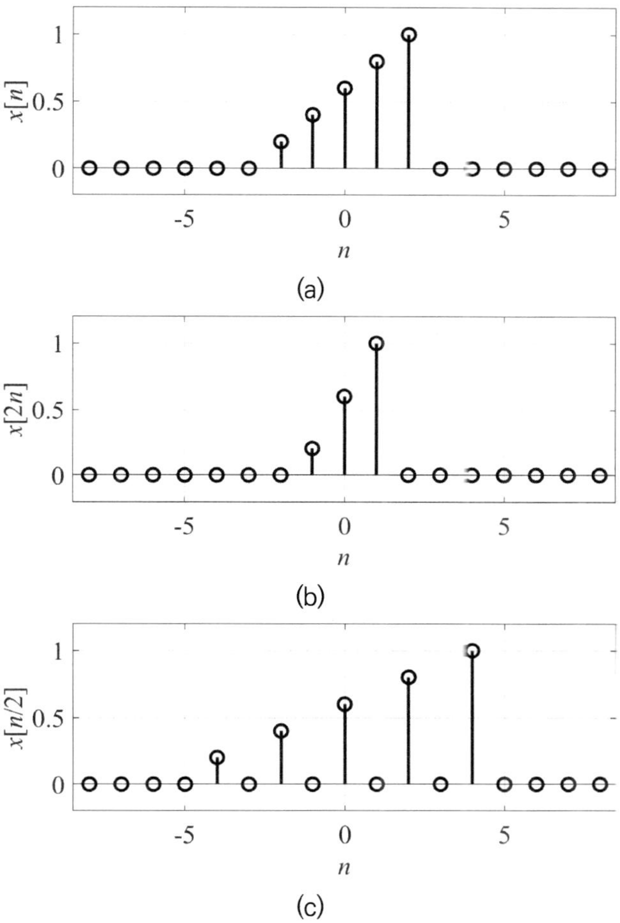

그림 1.18 이산시간 신호의 시간 스케일링의 예, (a) $k=1$, (b) $k=2$ (다운 샘플링), (c) $k=1/2$ (업 샘플링)

1.18(a)의 신호를 다운 샘플링한 신호이며, 그림 1.18(c)는 그림 1.18(a)의 신호를 업 샘플링한 신호이다. 그림 1.18(c)와 같이 업 샘플링 시 원래 신호의 샘플들 사이에 0을 채우는 것을 제로 패딩(zero padding)이라고 한다. 제로 패딩된 신호에서 0의 값 대신 원래 신호의 샘플들을 이용하여 사이 값을 추정하는 보간(interpolation)을 적용할 수도 있다.

1.3.5 반전

연속시간 신호 $x(t)$에 대해서 시간 t를 $-t$로 바꾸는 연산을 반전(reflection)이라고 하며 다음과 같이 나타낸다.

$$y(t) = x(-t) \tag{1.42}$$

이산시간 신호 $x[n]$에 대해서는 시간 n을 $-n$으로 바꾸어 반전 연산을 수행한다.

$$y[n] = x[-n] \tag{1.43}$$

신호의 반전도 신호의 크기에는 영향을 주지 않는 시간 변수에 대한 연산이라는 점에 주목하자. 반전된 연속시간 신호 $y(t)$는 시간 $t=0$을 기준으로 $x(t)$와 대칭 관계에 있으며 반전된 이산시간 신호 $y[n]$은 $n=0$을 기준으로 신호 $x[n]$과 대칭 관계에 있다.

예제 1-8 신호의 반전

그림 1.19(a)의 연속시간 신호 $x(t)$ 및 그림 그림 1.20(a)의 이산시간 신호 $x[n]$에 대하여 반전된 신호 $x(-t)$와 $x[-n]$을 그리시오.

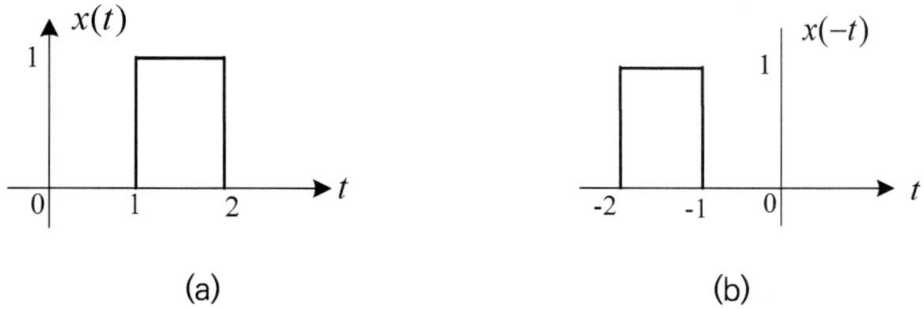

그림 1.19 연속시간 신호의 반전 연산, (a) $x(t)$, (b) $x(-t)$

풀이

연속시간 신호 $x(t)$ 및 이산시간 신호 $x[n]$을 반전하면 그림 1.19(b)와 그림 1.20(b)와 같이 나타낼 수 있다.

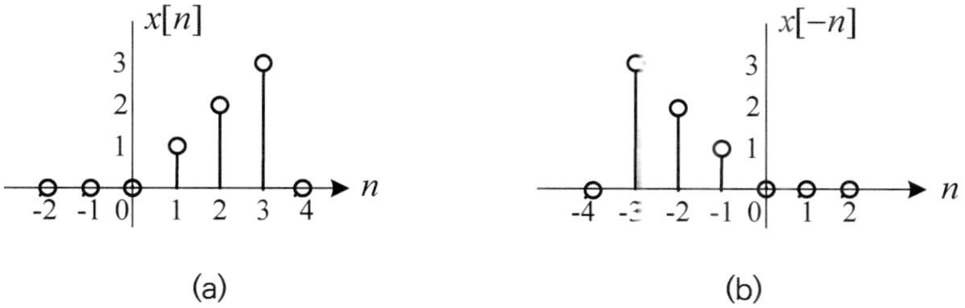

그림 1.20 이산시간 신호의 반전 연산, (a) $x[n]$, (b) $x[-n]$

1.3.6 시간 이동

연속시간 신호 $x(t)$를 시간 축으로 t_0 만큼 이동시키는 연산을 시간 이동(time shifting)이라고 하며 다음과 같이 나타낸다.

$$y(t) = x(t - t_0) \tag{1.44}$$

이산시간 신호 $x[n]$에 대해서 정수 n_0만큼 이동시키는 시간 이동은 다음과 같이 나타낸다.

$$y[n] = x[n - n_0] \tag{1.45}$$

시간 이동 값 t_0 또는 n_0가 양수이면 원래의 신호는 t_0 또는 n_0 만큼 오른쪽으로 이동되므로 시간적으로 지연되어 나타난다. 반대로, 시간 이동 값 t_0 또는 n_0가 음수이면 원래의 신호는 t_0 또는 n_0 만큼 왼쪽으로 이동되므로 시간적으로 앞서서 나타나게 된다.

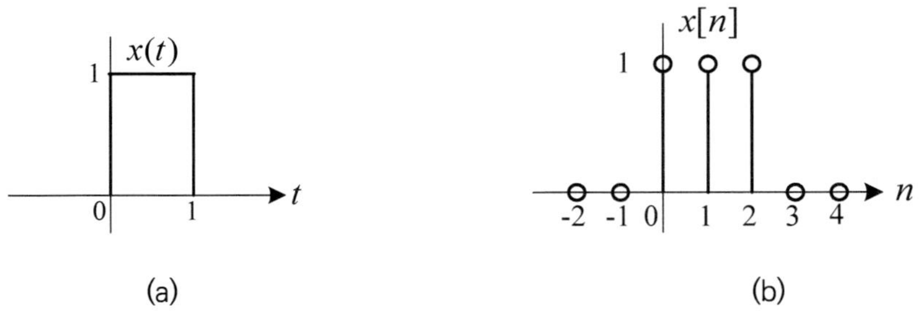

그림 1.21 예제 1-9의 신호, (a) 연속시간 신호, (b) 이산시간 신호

예제 1-9 시간 이동

그림 1.21과 같이 주어진 연속시간 신호 $x(t)$ 및 이산시간 신호 $x[n]$에 대하여 $y(t)=x(t-1)$과 $y[n]=x[n-1]$을 그리시오.

풀이

연속시간 신호 $x(t-1)$는 $x(t)$에 대해서 연속시간 이동 $t_0=1$에 해당하므로 $x(t)$를 오른쪽으로 1 만큼 시간 이동시키면 그림 1.22(a)와 같은 신호 $y(t)$를 얻을 수 있다.
이산시간 신호 $x[n-1]$은 $x[n]$에 대해서 이산시간 이동 $n_0=1$에 해당하므로 $x[n]$을 오른쪽으로 1 만큼 시간 이동시키면 그림 1.22(b)와 같은 신호 $y[n]$을 얻을 수 있다.

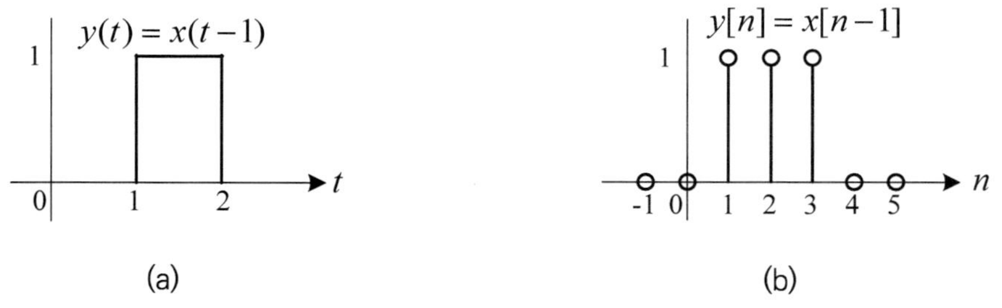

그림 1.22 시간 이동, (a) $x(t)$를 1만큼 시간 이동시킨 신호, (b) $x[n]$을 1만큼 시간 이동시킨 신호

예제 1-10 신호의 시간 스케일링 및 시간 이동

그림 1.21(a)와 같이 주어진 연속시간 신호 $x(t)$에 대하여 $x(2t-1)$과 $x(2(t-1))$을 나타내고, 그 차이점을 확인하시오.

풀이

신호 $x(2t-1)$와 $x(2(t-1))$는 신호 $x(t)$에 대하여 2에 의해 압축하는 시간 스케일링 및 1 만큼 이동하는 시간 이동 연산이 함께 적용되어 있다. 그러나, 시간 스케일링과 시간 이동 연산의 적용 순서가 서로 다르며 두 신호는 서로 다른 형태를 갖는다.

먼저, 신호 $x(t)$에 대해서 시간 축으로 1 만큼 시간 이등을 먼저 적용하고 그 다음에 시간 스케일링을 적용해보자. 신호 $x(t)$를 1 만큼 시간 이동한 신호 $x(t-1)$은 그림 1.23(b)와 같다. 이를 다시 2에 의해 시간 스케일링하여 압축하면 t에 $2t$를 대입하여 $x(2t-1)$을 나타낼 수 있으며 그 결과는 그림 1.23(c)와 같이 나타난다.

반면, 신호 $x(t)$에 대해서 시간 스케일링을 먼저 적용하여 2에 의해 압축하고 그 다음에 시간 축으로 1 만큼 시간 이동을 적용해보자. 신호 $x(t)$를 2에 의해 압축하도록 시간 스케일링한 신호 $x(2t)$는 그림 1.24(b)와 같다. 이를 다시 1 만큼 시간 이동하면 t에 $(t-1)$을 대입하여 $x(2(t-1))$과 같이 나타낼 수 있으며 그 결과는 그림 1.24(c)와 같이 나타난다.

그림 1.23(c)와 그림 1.24(c)를 비교해 보면, 시간 스케일링과 시간 이동 연산의 적용 순서가 바뀌면 서로 다른 결과를 얻게 됨을 알 수 있다. 만약, 시간 스케일링을 먼저 적용하는 경우에도 시간 이동을 먼저 적용하는 경우와 동일한 결과를 얻기 위해서는 그림 1.24(b)

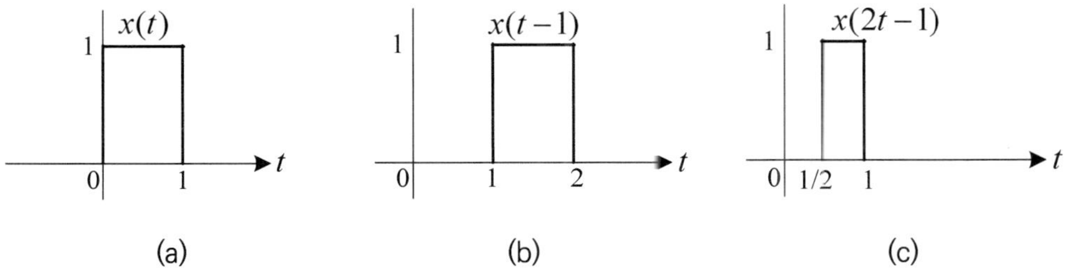

그림 1.23 시간 이동 후 시간 스케일링하는 경우, (a) $x(t)$, (b) $x(t-1)$, (c) $x(2t-1)$

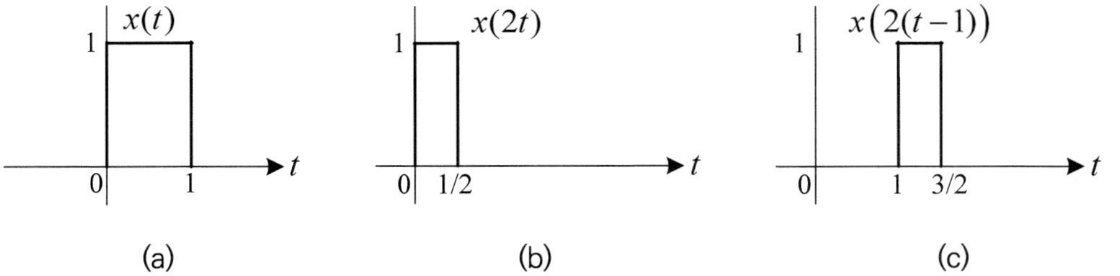

그림 1.24 시간 스케일링 후 시간 이동하는 경우 신호, (a) $x(t)$, (b) $x(2t)$, (c) $x(2(t-1))$

시간 스케일링된 신호를 다음과 같이 1 이 아니라 1/2 만큼 시간 이동하면 된다.

$$x(2(t-1/2)) = x(2t-1)$$

따라서, 동일한 시간 스케일링 및 시간 이동 연산이라 하더라도 적용하는 순서에 따라 서로 다른 결과가 얻어지므로 주의해야 한다.

1.4 기본 신호

신호와 시스템을 다루는데 있어서 많이 사용되는 몇 가지 기본 신호들에 대해서 소개한다. 이러한 기본 신호로는 임펄스 신호, 계단 신호, 램프 신호, 정현파 신호, 복소 지수 신호 등이 있으며 이들을 결합하여 보다 복잡한 신호를 나타낼 수도 있다. 다음 각 절에서는 각각의 기본 신호들에 대해서 소개한다.

1.4.1 임펄스 신호

❖ 연속시간 임펄스 신호

그림 1.25(a)와 같이 $-\Delta/2 \le t \le \Delta/2$에서 정의되고 신호의 크기가 Δ인 연속시간 신호 $x_{\Delta}(t)$를 가정하면 이 신호의 아래 면적은 Δ 값에 상관없이 항

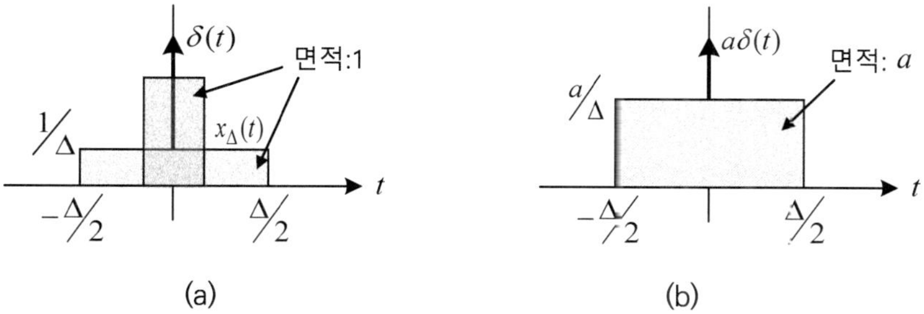

그림 1.25 연속시간 임펄스 신호, (a) 면적이 1인 사각파 신호와 임펄스 신호, (b) 면적이 a인 사각파 신호와 크기 a인 임펄스 신호

상 1이 된다. 그러면, 다음과 같이 Δ가 무한소의 값을 가질 때 우리는 이 신호를 연속시간 임펄스 신호(impulse signal)로 정의한다. 연속시간 임펄스 신호는 보통 $\delta(t)$로 표기되며, 다음과 같은 수식으로 나타낼 수 있다.

$$\delta(t) = \lim_{\Delta \to 0} x_{\Delta}(t) \tag{1.46}$$

연속시간에 대한 임펄스 신호는 $t=0$을 제외한 모든 시간에 대해서 신호의 값이 0이고 신호의 아래 면적이 1인 신호를 나타내므로 다음과 같이 표현할 수 있다.

$$\delta(t) = 0,\ t \neq 0 \tag{1.47}$$

$$\int_{-\infty}^{\infty} \delta(t)dt = 1 \tag{1.48}$$

연속시간 임펄스 신호는 신호 및 시스템의 수학적 모델링 및 신호의 다양한 연산 과정의 수학적 표현을 매우 용이하게 하는데 큰 도움을 준다. 먼저, 임의의 연속시간 신호 $x(t)$와 $\delta(t)$의 곱은 $x(t)\delta(t) = x(0)\delta(t)$와 같고, 이는 $t=0$을 제외한 모든 시간에 대해서 신호의 값이 0이고 신호 $x(t)\delta(t)$의 아래 면적이 $x(0)$인 신호를 나타낸다. 그림 1.25(b)에서 볼 수 있듯이 $a\delta(t)$는 무한소 Δ에 대해 $ax_{\Delta}(t)$의 아래 면적이 a인 신호를 나타낸다. 즉, $a\delta(t)=\lim_{\Delta\to 0} ax_{\Delta}(t)$와 같다.

이러한 임펄스 신호의 수학적 표현은 연속시간 신호를 이산시간 신호로 변환하는 샘플링 과정을 표현할 때 널리 사용되기도 한다. 만약, $t=t_0$ 시간에서 연속시간 신호 $x(t)$를 샘플링하여 하나의 신호 값 $x(t_0)$를 나타내고자 한다면 다음과 같이 표현할 수 있다.

$$\begin{aligned}\int_{-\infty}^{\infty} x(t)\delta(t-t_0)dt &= \int_{-\infty}^{\infty} x(t_0)\delta(t-t_0)dt \\ &= x(t_0)\int_{-\infty}^{\infty}\delta(t-t_0)dt \\ &= x(t_0)\end{aligned} \tag{1.49}$$

이를 샘플링 성질(sampling property)이라고 부른다. 샘플링 성질은 나중에 연속시간 신호의 이산시간 신호 변환에서 다시 살펴보도록 한다.

❖ 이산시간 임펄스 신호

이산시간에 대한 임펄스 신호도 연속시간 임펄스 신호에서와 유사하게 정의될 수 있다. 이산시간 임펄스 신호는 $n=0$을 제외한 모든 샘플 인덱스에 대해서 신호의 값이 0이고 $n=0$에서 신호 값은 1이다. 따라서, 이산시간 임펄스 신호 $\delta[n]$은 다음과 같이 나타낼 수 있다.

$$\delta[n]=\begin{cases}1\ , & n=0 \\ 0\ , & n\neq 0\end{cases} \tag{1.50}$$

그림 1.26은 이산시간 임펄스 신호를 나타낸 그림이다. 이산시간 임펄스 신호의 값은 1을 나타내므로 임의의 시간 n_0에서 크기 k인 이산시간 신호는

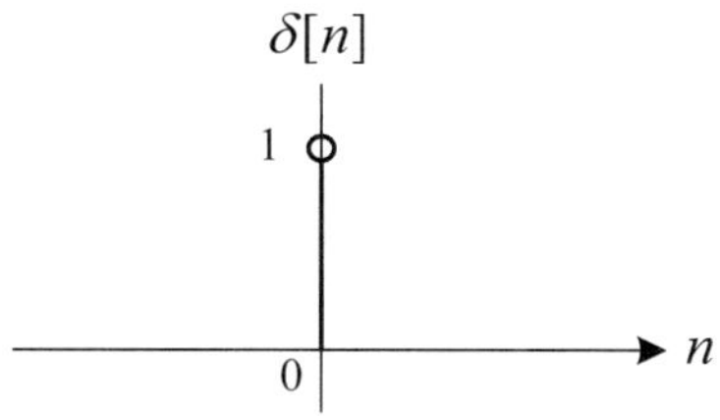

그림 1.26 이산시간 임펄스 신호

$k\delta[n-n_0]$와 같이 나타낼 수 있다. 따라서, 임의의 이산시간 신호는 이산시간 임펄스 신호의 크기 스케일링 및 시간 이동된 신호들의 합으로 표현될 수 있다. 만약, $n=n_0$에서 이산시간 신호 값 $x[n_0]$를 나타내고자 한다면 다음과 같이 표현할 수 있다.

$$\begin{aligned}\sum_{n=-\infty}^{\infty} x[n]\delta[n-n_0] &= \sum_{n=-\infty}^{\infty} x[n_0]\delta[n-n_0] \\ &= x[n_0]\sum_{n=-\infty}^{\infty}\delta[n-n_0] \\ &= x[n_0]\end{aligned} \tag{1.51}$$

예제 1-11 이산시간 임펄스 신호를 이용한 이산시간 신호의 표현

그림 1.15의 이산시간 신호 $x[n]$을 이산시간 임펄스 신호 $\delta[n]$을 이용하여 나타내시오.

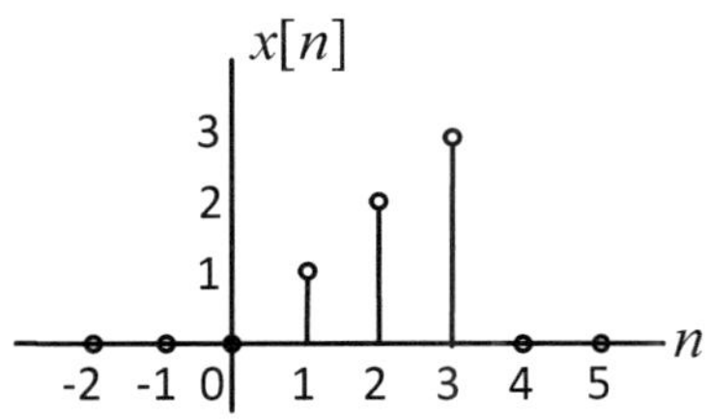

풀이

이산시간 임펄스 신호 $\delta[n]$의 크기 스케일링 및 시간 이동된 신호들의 합으로 $x[n]$을 표현하면 다음과 같다.

$$x[n]=\delta[n-1]+2\delta[n-2]+3\delta[n-3]$$

1.4.2 계단 신호

계단 신호(step signal)는 시간이 0보다 작을 경우 신호의 값이 0이고, 시간이 0 이상일 경우 신호가 일정한 값을 갖는 신호를 나타낸다. 특히, 시간이 0 이상일 경우 신호의 값이 1로서 일정한 값을 갖는 신호를 단위 계단 신호(unit step signal)라고 한다. 단위 계단 신호를 크기 스케일링함으로써 임의의 크기를 갖는 계단 신호를 만들 수 있다. 연속시간 및 이산시간에 대한 단위 계단 신호를 각각 $u(t)$와 $u[n]$으로 표기하며, 다음과 같이 수식으로 나타낼 수 있다. 또한, 그림 1.27은 연속시간 및 이산시간 단위 계단 신호를 나타낸 그림이다.

$$u(t)=\begin{cases}1, & t\geq 0\\ 0, & t<0\end{cases} \tag{1.52}$$

$$u[n]=\begin{cases}1, & n\geq 0\\ 0, & n<0\end{cases} \tag{1.53}$$

연속시간 단위 계단 신호 $u(t)$는 $t=0$에서 불연속이므로 $t=0$에서 기울기는 ∞이고 $t=0$이 아닌 시간에서 기울기는 0이다. 따라서, 연속시간 단위 계단 신호를 미분하면 연속시간 임펄스 신호를 얻을 수 있다. 반대로, 연속시간 임펄스 신호를 적분하면 연속시간 단위 계단 신호를 얻을 수 있다. 이러한 관계를 수학적으로 표현하면 다음과 같다.

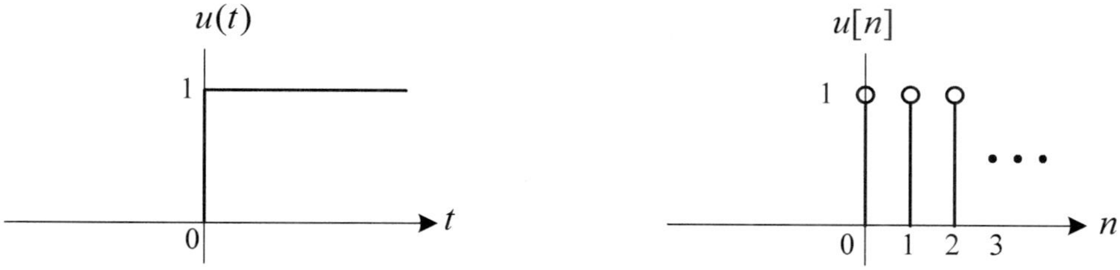

(a) (b)

그림 1.27 단위 계단 신호, (a) 연속시간 신호, (b) 이산시간 신호

$$\delta(t) = \frac{d}{dt}u(t) \tag{1.54}$$

$$u(t) = \int_{-\infty}^{t} \delta(\tau)d\tau \tag{1.55}$$

계단 신호를 크기 스케일링 및 시간 지연시킴으로써 다양한 소자(device)의 동작을 수학적으로 표현할 수 있다. 예를 들어, 전기회로에서 특정 시간 t_0에서 V_0의 전압이 인가되는 전원 소스를 수학적으로 표현할 때 $V_0 u(t-t_0)$와 같이 표현하면 된다. 또는, 특정 시간 t_0에서 회로의 스위치를 닫는 동작을 표현할 수도 있다.

이산시간 단위 계단 신호 $u[n]$은 $n=0$일 때만 1의 값을 가지고 $n \neq 0$인 인덱스에 대해서는 0의 값을 가진다. 따라서, 다음과 같이 차분 연산을 통하여 수식 (1.50)의 이산시간 임펄스 신호 $\delta[n]$을 만들어 낼 수 있다.

$$\delta[n] = u[n] - u[n-1] \tag{1.56}$$

예제 1-12 단위 계단 신호를 이용한 신호의 표현

그림 1.21의 신호 $x(t)$ 및 $x[n]$을 단위 계단 신호를 이용하여 나타내시오.

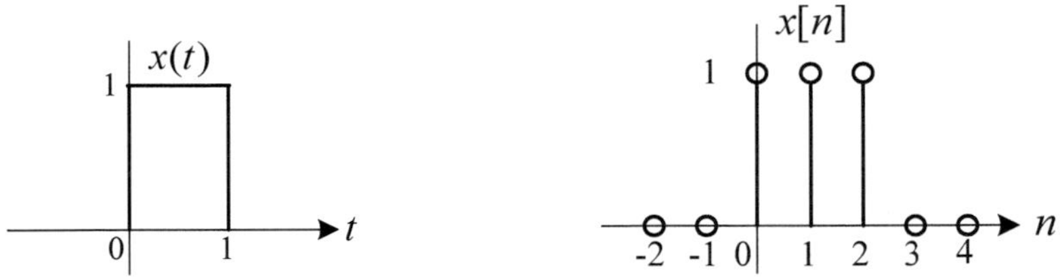

풀이

그림 1.21(a)의 연속시간 신호 $x(t)$는 연속시간 단위 계단 신호 $u(t)$의 크기 스케일링 및 시간 이동된 신호들의 합으로 표현될 수 있으며 다음과 같다.

$$x(t) = u(t) - u(t-1)$$

그림 1.21(b)의 이산시간 신호 $x[n]$은 이산시간 단위 계단 신호 $u[n]$의 크기 스케일링 및 시간 이동된 신호들의 합으로 표현될 수 있으며 다음과 같다.

$$x[n] = u[n] - u[n-3]$$

예제 1-13 단위 계단 신호를 이용한 전기회로 표현

그림 1.28(a)와 같이 주어진 RC 회로에서 시간 $t=0$일 때 스위치가 닫힌다고 가정하자. 또한, 입력 전압이 V_0이고 커패시터는 초기에 완전히 방전된 상태라고 가정하자. 스위치가 닫히는 순간 커패시터 양단에 걸리는 전압과 $t \geq 0$일 때 커패시터 양단에 걸리는 전압 $y(t)$를 구하시오.

풀이

그림 1.28(a)의 RC 회로에서 스위치의 조작에 따른 회로의 동작을 단위 계단 함수를 사용하여 그림 1.28(b)와 같은 등가회로로 나타낼 수 있다. 시간 $t \geq 0$일 때만 회로가 닫히고

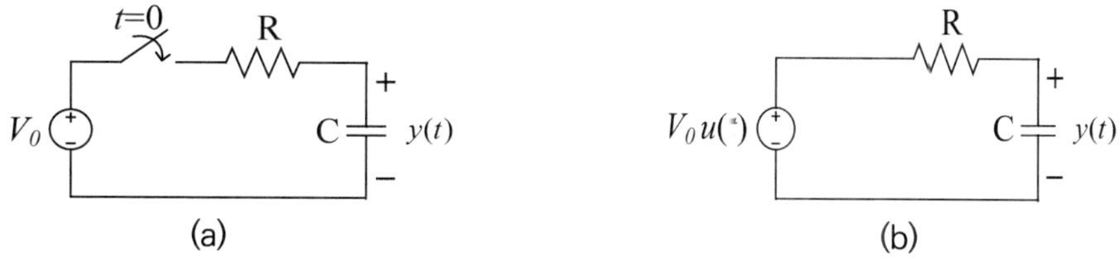

그림 1.28 예제 1-13의 RC 회로, (a) 시간 $t=0$일 때 스위치가 닫히는 RC 회로, (b) 단위 계단 함수를 이용한 등가회로

전류가 흐르므로 전원 소스 V_0는 $V_0u(t)$와 같이 모델링 가능하다. 커패시터는 방전되어 있는 상태이므로 스위치가 닫히는 순간인 $t=0$일 때 커패시터 양단의 전압은 $y(0)=0$이다.

시간 $t \geq 0$일 때 그림 1.28(b)의 등가회로로부터 다음과 같은 관계식을 구할 수 있다.

$$C\frac{d}{dt}y(t)=\frac{V_0u(t)-y(t)}{R}$$

위 미분방정식을 풀면 다음과 같은 해를 구할 수 있다.

$$y(t)=V_0\left(1-e^{-t/(RC)}\right)u(t)$$

1.4.3 램프 신호

램프 신호(ramp signal)는 시간이 0보다 작을 경우 신호의 값이 0이고, 시간이 0이상일 경우 선형적으로 증가하는 신호를 나타낸다. 특히, 기울기 1을 갖고 증가하는 신호를 단위 램프 신호(unit ramp signal)라고 한다. 단위 램프 신호를 크기 스케일링함으로써 임의의 크기를 갖는 램프 신호를 만들 수 있다. 연속시간 및 이산시간에 대한 단위 램프 신호를 각각 $r(t)$와 $r[n]$으로 표기하며, 다음과 같이 수식으로 나타낼 수 있다.

$$r(t)=\begin{cases} t\ , \ t \geq 0 \\ 0\ , \ t<0 \end{cases} \tag{1.57}$$

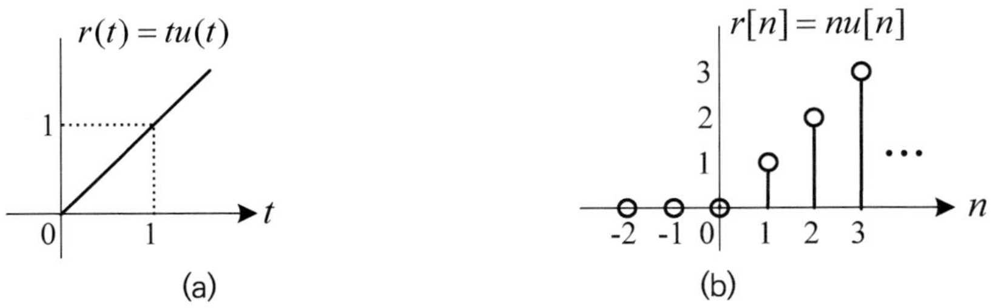

그림 1.29 단위 램프 신호, (a) 연속시간 신호, (b) 이산시간 신호

$$r[n] = \begin{cases} n, & n \geq 0 \\ 0, & n < 0 \end{cases} \tag{1.58}$$

그림 1.29는 연속시간 및 이산시간 단위 램프 신호를 나타낸 그림이다. 단위 램프 신호는 단위 계단 신호를 이용하여 다음과 같이 나타낼 수도 있다.

$$r(t) = t\,u(t) \tag{1.59}$$

$$r[n] = n\,u[n] \tag{1.60}$$

연속시간 단위 램프 신호를 미분하면 연속시간 단위 계단 신호를 얻을 수 있다. 반대로, 연속시간 단위 계단 신호를 적분하면 연속시간 단위 램프 신호를 얻을 수 있다.

$$u(t) = \frac{d}{dt} r(t) \tag{1.61}$$

$$r(t) = \int_{-\infty}^{t} u(\tau) d\tau \tag{1.62}$$

이산시간 단위 램프 신호 $r[n]$으로부터 다음과 같이 차분 연산을 통하여 이산시간 단위 계단 신호를 만들어 낼 수 있다. 반대로, 이산시간 단위 계단 신호에 합 연산을 수행하면 이산시간 단위 램프 신호를 얻을 수 있다.

$$u[n] = r[n+1] - r[n] \tag{1.63}$$

$$r[n]=\sum_{k=-\infty}^{n-1} u[k] \tag{1.64}$$

예제 1-14 단위 램프 신호를 이용한 신호의 표현

다음과 같이 단위 램프 신호를 포함하고 있는 주어진 신호를 그래프로 그리시오.

(a) $x(t)=-u(-t+2)+r(t+1)-r(t-2)$

(b) $y[n]=u[n+2]+r[n-1]-r[n-3]$

풀이

신호 $x(t)$와 $y[n]$은 단위 계단 신호 및 단위 램프 신호를 이용하여 그림 1.30과 같이 나타낼 수 있다.

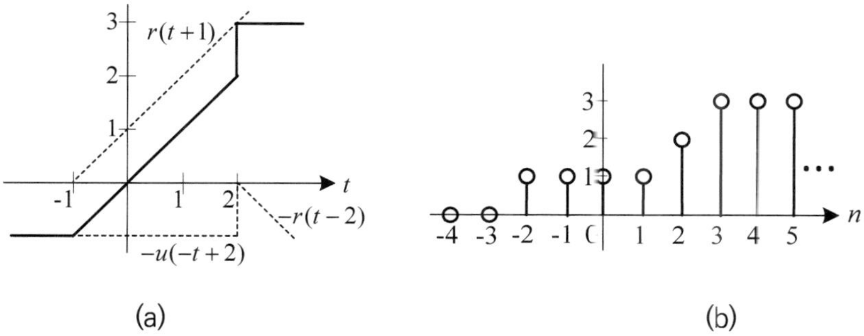

그림 1.30 예제 1-14의 신호 그림, (a) $x(t)$, (b) $y[n]$

1.4.4 정현파 신호

연속시간 정현파 신호는 앞에서 짧게 소개된 바 있다. 정현파 신호의 일반적인 형태는 다음 수식과 같다.

$$x(t)=A\cos(\omega t+\theta) \tag{1.65}$$

여기서, A는 진폭, ω는 [rad/sec] 단위의 각주파수, θ는 [rad] 단위의 위상(phase)을 나타낸다. 정현파 신호는 주기 신호이며, 주기 T는 다음과 같이 계산된다.

$$T = \frac{2\pi}{\omega} \text{ [sec]} \tag{1.66}$$

정현파 신호의 주기가 수식 (1.66)과 같음을 증명하면 아래와 같다.

$$\begin{aligned} x(t+T) &= A\cos(\omega(t+T)+\theta) \\ &= A\cos(\omega t+\omega T+\theta) \\ &= A\cos(\omega t+2\pi+\theta) \\ &= x(t) \end{aligned} \tag{1.67}$$

이는 수식 (1.4)의 주기 신호 조건을 만족하므로 정현파 신호의 주기는 수식 (1.66)과 같음이 증명된다.

다음으로, 이산시간 정현파 신호의 일반적인 형태는 다음 수식과 같다.

$$x[n] = A\cos(\Omega n+\phi) \tag{1.68}$$

여기서, Ω는 이산시간 정현파 신호의 각주파수를 나타내고 ϕ는 [rad] 단위의 위상을 나타낸다. 이산시간 정현파 신호의 주기를 N이라고 가정하고 주기를 구해보자. 먼저, 수식 (1.8)의 이산시간 주기 신호 조건에 따라 계산을 하면 다음과 같다.

$$\begin{aligned} x[n+N] &= A\cos(\Omega(n+N)+\phi) \\ &= A\cos(\Omega n+\Omega N+\phi) \\ &= x[n] \end{aligned} \tag{1.69}$$

따라서, 수식 (1.68)의 정현파 신호가 주기 신호 조건을 만족하기 위해서 ΩN은 2π의 정수배가 되어야 한다. 따라서, Ω는 다음과 같이 주어진다.

$$\Omega = \frac{2\pi m}{N} \text{ [rad/sample]} \tag{1.70}$$

여기서, m은 정수이고 이산시간 정현파 신호의 각주파수는 샘플 당 라디안 값으로 정의되며 단위는 [rad/sample]이다. 그러면, 이산시간 정현파 신호의 주기 N은 수식 (1.70)으로부터 다음과 같이 나타낼 수 있다.

$$N = \frac{2\pi m}{\Omega} \tag{1.71}$$

이산시간 정현파 신호의 주기는 정수 값을 가져야 하므로 모든 각주파수에 대한 주기가 항상 존재하는 것은 아님을 알 수 있다. 주기 신호가 되기 위해서는 수식 (1.71)로 주어지는 주기 N이 정수 값이어야 한다.

예제 1-15 정현파 신호의 주기와 진폭 및 위상

다음과 같이 주어진 정현파 신호의 주기와 진폭 및 위상을 구하시오.

(a) $x(t) = 2\cos(5t + \pi)$

(b) $x(t) = 3\cos(3\pi t + \pi/2)$

(c) $x[n] = 2\cos(5n + \pi)$

(d) $x[n] = 3\cos(3\pi n + \pi/2)$

풀이

(a) 연속시간 신호의 각주파수 $\omega = 5$이므로 주기는 $T = 2\pi/5$이다. 진폭은 2이고 위상은 $\theta = \pi$이다.

(b) 연속시간 신호의 각주파수 $\omega = 3\pi$이므로 주기는 $T = 2/3$이다. 진폭은 3이고 위상은 $\theta = \pi/2$이다.

(c) 이산시간 신호의 각주파수 $\Omega = 5$이므로 주기는 $N = (2\pi/5)m$와 같이 주어지나 주기

N의 값을 정수로 만드는 정수 값 m이 존재하지 않으므로 주어진 신호 $x[n]$은 주기 신호가 아니다.

(d) 이산시간 신호의 각주파수 $\Omega=3\pi$이므로 주기는 $N=\frac{2}{3}m$와 같이 주어지며 $m=3$일 때 주기는 $N=2$이다. 진폭은 3이고 위상은 $\phi=\pi/2$이다.

1.4.5 복소 지수 신호

연속시간 및 이산시간 복소 지수 신호(complex exponential signal)의 일반적인 형태는 다음과 같은 수식으로 주어진다.

$$x(t)=Ae^{j(\omega t+\theta)} \tag{1.72}$$

$$x[n]=Ae^{j(\Omega n+\phi)} \tag{1.73}$$

복소 지수 신호는 다음과 같이 다시 나타낼 수 있다.

$$\begin{aligned} x(t) &= Ae^{j(\omega t+\theta)} \qquad (1.74) \\ &= A\cos(\omega t+\theta)+jA\sin(\omega t+\theta) \end{aligned}$$

$$\begin{aligned} x[n] &= Ae^{j(\Omega n+\phi)} \qquad (1.75) \\ &= A\cos(\Omega n+\phi)+jA\sin(\Omega n+\phi) \end{aligned}$$

복소 지수 신호는 실수부(real part)와 허수부(imaginary part)로 나눌 수 있다. 연속시간 신호 $x(t)$의 실수부와 허수부를 각각 $\mathrm{Re}\{x(t)\}$와 $\mathrm{Im}\{x(t)\}$으로 정의하면 다음과 같이 나타낼 수 있다.

$$\mathrm{Re}\{x(t)\}=A\cos(\omega t+\theta) \tag{1.76}$$

$$\mathrm{Im}\{x(t)\}=A\sin(\omega t+\theta) \tag{1.77}$$

이산시간 신호 $x[n]$의 실수부와 허수부를 각각 $\mathrm{Re}\{x[n]\}$와 $\mathrm{Im}\{x[n]\}$으로

정의하면 다음과 같이 나타낼 수 있다.

$$\mathrm{Re}\{x[n]\} = A\cos(\Omega n + \phi) \tag{1.78}$$

$$\mathrm{Im}\{x[n]\} = A\sin(\Omega n + \phi) \tag{1.79}$$

위에서 살펴본 바와 같이 복소 지수 신호의 실수부와 허수부는 각각 정현파 신호로 나타낼 수 있다.

이제, 복소 지수 신호와 정현파 신호 사이의 관계에 대해서 보다 자세히 살펴보도록 한다. 수식 (1.72)의 연속시간 복소 지수 신호는 그림 1.31과 같이 복소 평면(complex plane) 상에서 반경 A인 원 위에 존재한다. 각주파수 ω가 양수이면 시간에 따라서 시계 반대 방향으로 회전하고 ω가 음수이면 시간에 따라서 시계 방향으로 회전한다. 또한, 각주파수가 높을수록 반경 A인 원 위를 더 빨리 회전하게 된다.

한편, 복소 지수 신호 $x(t)$의 실수부와 허수부는 그림 1.32와 같은 정현파 신호로 나타낼 수 있다. 따라서, 수식 (1.65)의 정현파 신호는 수식 (1.76)과 같이 복소 지수 신호를 이용하여 표현할 수 있다. 드한, 수식 (1.77)의 정현파 신호는 수식 (1.76)의 정현파 신호와 $\pi/2$의 위상 차이를 가지므로 서로 직교함을 알 수 있다. 각주파수가 높을수록 반경 A인 원 뒤를 회전하는 복소수의 실수부

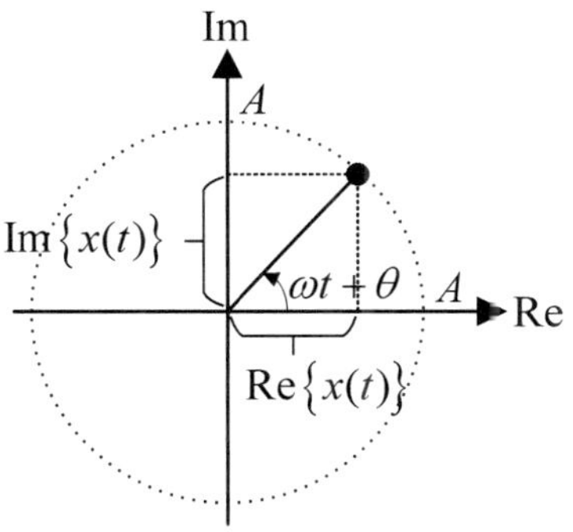

그림 1.31 복소 평면 상에서 연속시간 복소 지수 신호의 표현, $x(t) = Ae^{j(\omega t + \theta)}$

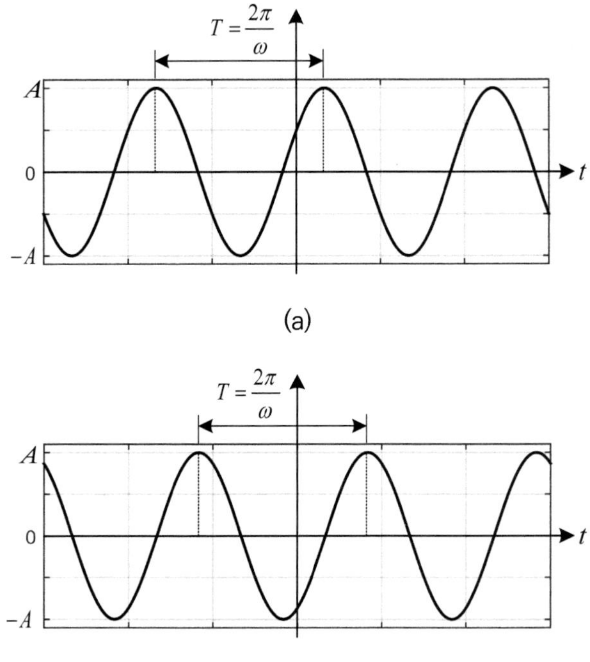

그림 1.32 복소 지수 신호의 정현파 신호 표현, (a) $\mathrm{Re}\{x(t)\}=A\cos(\omega t+\theta)$, (b) $\mathrm{Im}\{x(t)\}=A\sin(\omega t+\theta)$

부 값은 더 빨리 변하게 된다.

그림 1.33은 복소 평면 상에서 이산시간 복소 지수 신호의 표현 예를 나타낸다. 각주파수 $\Omega=\pi/2$이고 $n=0,1,2,3$일 때 임의의 위상 ϕ에 대한 수식 (1.73)의 이산시간 복소 지수 신호는 그림 1.33과 같이 복소 평면 상에서 반경 A인 원 위에 존재한다. 각주파수가 클수록 반경 A인 원 위를 더 빨리 회전하게 되며 이산시간 신호의 각주파수의 최대값은 π임에 유의해야 한다.

앞서 설명한 바와 같이 정현파 신호는 복소 지수 신호를 이용하여 다음과 같이 표현이 가능하다.

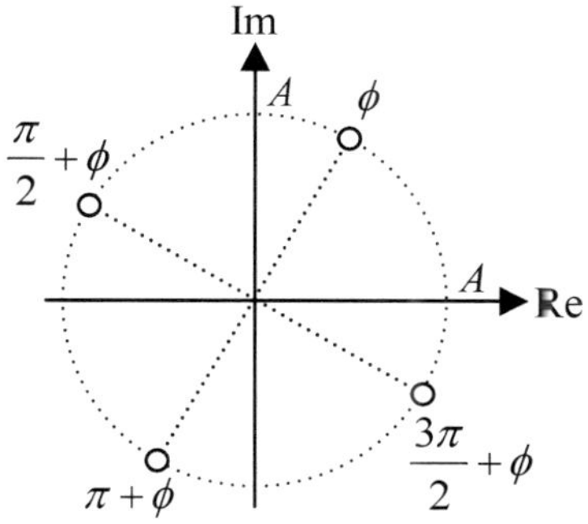

그림 1.33 복소 평면 상에서 이산시간 복소 지수 신호의 표현 예

$$A\cos(\omega t+\theta)=\frac{A}{2}\left(e^{j(\omega t+\theta)}+\epsilon^{-j(\omega t+\theta)}\right) \tag{1.80}$$

$$A\sin(\omega t+\theta)=\frac{A}{j2}\left(e^{j(\omega t+\theta)}-\epsilon^{-j(\omega t+\theta)}\right) \tag{1.81}$$

이산시간 신호의 경우도 이와 유사하게 표현된다.

$$A\cos(\Omega n+\phi)=\frac{A}{2}\left(e^{j(\Omega n+\phi)}-e^{-j(\Omega n+\phi)}\right) \tag{1.82}$$

$$A\sin(\Omega n+\phi)=\frac{A}{j2}\left(e^{j(\Omega n+\phi)}-e^{-j(\Omega n+\phi)}\right) \tag{1.83}$$

예제 1-16 복소 지수 신호 표현

다음과 같이 주어진 복소 지수 신호를 실수부와 허수부로 나누어 표현하시오.

(a) $x(t)=2e^{j(\pi t+\pi/4)}$

(b) $x[n]=2e^{j(\pi n/4+\pi/4)}$

풀이

(a) $\mathrm{Re}\{x(t)\}=2\cos(\pi t+\pi/4)$, $\mathrm{Im}\{x(t)\}=2\sin(\pi t+\pi/4)$

(b) $\mathrm{Re}\{x[n]\}=2\cos(\pi n/4+\pi/4)$, $\mathrm{Im}\{x[n]\}=2\sin(\pi n/4+\pi/4)$

1.5 시스템의 표현 및 모델

시스템은 입력된 신호를 다양한 형태로 변형하거나 연산하는 장치 또는 과정이므로 여러 시스템을 연결함으로써 보다 복잡한 연산을 수행하는 새로운 하나의 시스템을 구성할 수 있다. 실제로 많은 시스템들은 여러 개의 보다 작은 시스템들의 연결로 구성된다. 하나의 전체 시스템을 구성하고 있는 각각의 작은 시스템은 모듈화될 수 있으며 모듈화된 작은 시스템을 연결함으로써 시스템 설계를 보다 용이하게 할 수 있다. 시스템들은 연결하는 다양한 방법이 있지만 몇 가지 기본적인 연결 방법이 주로 사용된다. 이번 절에서는 시스템의 표현과 연결 방법에 대해서 살펴본다.

1.5.1 시스템의 표현

일반적으로 입력 신호를 출력 신호로 변환하는 모든 장치 및 과정은 시스템이라고 할 수 있다. 그림 1.34는 입력 신호에 대하여 연산자 H로 주어지는 시스템의 블록 다이어그램을 나타낸다.

연속시간 입력 신호 $x(t)$에 대하여 시스템에서 적용되는 연산자를 H라고 하면 시스템의 출력 신호 $y(t)$는 다음과 같이 수학적으로 표현할 수 있다.

$$y(t) = H\{x(t)\} \tag{1.84}$$

이산시간 신호 $x[n]$에 대한 시스템의 출력 $y[n]$은 다음과 같이 표현할 수 있다.

그림 1.34 시스템의 블록 다이어그램. (a) 연속시간 시스템, (b) 이산시간 시스템

$$y[n] = H\{x[n]\} \tag{1.85}$$

일반적으로 연속시간 신호를 다루는 시스템을 연속시간 시스템이라 하고, 이산시간 신호를 다루는 시스템을 이산시간 시스템이라고 한다.

1.5.2 시스템의 연결

여러 개의 시스템을 연결하여 새로운 하나의 시스템을 구성하는 방법에 대해서 살펴본다.

❖ 직렬 연결

두 개의 시스템이 순차적으로 직렬로 연결되는 직렬 연결(cascade connection) 방식이 있다. 입력 신호 $x(t)$ 혹은 $x[n]$에 대하여 두 개의 시스템 H_1과 H_2의 직렬 연결을 수학적으로 표현하면 다음과 같다.

$$y(t) = H_2\{H_1\{x(t)\}\} \tag{1.86}$$

$$y[n] = H_2\{H_1\{x[n]\}\} \tag{1.87}$$

그림 1.35는 두 개의 시스템이 직렬로 연결된 시스템의 블록 다이어그램을 나타낸다. 전체 하나의 시스템을 두 개 이상의 작은 시스템으로 직렬 연결할 수 있도록 나누어 구현하는 것이 가능하다.

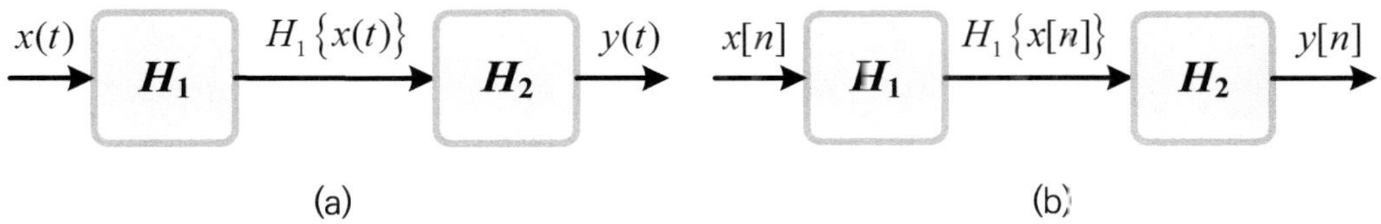

그림 1.35 직렬 연결된 시스템. (a) 연속시간 시스템, (b) 이산시간 시스템

❖ 병렬 연결

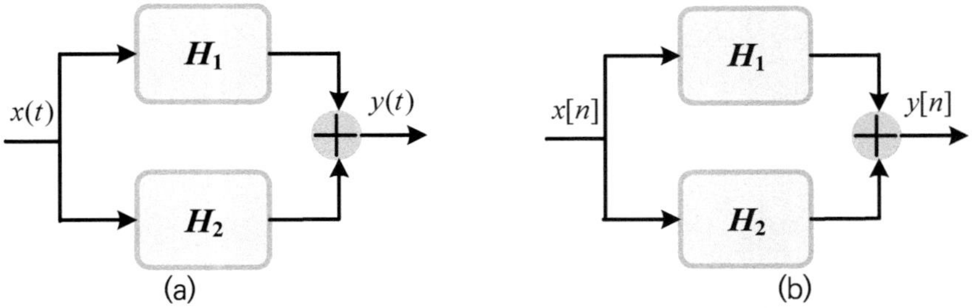

그림 1.36 병렬 연결된 시스템. (a) 연속시간 시스템, (b) 이산시간 시스템

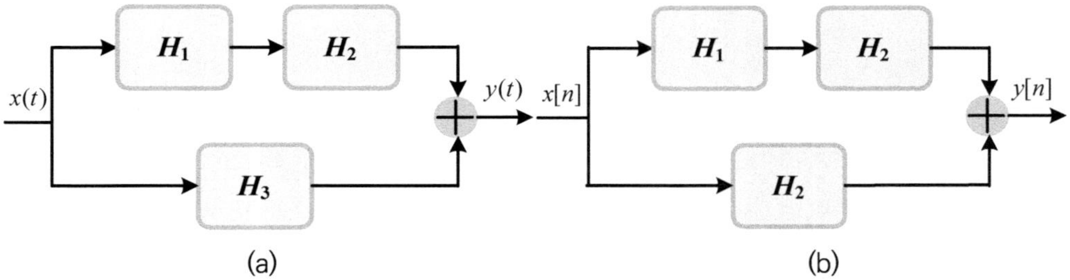

그림 1.37 직렬과 병렬의 혼합 연결. (a) 연속시간 시스템, (b) 이산시간 시스템

두 개의 시스템이 병렬로 연결되는 병렬 연결(parallel connection) 방식이 있다. 입력 신호 $x(t)$ 혹은 $x[n]$에 대하여 두 개의 시스템 H_1과 H_2의 병렬 연결을 수학적으로 표현하면 다음과 같다.

$$y(t) = H_1\{x(t)\} + H_2\{x(t)\} \tag{1.88}$$

$$y[n] = H_1\{x[n]\} + H_2\{x[n]\} \tag{1.89}$$

그림 1.36은 두 개의 시스템이 병렬 연결된 시스템의 블록 다이어그램을 나타낸다. 병렬 연결된 시스템의 출력은 각각의 시스템 출력을 더한 것과 동일하다. 전체 하나의 시스템을 두 개 이상의 작은 시스템으로 병렬 연결할 수 있도록 나누어 구현하는 것이 가능하다.

직렬과 병렬 연결 뿐만 아니라 보다 복잡하게 직렬과 병렬 연결이 혼합된 연결도 존재한다. 그림 1.37은 직렬과 병렬이 혼합된 연결의 예를 나타낸다.

❖ 피드백 연결

직렬과 병렬 연결 외에도 중요한 시스템의 연결 형태로 피드백 연결(feedback connection) 방식이 있다. 그림 1.38은 두 개의 시스템이 피드백 연결된 시스템의 블록 다이어그램을 나타낸다. 시스템 H_1의 출력이 시스템 H_2의 입력으로 들어가고 다시 시스템 H_2의 출력은 피드백되어 외부 입력과 더해져서 시스템 H_1의 입력을 생성하게 된다. 두 개의 시스템에 대해서 피드백되는 연결이 존재하는 피드백 연결 시스템은 제어 시스템에서 흔히 볼 수 있는 시스템 연결이다. 피드백 연결 시스템은 직렬 연결 및 병렬 연결과도 혼합될 수 있으며 이 경우 더욱 복잡한 시스템을 구성하게 된다. 입력 신호 $x(t)$ 혹은 $x[n]$에 대하여 두 개의 시스템 H_1과 H_2에 의한 피드백 연결을 수학적으로 표현하면 다음과 같다.

$$y(t) = H_1\{x(t) - H_2\{y(t)\}\} \tag{1.90}$$

$$y[n] = H_1\{x[n] - H_2\{y[n]\}\} \tag{1.91}$$

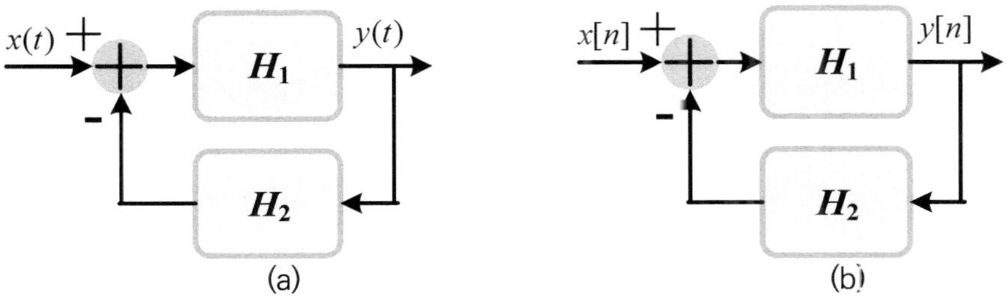

그림 1.38 피드백 연결된 시스템. (a) 연속시간 시스템, (b) 이산시간 시스템

1장 요 약

1.1 연속시간 신호는 모든 시간에 대해서 값을 가지는 신호이다.

1.2 이산시산 신호는 특정 순간의 시간에만 값을 가지는 신호이다.

1.3 연속시간 시스템은 연속시간 신호를 입력으로 받아 주어진 연산을 처리한 후 연속시간 신호를 출력한다.

1.4 이산시간 시스템은 이산시간 신호를 입력으로 받아 주어진 연산을 처리한 후 이산시간 신호를 출력한다.

1.5 실제로 우리가 다룰 수 있는 많은 시스템은 연속시간적인 요소와 이산시간적인 요소가 혼합되어 있다.

1.6 연속시간 신호를 이산시간 신호로 변환하여 이산시간 시스템으로 입력함으로써 이산시간 시스템에서 연속시간 신호를 다룰 수 있다.

1.7 이산시간 신호를 연속시간 신호로 변환하여 연속시간 시스템으로 입력함으로써 연속시간 시스템에서 이산시간 신호를 다룰 수 있다.

1.8 여러 개의 시스템을 직렬 연결, 병렬 연결, 피드백 연결을 통하여 하나의 새로운 시스템으로 표현할 수 있다.

1.9 주어진 시스템을 직렬 연결, 병렬 연결, 피드백 연결 방법을 이용하여 여러 개의 시스템으로 나눌 수도 있다.

1장 연습문제

1.1 다음 신호가 주기 신호인지 비주기 신호인지 판단하고, 주기 신호일 경우 기본 주기를 구하시오.

(a) $x_1(t) = \cos(t/2)$

(b) $x_4(t) = \cos(t) + \sin(2t)$

(c) $x_6(t) = e^{\sin(t)}$

(d) $x_7(t) = \cos(t)\sin(2t)$

(e) $x_2[n] = (-1)^n$

(f) $x_3[n] = \cos(n/2)$

(g) $x_5[n] = e^n$

1.2 다음 신호들을 그리시오.

(a) $x_1(t) = u(t) - u(t-1)$

(b) $x_2(t) = 2u(t+1) - u(t) - u(t-1)$

(c) $x_3(t) = r(t) - r(t-1)$

(d) $x_4(t) = r(t+1) - r(t-1) - 2u(t-2)$

(e) $x_5[n] = u[n] - u[n-2]$

(f) $x_6[n] = 2u[n+1] - u[n] - u[n-1]$

(g) $x_7[n] = \sin\left(\frac{\pi n}{2} + \frac{\pi}{2}\right)$

1.3 다음 신호가 에너지 신호인지, 전력 신호인지 판단하시오. 또한, 에너지 신호이면 에너지를 구하고 전력 신호이면 평균 전력을 구하시오.

(a) $x(t) = A\cos(\omega t + \theta)$

(b) $x(t) = \begin{cases} A, & |t| \le T/2 \\ 0, & \text{otherwise} \end{cases}$

1.4 다음 연속시간 신호를 기본 신호를 이용하여 표현하시오.

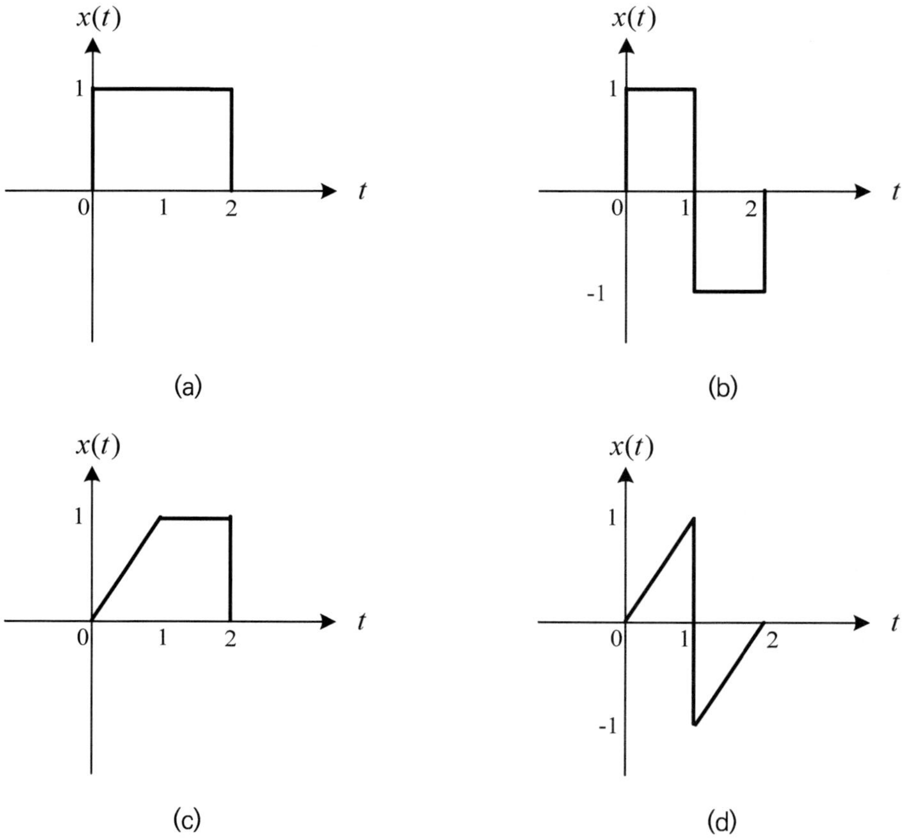

그림 P1.4

1.5 다음 이산시간 신호를 기본 신호를 이용하여 표현하시오.

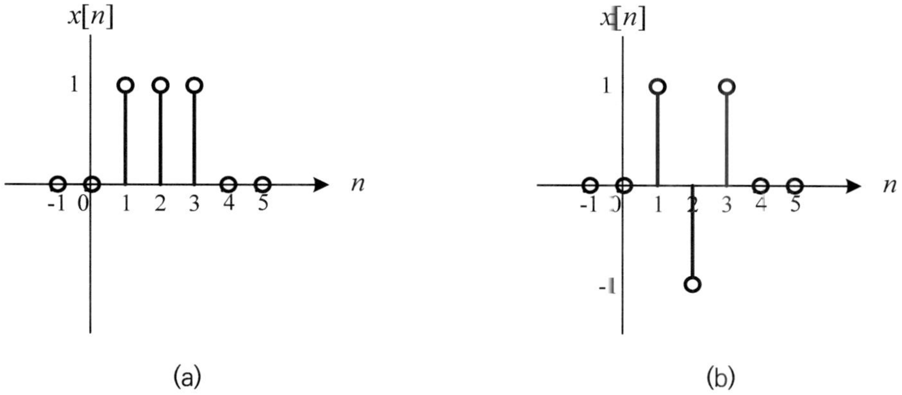

그림 P1.5

1.6 그림 P1.4와 같이 주어진 연속시간 신호 $x(t)$에 대해서 다음과 같은 신호를 그리고 기본 신호를 이용하여 표현하시오.

(a) $x(t-1)$

(b) $x(2t-1)$

1.7 그림 P1.5와 같이 주어진 이산시간 신호 $x[n]$에 대해서 다음과 같은 신호를 그리고 기본 신호를 이용하여 표현하시오.

(a) $x[n+1]$

(b) $x[2n+1]$

1.8 다음 복소 지수 신호의 실수부와 허수부를 구하시오.

$$x(t) = Ae^{\sigma + j\omega t},\ \sigma > 0$$

1.9 다음 신호에 대해서 우함수 성분과 기함수 성분을 구하시오.

(a) $x(t) = \cos(2\pi t) + \sin(2\pi t) + \cos(2\pi t)\cos(2\pi t)$

(b) $x(t) = 1 + t + t^2 + t^3$

1.10 다음 그림 P1.10과 같이 주어진 신호 $x(t)$를 수학적으로 표현하고 신호의 크기, 주파수, 위상, 시간 이동에 대해서 논하시오. (단, cos 함수를 사용하시오.)

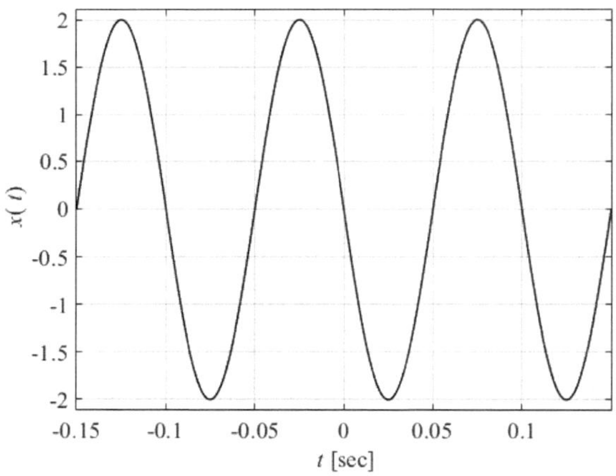

그림 P1.10

1장 MATLAB 예제

매트랩(MATLAB: matrix laboratory)은 공학 및 과학 분야에서 전세계적으로 널리 사용되고 있는 소프트웨어로서 매스웍스(MathWorks) 사에서 개발되었다. 매트랩은 행렬 및 벡터 연산, 함수와 데이터의 도시, 다양한 응용 분야를 위한 알고리즘 구현, 사용자 환경 생성, 여러 가지 프로그래밍 언어로 구현된 프로그램과의 연동 등 매우 막강하고 다양한 수치해석 환경을 제공한다. 특히, 매트랩은 신호처리와 관련된 다양한 함수와 매우 편리한 도구상자(toolbox)를 제공하고 있으며 개발된 알고리즘을 DSP(digital signal processor) 또는 FPGA(field programmable gate array) 등의 하드웨어로 구현하기 위한 솔루션도 제공한다. 본 절에서는 1장에서 제시한 여러 신호들을 매트랩을 이용하여 도시하는 예제를 살펴본다. 이후 각 장마다 관련된 매트랩 예제들을 소개하도록 한다.

매스웍스 사의 홈페이지: http://www.mathworks.com/

❖ MATLAB 기초

매트랩은 크게 MATLAB 제품군과 Simulink 제품군으로 구성된다. MATLAB 제품군은 텍스트 기반의 MATLAB 프로그래밍 언어를 이용하여 알고리즘 개발 및 수치해석을 지원한다. 반면 Simulink 제품군은 데이터의 흐름을 나타내는 그래픽 기반의 프로그래밍 언어를 이용하여 시스템을 모델링하여 시뮬레이션하고 분석할 수 있는 환경을 제공한다. 여기서는, 텍스트 기반의 MATLAB 프로그래밍 언어를 이용한 매트랩에 대해서만 다룬다. 또한, 매트랩은 매년 두 차례의 버전 업데이트가 이루어지고 있으며 본 교재의 MATLAB 예제는 MATLAB R2025a 버전을 기준으로 작성되었다.

MATLAB 예제 1-1은 그림 1.1(a)의 음성 신호를 매트랩에서 불러들여 그래프로 나타내는 예제이다.

(MATLAB 예제 1-1) 오디오 신호 불러오기 및 파형 그리기

```
[x, Fs] = audioread('audio.mp3');        % audio.mp3 파일 불러들이기
                                         % x: 오디오 신호 샘플 벡터
                                         % Fs: 샘플링 주파수, Hz
len = length(x);                         % 벡터의 길이 (샘플의 개수)
figure(1); clf;
plot([0:1:len-1]/Fs, x, 'k-');
grid on;
xlabel('Time [sec]');
ylabel('Amplitude');
```

MATLAB 예제 1-2는 그림 1.6의 정현파 신호를 그래프로 나타내는 예제이다.

(MATLAB 예제 1-2) 정현파 신호 그리기

```
dt = 0.001;
t = [-2:dt:2];
x = sin(2*pi*1*t);                       % sin 함수
figure(2); clf;
plot(t, x, 'k-');
grid on;
xlabel('t [sec]');
ylabel('Amplitude, x(t)');
axis([-2 2 -1.1 1.1]);
```

매트랩의 plot 함수는 (x,y) 좌표로 나타나는 각 점을 표시한다. 따라서, 실제로는 연속시간이 아니라 이산시간 신호이다. 그러나, 주어진 시간 구간 동안 매우 많은 수의 샘플을 취하고 인접한 샘플들을 선으로 연결함으로써 연속시간 신호인 것처럼 보여진다. MATLAB 예제 1-2에서 plot 함수의 세 번째 인자인 'k-'는 plot 함수의 옵션으로서 'k'는 그래프의 색상을 검정색으로 나타내고, '-'는 인접한 샘플을 직선으로 연결하여 표시하는 옵션이다.

MATLAB 예제 1-3은 그림 1.11(a)의 연속시간 신호를 그래프로 나타내는 예제이다.

(MATLAB 예제 1-3) 그림 1.11(a)의 연속시간 신호 그리기

```
dt = 0.01;
t = [-3:dt:3-dt];
x = [zeros(1,2/dt)  -ones(1,1/dt)  ones(1,1/dt)  zeros(1,2/dt)];
figure(3); clf;
plot(t, x, 'k-');
grid on;
xlabel('t [sec]');
ylabel('x(t)');
axis([-3 3 -1.2 1.2]);
```

MATLAB 예제 1-4는 그림 1.11(b)의 신호를 그래프로 나타내는 예제이다.

(MATLAB 예제 1-4) 그림 1.11(b)의 이산시간 신호 그리기

```
t = [-12:1:11];
x = [zeros(1,8) -ones(1,4)  ones(1,4) zeros(1,8)];
figure(4); clf;
```

```
stem(t, x, 'k');
grid on;
xlabel('n');
ylabel('x[n]');
axis([-12.5 11.5 -1.2 1.2]);
```

MATLAB 예제 1-5는 그림 1.12(a)의 신호를 그래프로 나타내는 예제이다.

(MATLAB 예제 1-5) 그림 1.12(a)의 연속시간 신호 그리기

```
dt = 0.001;
t = [-3:dt:3-dt];
x = [zeros(1,2/dt)  ones(1,2/dt)  zeros(1,2/dt)];
figure(5); clf;
plot(t, x, 'k-');
grid on;
xlabel('t [sec]');
ylabel('x(t)');
axis([-3 3 -1.2 1.2]);
```

MATLAB 예제 1-6은 그림 1.12(b)의 신호를 그래프로 나타내는 예제이다.

(MATLAB 예제 1-6) 그림 1.12(b)의 이산시간 신호 그리기

```
t = [-12:1:11];
x = [zeros(1,8) ones(1,9) zeros(1,7)];
figure(6); clf;
stem(t, x, 'k');
grid on;
xlabel('n');
```

```
ylabel('x[n]');
axis([-12.5 11.5 -1.2 1.2]);
```

MATLAB 예제 1-7은 그림 1.13(a)의 신호를 그래프로 나타내는 예제이다.

(MATLAB 예제 1-7) 그림 1.13(a)의 연속시간 신호 그리기

```
dt = 0.001;
t = [-3:dt:3-dt];
x = [zeros(1,2/dt)  -1:dt:(1-dt)  zeros(1,2/dt)];
figure(7); clf;
plot(t, x, 'k-');
grid on;
xlabel('t [sec]');
ylabel('x(t)');
axis([-3 3 -1.2 1.2]);
```

MATLAB 예제 1-8은 그림 1.13(b)의 신호를 그래프로 나타내는 예제이다.

(MATLAB 예제 1-8) 그림 1.13(b)의 이산시간 신호 그리기

```
t = [-12:1:11];
x = [zeros(1,8) -ones(1,4) 0 ones(1,4) zeros(1,7)];
figure(8); clf;
stem(t, x, 'k');
grid on;
xlabel('n');
ylabel('x[n]');
axis([-12.5 11.5 -1.2 1.2]);
```

2 장 선형 시불변 시스템

2장 선형 시불변 시스템

이번 장에서는 시스템의 여러 가지 기본적인 성질들을 살펴본다. 이러한 성질들은 물리적으로 중요한 의미를 지니고 있으며 수학적으로 설명이 가능하다. 이들 중에서 선형성과 시불변성은 매우 중요한 성질이며 신호 및 시스템의 분석에서 매우 기본적인 개념이 된다. 현실에서 많은 물리적인 시스템이 선형 시불변 시스템으로 모델링될 수 있다. 선형 시불변 시스템의 입력을 앞서 살펴본 기본적인 신호들을 가지고 표현할 수 있다면 시스템 출력을 계산함에 있어서 기본적인 신호들의 응답을 사용할 수 있다. 임펄스 신호는 연속시간과 이산시간 신호 모두에서 일반적인 신호를 표현하는데 사용될 수 있으므로 임펄스 신호에 대한 시스템 응답이 선형 시불변 시스템의 특성을 잘 알려줄 것이다. 선형 시불변 시스템에 대한 이해를 바탕으로 선형 시불변 시스템의 입출력 사이의 관계와 이를 표현하기 위한 방법에 대해서 살펴본다. 여기서, 우리는 입력 신호와 출력 신호가 모두 시간 영역에서 시간에 대한 함수로 표현되는 시스템을 고려한다. 여기서 우리가 살펴볼 선형 시불변 시스템의 입출력 관계는 선형 시불변 시스템의 동작을 분석하고 시스템을 구현하는데 유용하게 활용될 것이다.

2.1 시스템의 기본 성질

시스템은 다양한 성질을 가지며 시스템의 특성은 신호 및 시스템의 해석에 있어서 우리에게 많은 정보를 제공한다. 시스템은 그 특성에 따라 몇 가지로 분류될 수 있다. 이번 절에서는 시스템의 특성 및 그 분류에 대해서 살펴보고 간단한 수학적 표현을 이용하여 설명하고자 한다.

2.1.1 안정성

시스템을 설계함에 있어서 안정성(stability)은 매우 중요한 고려 요소들 중 하나이다. 시스템의 안정도를 정의하는 방법으로서 유한 입력 유한 출력(bounded input bounded output: BIBO) 안정성이 주로 사용된다. 유한한 크기의 입력 신호에 대해서 유한한 크기의 신호가 출력되는 경우 BIBO 안정하다고 말한다. 일반적으로 우리는 크기가 무한히 발산하는 출력을 갖는 시스템을 원하지는 않는다.

연속시간 시스템에서 유한한 크기의 두 양수 M_x와 M_y에 대해서 해당 시스템이 BIBO 안정이 될 조건을 수식으로 표현하면 다음과 같다.

$$|x(t)| \leq M_x < \infty \text{ (모든 } t\text{에 대해서)} \tag{2.1}$$

$$|y(t)| \leq M_y < \infty \text{ (모든 } t\text{에 대해서)} \tag{2.2}$$

즉, 모든 시간에 있어서 M_x 이내의 유한한 크기를 갖는 입력 신호 $x(t)$가 시스템에 입력될 때 출력 신호 $y(t)$가 M_y 이내의 유한한 크기를 갖는다면 이 시스템은 BIBO 안정 시스템이다.

이산시간 시스템에 대해서도 동일하게 BIBO 안정 조건을 다음과 같이 표현할 수 있다.

$$|x[n]| \leq M_x < \infty \text{ (모든 } n\text{에 대해서)} \tag{2.3}$$

$$|y[n]| \leq M_y < \infty \text{ (모든 } n\text{에 대해서)} \tag{2.4}$$

여기서, $x[n]$은 이산시간 시스템의 입력 신호이고, $y[n]$은 이산시간 시스템의 출력 신호를 나타낸다.

예제 2-1 안정 시스템

다음과 같이 주어진 연속시간 시스템의 안정성을 판단하시오.

$$y(t)=\frac{1}{4}[x(t-1)+2x(t)+x(t+1)]$$

풀이

입력 신호 $x(t)$가 다음과 같이 유한하다고 가정하자.

$$|x(t)| \le M_x < \infty$$

출력 신호 $y(t)$의 크기를 계산하면 다음과 같다.

$$\begin{aligned} |y(t)| &= \frac{1}{4}|x(t-1)+2x(t)+x(t+1)| \\ &\le \frac{1}{4}(|x(t-1)|+2|x(t)|+|x(t+1)|) \end{aligned}$$

입력 신호 $x(t)$의 크기가 M_x 이하로 제한되므로 출력 신호 $y(t)$의 크기는 다음과 같이 다시 나타낼 수 있다.

$$\begin{aligned} |y(t)| &\le \frac{1}{4}(M_x+2M_x+M_x) \\ &= M_x < \infty \end{aligned}$$

따라서, 출력의 절대값은 유한하므로 이 시스템은 BIBO 안정하다.

예제 2-2 불안정 시스템

다음과 같이 주어진 이산시간 시스템의 안정성을 판단하시오. 여기서, $r>1$ 이다.

$$y[n]=r^n x[n]$$

풀이

입력 신호 $x[n]$이 다음과 같이 유한하다고 가정하자.

$$|x[n]| \leq M_x < \infty$$

그러면, 출력 신호 $y[n]$의 크기를 계산하면 다음과 같다.

$$\begin{aligned} |y[n]| &= |r^n x[n]| \\ &= |r^n| \cdot |x[n]| \\ &\leq M_x |r^n| \end{aligned}$$

따라서, $r > 1$이고 n이 증가함에 따라 $|r^n|$이 계속해서 증가하므로 유한한 입력에 대한 시스템 출력의 절대값은 n이 무한대로 증가함에 따라 무한대로 증가한다. 그러므로, 이 시스템은 불안정하다.

반면, $|r| < 1$ 이면 n이 증가함에 따라 $|r^n|$은 지속적으로 감소하므로 안정한 시스템이 된다.

2.1.2 기억

시스템은 현재의 입력 또는 시스템 내부의 상태(state) 혹은 메모리(memory) 값에 의해서 출력이 영향을 받는다. 시스템의 현재 출력 값이 오직 현재의 입력 값에 의해서만 영향을 받는 시스템을 무기억 시스템(memoryless system)이라 한다. 반면에, 과거 또는 미래의 입력 값에 영향을 받는 시스템을 기억 시스템(memory system)이라고 한다.

컴퓨팅 장치가 사용되는 이산시간 시스템에서 메모리는 현재의 입력 값 이외의 시간에서 입력받은 값들을 저장하는 역할을 한다. 이전에 입력 받은 값들을 모두 누적하는 시스템을 생각하면 메모리가 있음을 쉽게 이해할 수 있을 것이다. 또한, 입력 값을 한 샘플 지연시키는 지연 소자(delay element)의 경우 $y[n] = x[n-1]$

와 같이 나타낼 수 있으므로 기억 시스템이라 할 수 있다. 물리적인 시스템에서 메모리는 에너지의 저장과 깊은 관련이 있다. 예를 들어, 전기회로의 시스템에서 저항은 에너지를 소비하는 소자이므로 저항만으로 이루어진 회로는 메모리가 없다고 할 수 있다. 반면, 커패시터는 전하를 축적하여 에너지를 저장하게 되므로 커패시터를 포함하는 전기회로는 메모리가 있다고 할 수 있다. 입력이 커패시터에 흐르는 전류 $x(t)$로 주어지고 출력이 커패시터 양단에 걸리는 전압이라고 할 때, 출력 전압은

$$y(t) = \frac{1}{C}\int_{-\infty}^{t} x(\tau)d\tau$$

와 같이 나타낼 수 있다.

예제 2-3 기억 시스템

예제 2-1의 연속시간 시스템이 기억 혹은 무기억 시스템인지 판단하시오.

$$y(t) = \frac{1}{4}\left[x(t-1) + 2x(t) + x(t+1)\right]$$

풀이

$x(t)$를 현재의 입력 값이라고 할 때, 출력 신호가 과거의 입력 값 $x(t-1)$과 미래의 입력 값 $x(t+1)$에 영향을 받으므로 기억 시스템이다.

예제 2-4 무기억 시스템

예제 2-2의 이산시간 시스템이 기억 혹은 무기억 시스템인지 판단하시오.

$$y[n] = r^{n}x[n],\ \ r > 1$$

풀이

$x[n]$을 현재의 입력 값이라고 할 때, 출력 신호가 오직 현재의 입력 값에만 영향을 받으므로 무기억 시스템이다.

2.1.3 인과성

시스템의 출력이 현재 또는 과거의 값에 의해서만 결정되는 경우 인과 시스템(causal system) 이라고 한다. 반면에, 시스템의 출력이 미래의 입력에 영향을 받는 경우 비인과 시스템(noncausal system) 이라고 한다. 신호로 주어지는 함수의 변수를 시간이라고 간주하면 시스템의 출력이 미래의 입력에 의해서 결정될 수도 있다는 것이 다소 의아하게 생각될 수도 있을 것이다. 신호는 시간에 대한 함수로 나타나기도 하지만 시간이 아닌 변수를 사용하는 경우도 있다. 영상처리 분야와 같이 영상을 다루는 경우 영상신호는 공간에서 위치가 변수로 사용될 수 있다. 예를 들어, 사진에서 각 픽셀의 컬러 값을 픽셀의 위치에 대한 함수로 나타낼 수 있을 것이다. 비인과 시스템은 미래의 입력이 현재 출력에 영향을 주므로 이를 그대로 구현하는 것은 불가능하다. 그러나, 현재 출력에 필요한 입력을 모두 받은 후 저장하여 나중에 한꺼번에 처리하는 것은 가능하다. 따라서, 비인과 시스템은 출력에 필요한 미래의 입력을 모두 받을 때까지 연산이 완료되지 않으므로 실시간 처리는 불가능하다.

예제 2-5 비인과적 시스템

다음의 이산시간 시스템에 대해서 인과성을 판단하시오.

$$y[n]=\frac{1}{4}\{x[n-1]+2x[n]+x[n+1]\}$$

풀이

$x[n]$를 현재의 입력 값이라고 할 때, 출력 신호가 미래의 입력 값 $x[n+1]$에 영향을 받으므로 비인과적 시스템이다.

예제 2-6 인과적 시스템

예제 2-2의 이산시간 시스템에 대해서 인과성을 판단하시오.

$$y[n] = r^n x[n],\ \ r > 1$$

풀이

$x[n]$을 현재의 입력 값이라고 할 때, 출력 신호가 미래의 입력 값에 영향을 받지 않으므로 인과적 시스템이다.

예제 2-7 비인과적 시스템

다음의 이산시간 시스템에 대해서 인과성을 판단하시오.

$$y[n] = x[-n]$$

풀이

$x[n]$을 현재의 입력 값이라고 하고 시간 n이 양수이면 출력 $y[n]$은 오직 시간 $(-n)$에서의 입력 신호 $x[-n]$에 의해서만 결정되고 $(-n)$은 음의 시간이므로 $x[-n]$은 과거 입력이다. 이러한 해석을 통해서 주어진 시스템이 인과적 시스템이라고 생각할 수 있으나, 이는 모든 시간을 고려하지는 않아서 발생한 오류라고 할 수 있다. 만약 시간 n이 음수이면 $(-n)$은 양의 시간이므로 $x[-n]$은 미래 입력이 된다. 따라서 출력 신호가 미래의 입력 값에 영향을 받으므로 비인과적 시스템이 될 것이다. 이처럼 시스템의 인과성을 판단할 때에는 모든 시간에 대해서 확인을 해야 한다.

예제 2-8 전기회로 시스템의 인과성

그림 2.1의 RC 회로 시스템에 대해서 인과성을 판단하시오. 여기서, 입력 신호는 $v_i(t)$이고 출력 신호는 $v_o(t)$이다.

풀이

그림 2.1의 RC 회로 시스템에 인가한 입력 전압과 커패시터 양단에 걸리는 출력 전압 사이에 다음과 같은 관계식을 세울 수 있다. RC 회로의 해석에 대해서는 회로이론을 참고하기 바란다.

$$C\frac{d}{dt}v_o(t)+\frac{v_o(t)}{R}=\frac{v_i(t)}{R}$$

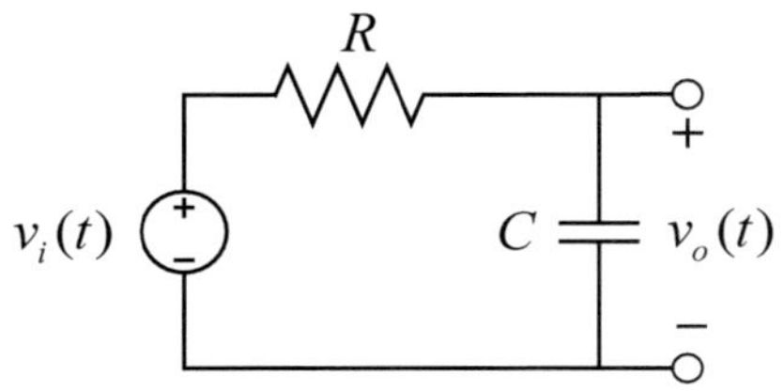

그림 2.1 RC 회로 시스템

출력 신호 $v_o(t)$는 미래의 입력 값에 영향을 받지 않으므로 인과적 시스템이다.

앞의 예제 2-5는 비인과적 시스템으로서 미래의 입력 신호 값이 현재의 출력에 영향을 주는 형태를 가지고 있으므로 현재의 출력에 관여하는 미래의 입력 신호 값이 모두 들어오기 전에는 연산이 불가능하다. 따라서, 이러한 비인과적 시스템을 구현하기 위하여 지연 소자, 메모리 등을 사용하여 시스템 출력의 연산에 필요한 입력을 모두 받을 때까지 기다리고 저장한 후 연산을 수행할 수 있다.

2.1.4 가역성

시스템의 출력 신호로부터 입력 신호를 복원할 수 있는 경우 가역 시스템(invertible system)이라고 한다. 즉, 입력으로부터 출력으로의 변환을 수행하는 시스템에 대해 역변환이 존재하는 경우 가역 시스팀이라 하고, 역변환이 존재하지 않는 경우 비가역 시스템이라고 한다. 예를 들어, 입력과 출력 사이의 관계가 행렬로 주어지는 시스템의 경우 역행렬이 존재하면 가역 시스템이다. 또 함수 $y=f(x)$로 주어지는 시스템에 대해서 역함수 $x=f^{-1}(y)$가 존재하면 가역 시스템이라고 할 수 있다.

주어진 시스템의 출력 신호로부터 입력 신호를 복원하는 과정은 또 다른 하나의 시스템으로 간주할 수 있다. 연속시간 출력 신호 $y(t)$로부터 입력 신호 $x(t)$를 복원하는 시스템에서 적용되는 연산자를 H^{-1}라고 하면, 가역 시스템은 시스템 H와 H^{-1}를 직렬로 연결함으로써 그림 2.2와 같이 나타낼 수 있다. 또한, 주어진 시스템 H^{-1}의 출력 신호는 다음과 같이 수학적으로 표현할 수 있다.

$$\begin{aligned} H^{-1}\{y(t)\} &= H^{-1}\{H\{x(t)\}\} \\ &= x(t) \end{aligned} \tag{2.5}$$

가역 시스템에서 입력 신호와 출력 신호는 일대일 대응(one-to-one mapping) 관계에 있으며 서로 다른 입력 신호에 대해서 서로 다른 신호가 출력된다.

이산시간 시스템에 대해서도 동일한 방법으로 가역성을 정의할 수 있다. 다음 예제를 통하여 시스템의 가역성을 살펴보자.

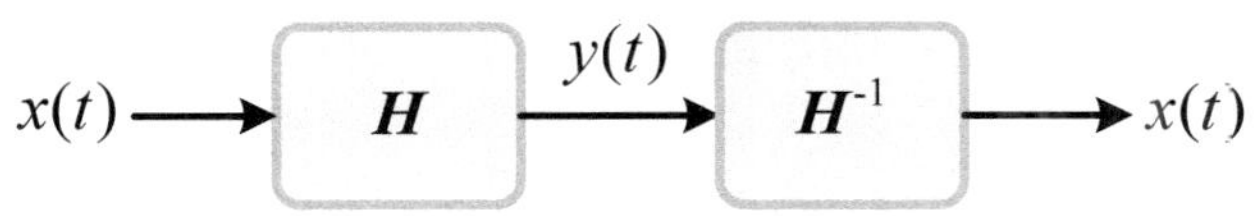

그림 2.2 가역 시스템

예제 2-9 가역성

다음과 같은 입출력 관계를 갖는 크기 스케일링 시스템을 고려하자.

$$y(t) = ax(t), \quad |a| > 1$$

위 시스템에 대해서 출력 신호로부터 입력 신호를 복원하기 위한 연산자 H^{-1}를 찾으시오.

풀이

위 크기 스케일링 시스템은 $|a| > 1$이므로 증폭기의 역할을 수행한다. 따라서, 위 시스템의 출력 신호에 $1/a$를 곱해줌으로써 다음과 같이 원래의 입력 신호 $x(t)$를 얻을 수 있다.

$$\frac{1}{a}y(t) = \frac{1}{a}\{ax(t)\} = x(t)$$

여기서, 주어진 신호에 $1/a$를 곱하는 연산은 $|a| > 1$이므로 감쇄기의 역할을 수행한다.

2.1.5 선형성

주어진 시스템이 중첩(superposition) 성질과 동차(homogeneity) 성질을 동시에 만족하는 경우 선형 시스템(linear system)이라고 한다. 주어진 연속시간 시스템 H에 대해서 두 개의 입력 신호 $x_1(t)$와 $x_2(t)$에 대한 출력을 각각 $y_1(t)$와 $y_2(t)$라고 하자.

$$y_1(t) = H\{x_1(t)\} \tag{2.6}$$

$$y_2(t) = H\{x_2(t)\} \tag{2.7}$$

먼저, 다음 조건을 중첩 성질이라고 한다.

$$H\{x_1(t) + x_2(t)\} = y_1(t) + y_2(t) \tag{2.8}$$

즉, 주어진 연속시간 시스템 H에 대해서 서로 다른 두 개의 신호 $x_1(t)$, $x_2(t)$가 더해져서 입력된 출력은 각각의 입력 신호에 대한 출력 $y_1(t)$, $y_2(t)$의 합과 같다.

다음으로, 임의의 상수 a에 대해서 다음 조건을 동차 성질이라고 한다.

$$H\{ax_1(t)\} = ay_1(t) \tag{2.9}$$

주어진 시스템이 중첩 성질 또는 동차 성질 중에서 어느 하나라도 만족하지 못하면 비선형 시스템(nonlinear system)이라고 한다. 중첩 성질과 동차 성질을 모두 만족하는 시스템에 대해서 수식 (2.10)과 같은 관계식을 만족하며, 이는 그림 2.3과 같이 나타낼 수 있다.

$$\begin{aligned} H\{a_1x_1(t) + a_2x_2(t)\} &= a_1H\{x_1(t)\} + a_2H\{x_2(t)\} \\ &= a_1y_1(t) + a_2y_2(t) \end{aligned} \tag{2.10}$$

수식 (2.10)의 좌변은 두 개의 입력 신호를 각각 크기 스케일링하고 덧셈 연산을 수행한 후 시스템 연산자 H를 적용하는 경우로서 그림 2.3(a)와 같은 블록 다이어그램으로 표현할 수 있다. 또한, 수식 (2.10)의 우변은 각 입력 신호에 대해 동일한 시스템 연산자 H를 적용한 후 그 결과에 대해 크기 스케일링 및 덧셈 연산을 수행하는 경우로서 그림 2.3(b)와 같은 블록 다이어그램으로 표현할 수 있다. 따라서, 동일한 입력 신호에 대해서 그림 2.3(a)와 그림 2.3(b)의 출력이 동일한 경우 시스템 H는 선형 시스템이다.

이산시간 시스템에 대해서도 동일한 방법으로 선형성을 정의할 수 있다. 주어진 이산시간 시스템 H에 대해서 두 개의 입력 신호 $x_1[n]$과 $x_2[n]$에 대한 출력을 각각 $y_1[n]$과 $y_2[n]$이라고 하자.

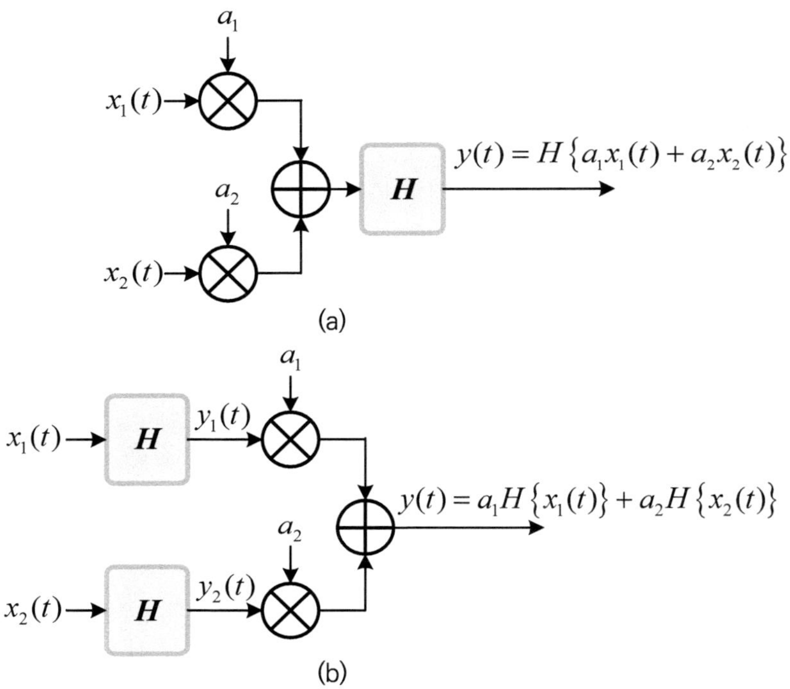

그림 2.3(a) 두 입력 신호를 각각 크기 스케일링하고 덧셈 연산을 수행한 후 시스템 연산자 H를 적용, (b) 각 입력 신호에 대해 동일한 시스템 연산자 H를 적용한 후 그 결과에 대해 크기 스케일링 및 덧셈 연산을 수행

$$y_1[n] = H\{x_1[n]\} \tag{2.11}$$

$$y_2[n] = H\{x_2[n]\} \tag{2.12}$$

연속시간 시스템에서와 마찬가지로 다음 조건을 만족하면 중첩 성질을 만족한다.

$$H\{x_1[n] + x_2[n]\} = y_1[n] + y_2[n] \tag{2.13}$$

또한, 임의의 상수 a에 대해서 다음의 조건을 만족하면 동차 성질을 만족한다.

$$H\{ax_1[n]\} = ay_1[n] \tag{2.14}$$

이산시간 시스템이 수식 (2.13)의 중첩 성질과 수식 (2.14)의 동차 성질을 모두 만족하면 선형 시스템이다. 이산시간 시스템에서 중첩 성질과 동차 성질을 모두 만족하는 경우 연속시간 시스템과 유사하게 다음 수식 (2.15)와 같은 관계식을 만족한다.

$$\begin{aligned} H\{a_1 x_1[n] + a_2 x_2[n]\} &= a_1 H\{x_1[n]\} + a_2 H\{x_2[n]\} \\ &= a_1 y_1[n] + a_2 y_2[n] \end{aligned} \tag{2.15}$$

예제 2-10 선형 시스템

예제 2-1의 연속시간 시스템에 대해서 선형성을 판단하시오.

$$y(t) = \frac{1}{4}[x(t-1) + 2x(t) + x(t+1)]$$

풀이

먼저, 중첩 성질을 만족하는지 다음과 같이 확인해 보자.

$$\begin{aligned} H\{x_1(t) + x_2(t)\} &= \frac{1}{4}\left[(x_1(t-1) + x_2(t-1)) + 2(x_1(t) + x_2(t)) \right. \\ &\qquad \left. + (x_1(t+1) + x_2(t+1))\right] \\ &= \frac{1}{4}[x_1(t-1) + 2x_1(t) + x_1(t+1)] \\ &\qquad + \frac{1}{4}[x_2(t-1) + 2x_2(t) + x_2(t+1)] \\ &= H\{x_1(t)\} + H\{x_2(t)\} \\ &= y_1(t) + y_2(t) \end{aligned}$$

따라서, 주어진 연속시간 시스템은 수식 (2.8)의 중첩 성질을 만족함을 알 수 있다.
다음으로, 동차 성질을 만족하는지 다음과 같이 확인해 보자.

$$\begin{aligned} H\{ax_1(t)\} &= \frac{1}{4}\left[ax_1(t-1)+2ax_1(t)+ax_1(t+1)\right] \\ &= \frac{1}{4}a\left[x_1(t-1)+2x_1(t)+x_1(t+1)\right] \\ &= aH\{x_1(t)\} \\ &= ay_1(t) \end{aligned}$$

따라서, 주어진 연속시간 시스템은 수식 (2.9)의 동차 성질도 만족함을 알 수 있다. 위 시스템은 중첩 성질과 동차 성질을 모두 만족하므로 선형 시스템이다.

예제 2-11 전기회로 시스템의 선형성

그림 2.1의 RC 회로와 같이 주어진 시스템에 대해서 선형성을 판단하시오.

풀이

그림 2.1의 RC 회로와 같이 주어진 시스템 H의 입력 $x(t)=v_i(t)$와 출력 $y(t)=v_o(t)$ 사이의 관계는 다음과 같다.

$$C\frac{d}{dt}y(t)=\frac{1}{R}\{x(t)-y(t)\}$$

서로 다른 두 입력 $x_1(t)$와 $x_2(t)$에 대한 출력을 각각 $y_1(t)=H\{x_1(t)\}$와 $y_2(t)=H\{x_2(t)\}$라고 하자. 그러면, 각각의 입력과 출력에 대한 관계식을 다음과 같이 나타낼 수 있다.

$$\frac{1}{R}y_1(t)+C\frac{d}{dt}y_1(t)=\frac{1}{R}x_1(t)$$

$$\frac{1}{R}y_2(t)+C\frac{d}{dt}y_2(t)=\frac{1}{R}x_2(t)$$

위 두 개의 관계식을 더하면 다음과 같이 나타낼 수 있다.

$$\frac{1}{R}\{y_1(t)+y_2(t)\}+C\frac{d}{dt}\{y_1(t)+y_2(t)\}=\frac{1}{R}\{x_1(t)+x_2(t)\} \quad (2.16)$$

이제, 입력을 $x_1(t)+x_2(t)$라고 했을 때, 주어진 시스템 H의 입력과 출력 $H\{x_1(t)+x_2(t)\}$사이의 관계는 다음과 같다.

$$\frac{1}{R}H\{x_1(t)+x_2(t)\}+C\frac{d}{dt}H\{x_1(t)+x_2(t)\}=\frac{1}{R}\{x_1(t)+x_2(t)\} \quad (2.17)$$

수식 (2.16)과 수식 (2.17)을 비교하면

$$H\{x_1(t)+x_2(t)\}=y_1(t)+y_2(t)$$

를 만족함을 알 수 있으므로 주어진 시스템은 중첩 성질을 만족한다.

다음으로, 입력 $x_1(t)$와 출력 $y_1(t)$ 사이의 관계식의 양변에 상수 a를 곱하면 다음과 같이 나타낼 수 있다.

$$\frac{1}{R}\{ay_1(t)\}+C\frac{d}{dt}\{ay_1(t)\}=\frac{1}{R}\{ax_1(t)\} \quad (2.18)$$

이제, 입력을 $ax_1(t)$라고 했을 때, 주어진 시스템 H의 입력과 출력 $H\{ax_1(t)\}$ 사이의 관계는 다음과 같다.

$$\frac{1}{R}H\{ax_1(t)\}+C\frac{d}{dt}H\{ax_1(t)\}=\frac{1}{R}\{ax_1(t)\} \quad (2.19)$$

수식 (2.18)과 수식 (2.19)를 비교하면,

$$H\{ax_1(t)\}=ay_1(t)$$

를 만족함을 알 수 있으므로 동차 성질도 만족한다.

따라서, 주어진 연속시간 시스템은 중첩 성질과 동차 성질을 모두 만족하므로 선형 시스템이다.

예제 2-12 비선형 시스템

다음과 같은 이산시간 시스템에 대해서 선형성을 판단하시오.

$$y[n] = 2x[n] + 1$$

풀이

두 개의 서로 다른 입력 신호 $x_1[n]$과 $x_2[n]$에 대한 출력을 각각 $y_1[n]$과 $y_2[n]$이라고 하자.
먼저, 위 시스템에 대해서 중첩 성질을 만족하는지 다음과 같이 확인해 보자.

$$\begin{aligned} H\{x_1[n] + x_2[n]\} &= 2(x_1[n] + x_2[n]) + 1 \\ &\neq y_1[n] + y_2[n] = 2(x_1[n] + x_2[n]) + 2 \end{aligned}$$

주어진 이산시간 시스템은 수식 (2.13)의 중첩 성질을 만족하지 않음을 알 수 있다.
다음으로, 동차 성질을 만족하는지 다음과 같이 확인해 보면,

$$\begin{aligned} H\{ax_1[n]\} &= 2ax_1[n] + 1 \\ &\neq ay_1[n] = a(2x_1[n] + 1) \end{aligned}$$

와 같은 관계를 얻을 수 있으므로 수식 (2.14)의 동차 성질도 만족하지 않음을 알 수 있다.
따라서, 주어진 이산시간 시스템은 중첩 성질과 동차 성질을 모두 만족하지 않으므로 비선형 시스템이다.

2.1.6 시불변성

동일한 시스템에 대해서 동일한 입력을 사용하여 출력을 관찰한다면 오늘 관

찰한 결과와 내일 관찰한 결과가 같다는 것을 예상해 볼 수 있을 것이다. 이처럼 시스템의 특성이 시간에 따라 변화하지 않고 일정하다면 이 시스템은 시불변 시스템(time-invariant system)이다. 즉, 연속시간 시스템에 대해서 τ 만큼 시간 이동된 입력 신호 $x(t-\tau)$에 대한 시스템 출력도 동일한 만큼 시간 이동하여 나타나는 경우 시불변 시스템이라고 한다. 시불변 시스템에서는 입력 신호의 시간 변위가 출력 신호에서 동등한 시간 변위를 야기함을 알 수 있다. 이제 시불변 시스템에 대한 조건을 수학적으로 표현해 보도록 한다.

주어진 연속시간 시스템 H에 대해서 입력 신호 $x(t)$에 대한 출력 신호를 $y(t)$라고 하자. 다음과 같은 조건을 만족하면 주어진 연속시간 시스템 H는 시불변 시스템이다.

$$H\{x(t-\tau)\}=y(t-\tau) \tag{2.20}$$

반면, 수식 (2.20)을 만족하지 못하는 경우 시변 시스템(time-variant system)이라고 한다.

이산시간 시스템에 대해서도 동일하게 시불변성이 정의된다. 주어진 이산시간 시스템 H에 대해서 입력 신호 $x[n]$에 대한 출력을 $y[n]$이라고 하자. 다음과 같이 임의의 정수 n_0 만큼 시간 이동된 입력 신호 $x[n-n_0]$에 대한 시스템 출력도 동일한 만큼 시간 이동하여 나타나면 주어진 이산시간 시스템 H를 시불변 시스템이라고 한다.

$$H\{x[n-n_0]\}=y[n-n_0] \tag{2.21}$$

예제 2-13 시불변 시스템

예제 2-1의 연속시간 시스템에 대해서 시불변성을 판단하시오.

$$y(t)=\frac{1}{4}[x(t-1)+2x(t)+x(t+1)]$$

풀이

주어진 시스템에 $x(t)$를 τ 만큼 시간 지연한 신호를 입력했을 때 출력을 계산하면 다음과 같다.

$$
\begin{aligned}
H\{x(t-\tau)\} &= \frac{1}{4}\left[x_1(t-\tau-1)+2x_1(t-\tau)+x_1(t-\tau+1)\right] \\
&= y(t-\tau)
\end{aligned}
$$

이는 $x(t)$에서 τ 만큼의 시간 변위가 출력 $y(t)$에서도 동일한 τ 만큼의 시간 변위를 발생시킨 것을 보여준다. 따라서, 주어진 연속시간 시스템은 수식 (2.20)의 조건을 만족하므로 시불변 시스템이다.

예제 2-14 시변 시스템

다음과 같은 이산시간 시스템에 대해서 시불변성을 판단하시오.

$$y[n] = nx[n]$$

풀이

주어진 이산시간 시스템에 입력 신호 $x[n]$을 임의의 정수 n_0 만큼 시간 지연한 신호를 입력했을 때 출력을 계산하면 다음과 같다.

$$H\{x[n-n_0]\} = nx[n-n_0]$$

반면, 입력 신호 $x[n]$에 대한 시스템의 출력 신호 $y[n]$을 n_0 만큼 시간 지연한 신호는

$$y[n-n_0] = (n-n_0)x[n-n_0]$$

이므로

$$H\{x[n-n_0]\} \neq y[n-n_0]$$

이다. 따라서, 주어진 이산시간 시스템은 수식 (2.21)의 조건을 만족하지 못하므로 시변 시스템이다.

2.2 선형 시불변 시스템의 입출력 관계

2.1절에서 시스템의 여러 가지 기본 성질을 살펴보았다. 특히, 선형성과 시불변성은 신호 및 시스템의 분석에서 중요한 위치를 차지한다. 선형성과 시불변성을 동시에 만족하는 시스템을 선형 시불변(linear time-invariant: LTI) 시스템이라고 한다. 많은 물리적인 현상 및 과정들이 선형 시불변 시스템으로 모델링될 수 있으며 선형 시불변 시스템의 경우 우리가 앞으로 다룰 다양한 수학적 도구를 통하여 자세히 해석하는 것이 가능하다. 우리가 실제로 다루게 되는 대부분의 시스템은 선형 시불변 시스템을 가정한다. 이번 절에서는 선형 시불변 시스템의 입출력 사이의 관계를 수학적으로 표현하고 그 의미에 대해서 살펴본다.

2.2.1 연속시간 LTI 시스템의 입출력 관계

앞서 1.4절에서 다룬 샘플링 성질에 따르면 연속시간 신호 $x(t)$는 임펄스 신호를 이용하여 다음과 같이 무수히 많은 임펄스 신호들의 선형 결합(linear combination)으로 나타낼 수 있다.

$$x(t) = \int_{-\infty}^{\infty} x(\tau)\delta(t-\tau)d\tau \tag{2.22}$$

그러면, 입력 신호 $x(t)$에 대한 연속시간 시스템 $H\{\cdot\}$의 출력 신호 $y(t)$는 다음과 같이 나타낼 수 있다.

$$\begin{aligned} y(t) &= H\{x(t)\} \qquad (2.23) \\ &= H\left\{\int_{-\infty}^{\infty} x(\tau)\delta(t-\tau)d\tau\right\} \end{aligned}$$

선형 시불변 시스템을 가정할 경우 시스템 H는 선형성을 만족하므로 수식 (2.23)은 다음과 같이 계산될 수 있다.

$$y(t) = \int_{-\infty}^{\infty} H\{x(\tau)\delta(t-\tau)\}d\tau \tag{2.24}$$

수식 (2.24)에서 연속시간 시스템 H는 시간에 대한 함수이므로 $x(\tau)$는 상수로 간주될 수 있다. 그러면, 동차 성질에 의해서 수식 (2.24)는 다시 다음과 같이 계산될 수 있다.

$$y(t) = \int_{-\infty}^{\infty} x(\tau)H\{\delta(t-\tau)\}d\tau \tag{2.25}$$

수식 (2.25)에서 $H\{\delta(t-\tau)\}$는 그림 2.4에서와 같이 주어진 연속시간 시스템 H에 임펄스 신호 $\delta(t-\tau)$를 입력했을 때의 출력 신호를 나타낸다. 입력 신호로서 연속시간 임펄스 신호 $\delta(t)$를 입력했을 때 연속시간 시스템 H의 출력을 임펄스 응답(impulse response)이라고 정의하고 $h(t)$와 같이 표기한다. 그러면, 주어진 연속시간 시스템은 시불변성을 만족하므로 $H\{\delta(t-\tau)\}$는 $H\{\delta(t)\}=h(t)$를 τ 만큼 시간 이동한 $h(t-\tau)$와 동일하므로 수식 (2.25)는 다음과 같이 다시 나타낼 수 있다.

$$y(t) = \int_{-\infty}^{\infty} x(\tau)h(t-\tau)d\tau \tag{2.26}$$

수식 (2.26)과 같은 연산을 컨벌루션 적분(convolution integral)이라고 하며, 다음과 같이 별도의 연산자 * 를 이용하여 나타낸다.

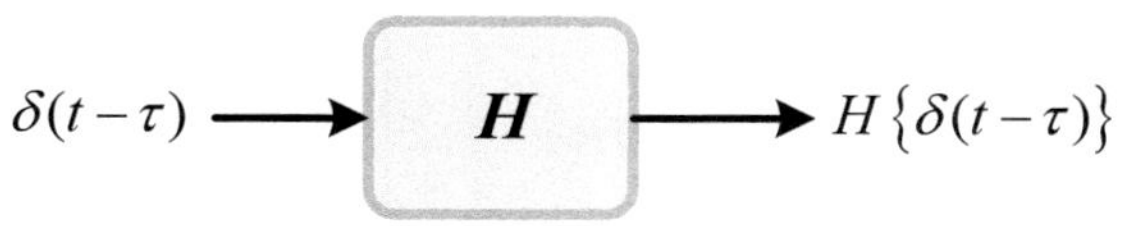

그림 2.4 연속시간 시스템에서 임펄스 신호에 대한 출력 신호

$$\int_{-\infty}^{\infty} x(\tau)h(t-\tau)d\tau = x(t)*h(t) \tag{2.27}$$

수식 (2.26)에서 $t-\tau=p$로 치환하면 출력 신호 $y(t)$는 다음과 같이 나타낼 수 있다.

$$y(t) = -\int_{\infty}^{-\infty} x(t-p)h(p)dp \tag{2.28}$$

$$= \int_{-\infty}^{\infty} h(p)x(t-p)dp$$

$$= h(t)*x(t)$$

따라서, 수식 (2.27)과 수식 (2.28)로부터 다음과 같이 컨벌루션 적분은 교환법칙이 성립함을 알 수 있다.

$$y(t) = x(t)*h(t) = \int_{-\infty}^{\infty} x(\tau)h(t-\tau)d\tau \tag{2.29}$$

$$= \int_{-\infty}^{\infty} h(\tau)x(t-\tau)d\tau = h(t)*x(t)$$

특정한 시간 t에서 출력 신호 $y(t)$의 값을 $\int_{-\infty}^{\infty} h(\tau)x(t-\tau)d\tau$ 의 적분을 이용하여 구하려면 먼저 $x(\tau)$를 $\tau=0$을 중심으로 반전시키고, τ 에 대해 t 만큼 이동시킨 $x(t-\tau)$를 구한다. 여기서, $t>0$ 이면 오른쪽으로 이동되고, $t<0$ 이면 왼쪽으로 이동되는 것을 알 수 있다. 반전 연산은 1.3.5절의 내용을 상기해보기 바란다. 이후에 $h(\tau)$와 $x(t-\tau)$를 곱하여 $\tau=-\infty$ 부터 $\tau=\infty$ 까지 적분을 수행하면 된다. 만약 $\int_{-\infty}^{\infty} x(\tau)h(t-\tau)d\tau$ 의 적분을 이용하여 출력을 계산하려면 앞에서와 유사하게 $h(t-\tau)$를 먼저 구하고 $x(\tau)$와 $h(t-\tau)$를 곱하여 $\tau=-\infty$ 부터 $\tau=\infty$ 까지 적분을 수행하면 된다. 간단한 예제를 통하여 컨벌루션 적분을 계산해보자.

예제 2-15 연속시간 신호의 컨벌루션 적분

연속시간 선형 시불변 시스템의 임펄스 응답 $h(t)=e^{t}u(t)$와 입력 신호 $x(t)=u(t)$에 대해서 시스템 출력을 컨벌루션 적분을 이용하여 구하시오.

풀이

수식 (2.29)의 컨벌루션 적분에 따라 주어진 연속시간 선형 시불변 시스템의 출력 신호 $y(t)$는 다음과 같이 계산된다.

$$
\begin{aligned}
y(t) &= \int_{-\infty}^{\infty} h(\tau)x(t-\tau)d\tau \\
&= \int_{-\infty}^{\infty} e^{\tau}u(\tau)u(t-\tau)d\tau
\end{aligned}
$$

먼저, $t<0$ 이면 $y(t)=0$이다.
다음으로, $t \geq 0$ 일 때 출력 신호는 다음과 같이 계산된다.

$$
\begin{aligned}
y(t) &= \int_{0}^{t} e^{\tau}d\tau \\
&= e^{\tau}\Big|_{0}^{t} = e^{t}-1
\end{aligned}
$$

따라서, 출력 신호는 $y(t)=(e^{t}-1)u(t)$와 같다.

컨벌루션 적분 계산 시 시간 t에 따라 적분 범위와 계산이 달라질 수 있음에 유의해야 한다. 시간 t에 따른 적분 범위는 주어진 입력 신호 및 임펄스 응답 함수를 그래프로 나타내면 좀 더 명확히 알 수 있다. 다음 예제에서 그래프를 이용하여 시간 t에 따른 적분 범위를 고려한 컨벌루션 적분을 계산해보자.

예제 2-16 그래프를 이용한 연속시간 신호의 컨벌루션 적분

그림 2.5에서 주어진 연속시간 선형 시불변 시스템의 임펄스 응답 $h(t)=2(u(t)-u(t-1))$와 입력 신호 $x(t)=u(t)-u(t-1)$에 더해서 시스템 출력을 구하시오.

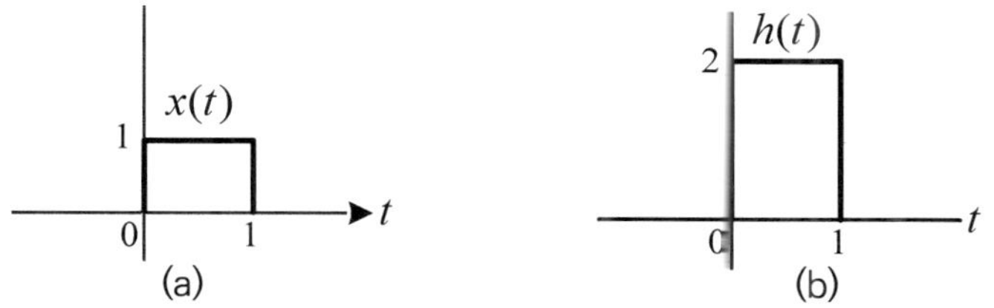

그림 2-5 예제 2-16에 대한 입력 신호와 임펄스 응답. (a) 입력신호. (b) 임펄스 응답

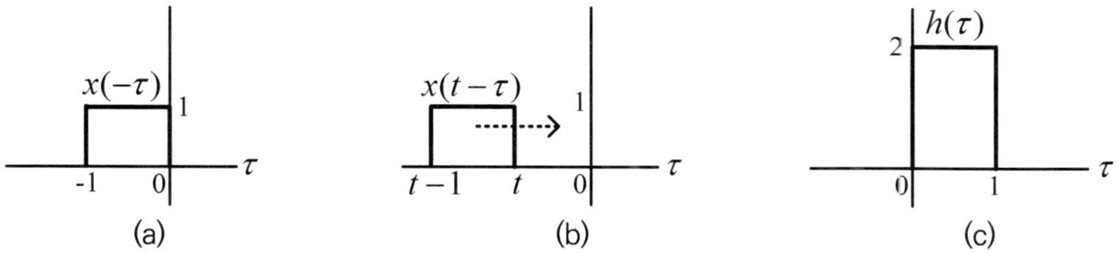

그림 2-6 컨벌루션 적분을 위한 시간 이동된 입력 신호 및 임펄스 응답 신호. (a) $x(-\tau)$, (b) $x(t-\tau)$, (c) $h(\tau)$

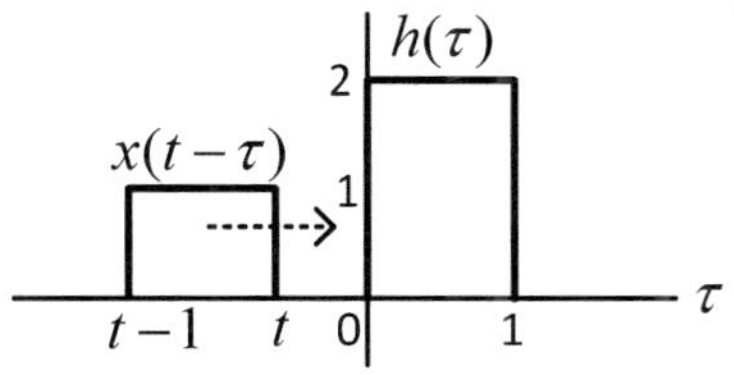

그림 2.7 $t<0$인 경우 입력 신호 및 임펄스 응답

풀이

수식 (2.29)의 컨루션 적분을 계산하기 위하여 $x(-\tau)$과 $x(t-\tau)$, $h(\tau)$를 그림 2.6과 같이 그래프로 나타낸다. 컨벌루션 적분은 시간 $t=-\infty$에서 시작하여 t를 무한대까지 증가시키면서 수식 (2.29)를 계산하면 된다.

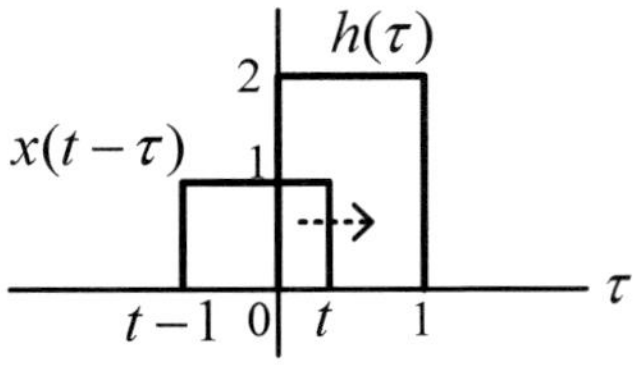

그림 2.8 $0 \le t < 1$인 경우 입력 신호 및 임펄스 응답

먼저, 시간 $t = -\infty$에서 시작하여 t를 무한대까지 증가시킴에 따라 그림 2.6(b)의 $x(t-\tau)$ 그래프는 점차 오른쪽으로 이동하게 된다.

그림 2.7에서 볼 수 있듯이 $x(t-\tau)$와 $h(\tau)$가 만나기 전인 $t < 0$인 경우에는 $x(t-\tau)$와 $h(\tau)$의 곱이 0이므로 수식 (2.29)의 계산 결과는 0이 된다.

다음으로, $t = 0$이 되는 순간부터 $x(t-\tau)$와 $h(\tau)$는 겹치게 되고 $t = 1$ 이 되기 전까지 일부만 겹치게 된다. 그러면, $0 \le t < 1$ 인 경우 $x(t-\tau)$와 $h(\tau)$의 그래프를 나타내면 그림 2.8과 같다.

$0 \le t < 1$인 경우 수식 (2.29)의 컨벌루션 적분을 계산하면 다음과 같다.

$$
\begin{aligned}
y(t) &= \int_0^t x(t-\tau)h(\tau)d\tau \\
&= \int_0^t 2d\tau \\
&= 2t
\end{aligned}
$$

그리고 $t = 1$인 경우 $x(t-\tau)$와 $h(\tau)$는 완전히 겹치게 되고, t가 더 증가하게 되면 $x(t-\tau)$는 점차 $h(\tau)$의 오른편으로 지나가게 된다. 그러면 $t = 2$가 되기 전까지 일부만 겹치게 된다.

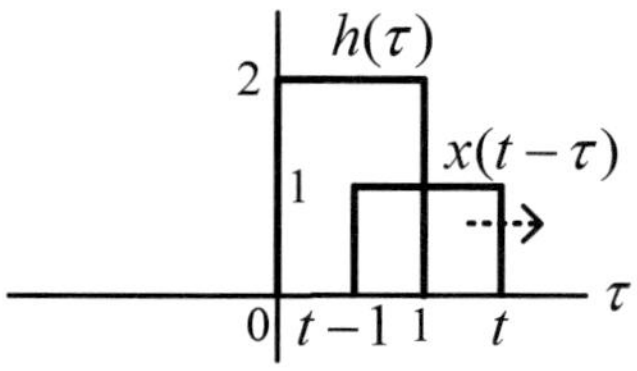

그림 2.9 $1 \le t \le 2$인 경우 입력 신호 및 임펄스 응답

이제, $1 \le t \le 2$인 경우 $x(t-\tau)$와 $h(\tau)$의 그래프를 나타내면 그림 2.9와 같다. 이 경우 $t-1 \le \tau \le 1$인 구간에서 두 신호 $x(t-\tau)$와 $h(\tau)$가 겹치므로 수식 (2.29)의 컨벌루션 적분은 다음과 같이 계산된다.

$$\begin{aligned} y(t) &= \int_{t-1}^{1} x(t-\tau)h(\tau)d\tau \\ &= \int_{t-1}^{1} 2d\tau \\ &= -2t+4 \end{aligned}$$

마지막으로, $x(t-\tau)$가 더욱 오른쪽으로 이동하여 $t>2$ 인 경우 $x(t-\tau)$는 $h(\tau)$를 완전히 지나쳐 버리게 되고 그림 2.10과 같이 $x(t-\tau)$와 $h(\tau)$가 더 이상 겹치지 않는다. 그러므로, $t>2$이면 수식 (2.29)의 계산 결과는 0이 된다.
따라서, 앞서 계산된 모든 출력 신호는 다음과 같이 나타낼 수 있다.

$$y(t) = \begin{cases} 2t & , 0 \le t < 1 \\ -2t+4, & 1 \le t \le 2 \\ 0 & , \text{otherwise} \end{cases}$$

또한, 출력 신호 $y(t)$를 그래프로 나타내면 그림 2.11과 같다.

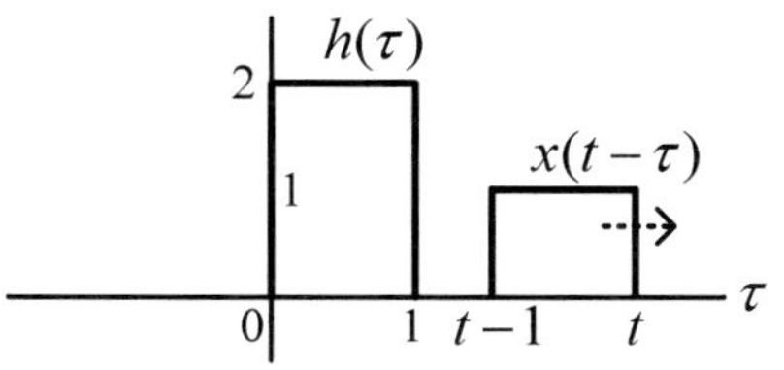

그림 2.10 $t>2$인 경우 입력 신호 및 임펄스 응답

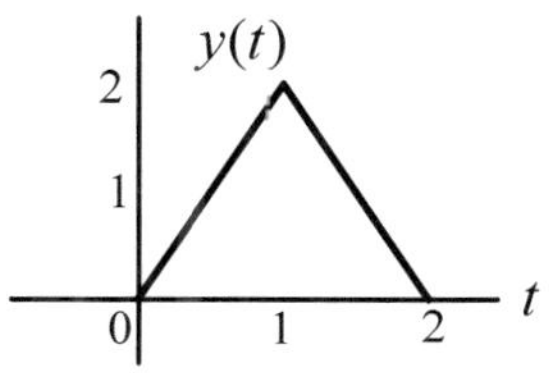

그림 2.11 예제 2-16의 출력 신호

앞서 살펴본 바와 같이 연속시간 LTI 시스템의 출력은 주어진 시스템의 임펄스 응답을 알고 있을 때 주어진 입력 신호에 대하여 컨벌루션 적분을 계산함으로써 수학적으로 얻을 수 있음을 알 수 있다. 다음으로 이산시간 LTI 시스템의 출력은 어떻게 구하는지 살펴보자.

2.2.2 이산시간 LTI 시스템의 입출력 관계

이산시간 신호 $x[n]$은 임펄스 신호를 이용하여 다음과 같이 무수히 많은 임펄스 신호들의 선형 결합으로 나타낼 수 있다.

$$x[n] = \sum_{m=-\infty}^{\infty} x[m]\delta[n-m] \tag{2.30}$$

그러면, 이산시간 시스템 H의 출력은 다음과 같이 나타낼 수 있다.

$$\begin{aligned} y[n] &= H\{x[n]\} \\ &= H\left\{\sum_{m=-\infty}^{\infty} x[m]\delta[n-m]\right\} \end{aligned} \tag{2.31}$$

선형 시불변 시스템을 가정할 경우 이산시간 시스템 H는 선형성을 만족하므로 수식 (2.31)은 다음과 같이 계산될 수 있다.

$$y[n] = \sum_{m=-\infty}^{\infty} H\{x[m]\delta[n-m]\} \tag{2.32}$$

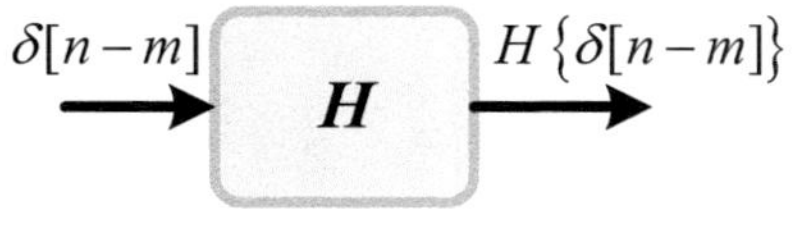

그림 2.12 이산시간 시스템에서 임펄스 신호에 대한 출력 신호

수식 (2.32)에서 $x[m]$은 상수로 간주될 수 있으므로 수식 (2.33)은 다시 다음과 같이 계산될 수 있다.

$$y[n] = \sum_{m=-\infty}^{\infty} x[m] H\{\delta[n-m]\} \tag{2.33}$$

수식 (2.33)에서 $H\{\delta[n-m]\}$는 그림 2.12에서와 같이 이산시간 시스템에 임펄스 신호 $\delta[n-m]$를 입력했을 때의 출력 신호를 나타낸다. 입력 신호로서 임펄스 신호 $\delta[n]$을 입력했을 때 시스템 H의 출력을 임펄스 응답이라 하고 $h[n]$과 같이 표기한다. 그러면, 주어진 이산시간 시스템은 시불변성을 만족하므로 수식 (2.30)은 다음과 같이 다시 쓸 수 있다.

$$y[n] = \sum_{m=-\infty}^{\infty} x[m] h[n-m] \tag{2.34}$$

수식 (2.34)와 같은 연산을 컨벌루션 합(convolution summation)이라고 하며, 다음과 같이 별도의 연산자 * 를 이용하여 나타낸다.

$$\sum_{m=-\infty}^{\infty} x[m] h[n-m] = x[n] * h[n] \tag{2.35}$$

수식 (2.35)에서 $n-m=p$로 치환하면 다음과 같이 나타낼 수 있다.

$$\begin{aligned} y[n] &= \sum_{p=\infty}^{-\infty} x[n-p] h[p] \qquad (2.36) \\ &= \sum_{p=-\infty}^{\infty} h[p] x[n-p] \\ &= h[n] * x[n] \end{aligned}$$

따라서, 다음과 같이 컨벌루션 합은 교환법칙이 성립한다.

$$y[n] = x[n]*h[n] = \sum_{m=-\infty}^{\infty} x[m]h[n-m] \tag{2.37}$$

$$= \sum_{m=-\infty}^{\infty} h[m]x[n-m] = h[n]*x[n]$$

예제 2-17 이산시간 신호의 컨벌루션 합

이산시간 선형 시불변 시스템의 임펄스 응답 $h[n]$이 그림 2.13(a)와 같은 구형파로 주어지고 입력 신호 $x[n]$은 그림 2.13(b)와 같이 단위 계단 신호로 주어질 때, 시스템의 출력 $y[n]$을 컨벌루션 합을 이용하여 구하시오.

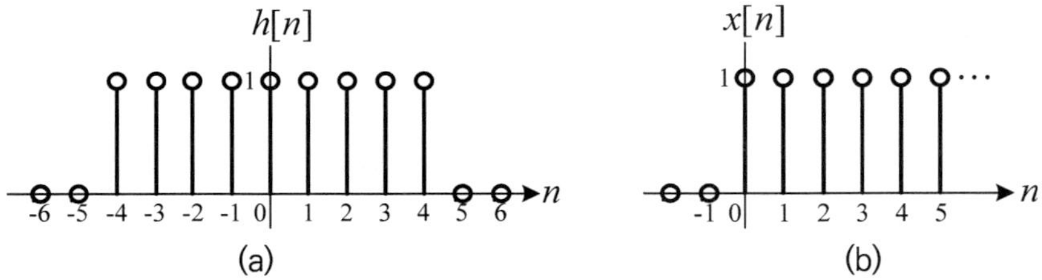

그림 2.13 예제 2-17에 대한 입력 신호와 임펄스 응답, (a) 임펄스 응답, (b) 입력 신호

풀이

수식 (2.37)의 컨벌루션 합을 계산하기 위하여 $h[n-m]$과 $x[m]$을 그림 2.14와 같이 그래프로 나타낸다. 여기서 $x[m]$은 단위 계단 신호로 주어지므로 $x[m]=u[m]$이다.

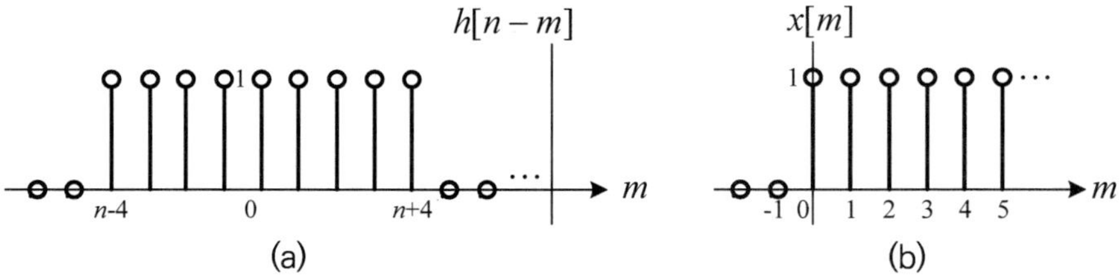

그림 2.14 컨벌루션 합을 위한 시간 이동된 임펄스 응답 신호 및 입력 신호, (a) $h[n-m]$, (b) $x[m]$

컨벌루션 합은 $n=-\infty$에서 시작하여 n을 무한대까지 증가시키면서 수식 (2.37)을 계산하면 된다. 수식 (2.37)의 컨벌루션 합에 따라 출력 신호 $y[n]$은 다음과 같이 계산된다.

$$\begin{aligned} y[n] &= \sum_{m=-\infty}^{\infty} x[m]h[n-m] \\ &= \sum_{m=-\infty}^{\infty} u[m]h[n-m] \\ &= \sum_{m=0}^{\infty} u[m]h[n-m] \end{aligned} \tag{2.38}$$

그림 2.13(a)에 따르면, $h[n]$은 다음과 같이 나타낼 수 있다.

$$h[n] = \begin{cases} 1\,, & -4 \le n \le 4 \\ 0\,, & \text{otherwise} \end{cases}$$

먼저, 시간 $n=-\infty$에서 시작하여 n을 무한대까지 증가시킴에 따라 그림 2.14(a)의 $h[n-m]$ 그래프는 점차 오른쪽으로 이동하게 된다. 그러면, 그림 2.15에서 볼 수 있듯이 $h[n-m]$과 $x[m]$이 만나기 전인 $n<-4$인 경우에는 $h[n-m]$와 $x[m]$의 곱이 0이므로 수식 (2.38)의 계산 결과는 0이 된다.

다음으로, $n=-4$가 되는 순간부터 $h[n-m]$과 $x[m]$이 겹치기 시작한다. 그러면, $n+4 \ge 0$이고 $n-4 \le 0$인 경우 (즉, $-4 \le n \le 4$인 경우) 수식 (2.38)의 컨벌루션 합은 다음과 같이 계산된다.

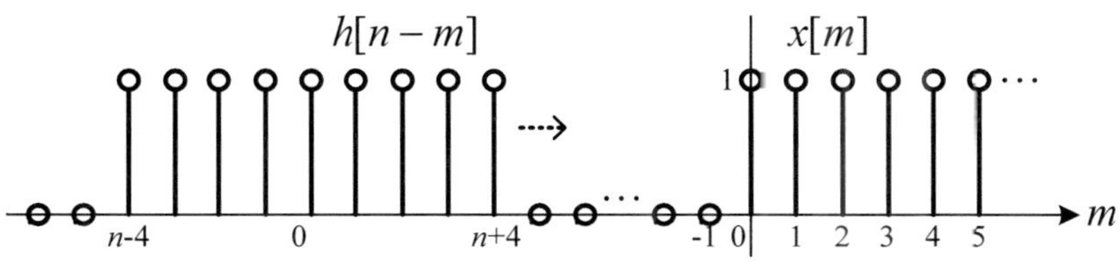

그림 2.15 $n<-4$인 경우 임펄스 응답 및 입력 신호

$$y[n] = \sum_{m=0}^{n+4} u[m]h[n-m]$$

$$= n+5$$

마지막으로, $n-4>0$이면 $h[n-m]$ 그래프는 $x[m]$ 그래프와 완전히 겹치게 되어 출력 신호 $y[n]$은 다음과 같이 계산된다.

$$y[n] = \sum_{m=n-4}^{n+4} u[m]h[n-m]$$

$$= \sum_{m=n-4}^{n+4} 1 = 9$$

따라서, n의 범위에 따른 최종 출력 신호 $y[n]$은 다음과 같이 나타낼 수 있다.

$$y[n] = \begin{cases} n+5, & -4 \le n \le 4 \\ 9, & n > 4 \\ 0, & \text{otherwise} \end{cases}$$

또한, 출력 신호 $y[n]$은 기본 신호를 이용하여 다음과 같이 표현될 수도 있다.

$$y[n] = (n+5)u[n+4] - (n-4)u[n-5]$$

그러면, 출력 신호 $y[n]$을 그래프로 나타내면 그림 2.16과 같다.

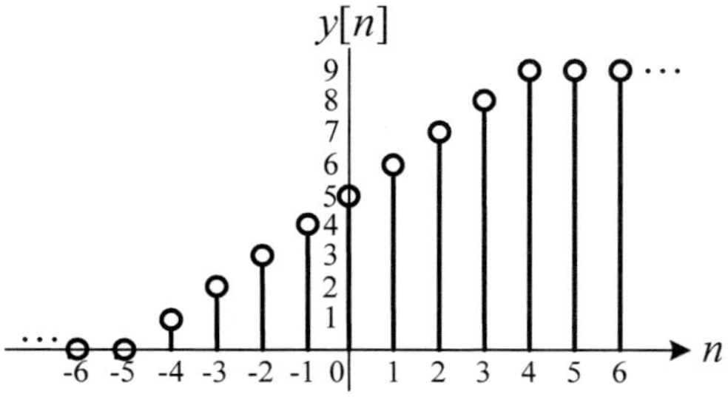

그림 2.16 예제 2-17의 출력 신호

앞서 살펴본 바와 같이, 이산시간 LTI 시스템의 출력은 주어진 시스템의 임펄스 응답을 알고 있을 때 주어진 입력 신호에 대하여 컨벌루션 합을 계산함으로써 수학적으로 얻을 수 있음을 알 수 있다. 연속시간 LTI 시스템은 연속시간 임펄스 응답을 갖고 이산시간 LTI 시스템은 이산시간 임펄스 응답을 가지며 각각 컨벌루션 적분 및 컨벌루션 합을 통하여 LTI 시스템의 출력을 계산할 수 있다.

2.3 선형 시불변 시스템과 임펄스 응답

앞서 2.1절에서 우리는 시스템의 성질에 대해서 살펴봤다. 또한, 2.2절에서는 시스템의 임펄스 응답을 통하여 입력과 출력 사이의 관계를 살펴봤다. 시스템의 임펄스 응답은 입력과 출력 사이의 관계를 수학적으로 나타내므로 이를 통하여 시스템의 특성을 확인할 수 있다. 즉, LTI 시스템의 특성은 시스템의 임펄스 응답에 의해 설명될 수 있다. 이번 절에서는 LTI 시스템의 임펄스 응답을 통하여 시스템의 특성을 살펴보도록 한다.

2.3.1 인과 시스템

실시간 처리를 위해서는 시스템이 인과적이어야 하므로 시스템의 출력 신호는 미래의 입력에 영향을 받지 않아야 한다. 연속시간 시스템이 인과적이기 위한 임펄스 응답의 조건을 알아보기 위하여 컨벌루션 적분을 이용한 연속시간 시스템의 출력 $y(t)$를 살펴보자. 연속시간 시스템의 컨벌루션 적분은 다음과 같이 두 개의 구간으로 나누어 계산될 수 있다.

$$y(t) = \int_{-\infty}^{\infty} x(\tau)h(t-\tau)d\tau \tag{2.39}$$

$$= \int_{-\infty}^{t} x(\tau)h(t-\tau)d\tau + \int_{t}^{\infty} x(\tau)h(t-\tau)d\tau$$

현재 시간을 t라고 할 때 수식 (2.39)의 우변에서 두 번째 적분 항은 $\tau > t$에 해당하는 미래의 입력에 의한 영향을 나타낸다. 따라서, 인과 시스템이 되려면 $\tau > t$ 일 때, $h(t-\tau)=0$를 만족해야 미래의 입력에 의한 영향을 받지 않는다. 즉, $t<0$ 일 때, 시스템의 임펄스 응답 $h(t)=0$ 이면 인과 시스템을 만족한다.

이산시간 시스템의 출력 $y[n]$을 계산하기 위한 컨벌루션 합은 다음과 같이 두 개의 구간으로 나누어 표현될 수 있다.

$$y[n] = \sum_{m=-\infty}^{\infty} x[m]h[n-m] \tag{2.40}$$

$$= \sum_{m=-\infty}^{n} x[m]h[n-m] + \sum_{m=n+1}^{\infty} x[m]h[n-m]$$

현재 시간을 n이라고 할 때 수식 (2.40)의 우변에서 두 번째 합 항은 $m>n$에 해당하는 미래의 입력에 의한 영향을 나타낸다. 따라서, 인과 시스템이 되려면 $m>n$ 일 때, $h[n-m]=0$을 만족해야 한다. 즉, $n<0$ 일 때, 시스템의 임펄스 응답이 $h[n]=0$ 이면 인과 시스템을 만족한다.

2.3.2 무기억 시스템

시스템 출력이 오직 현재의 입력에 의해서만 영향을 받는 시스템을 무기억 시스템이라 한다. 연속시간 시스템의 현재 입력을 $x(t)$라고 한다면 수식 (2.39)에서 $\tau=t$를 제외한 모든 항들의 값은 0이 되어야 한다. 따라서, $\tau \neq t$일 때 $h(t-\tau)=0$이어야 하므로 임펄스 응답은 다음의 조건을 만족해야 한다.

$$h(t) = c\delta(t) \tag{2.41}$$

여기서, c는 상수이다.

이와 유사하게 이산시간 시스템이 무기억 시스템이 되기 위한 조건은 다음과 같다.

$$h[n] = k\delta[n] \tag{2.42}$$

여기서, k는 상수이다.

2.3.2 안정 시스템

시스템의 기본 성질에서 살펴본 바와 같이, 주어진 시스템이 BIBO 안정이 되려면 유한한 크기의 입력 신호에 대해서 시스템의 출력 신호도 유한한 크기를 가져야 한다. 이러한 성질을 이용하여 시스템의 입출력 관계로부터 시스템이 안정하기 위한 임펄스 응답의 조건을 살펴보도록 한다. 연속시간 시스템에서 입력 신호 $x(t)$의 크기가 $|x(t)| \leq M_x < \infty$ 라고 가정하자. 그러면, 출력 신호 $y(t)$의 크기는 다음과 같이 계산될 수 있다.

$$\begin{aligned} |y(t)| &= \left| \int_{-\infty}^{\infty} x(\tau)h(t-\tau)d\tau \right| \\ &\leq \int_{-\infty}^{\infty} |x(\tau)||h(t-\tau)|d\tau \\ &\leq M_x \int_{-\infty}^{\infty} |h(t-\tau)|d\tau \\ &= M_x \int_{-\infty}^{\infty} |h(\tau)|d\tau \end{aligned} \tag{2.43}$$

따라서, 수식 (2.43)과 같이 출력이 유한한 크기를 가지기 위해서는 M_x가 유한하므로 모든 시간에 대해서 임펄스 응답의 절대값을 적분한 값도 유한해야 하며 다음과 같이 조건을 나타낼 수 있다.

$$\int_{-\infty}^{\infty} |h(\tau)| d\tau < \infty \tag{2.44}$$

다음으로, 이산시간 시스템에서 입력 신호 $x[n]$의 크기가 $|x[n]| \leq M_x < \infty$ 라고 가정하고 출력 신호를 $y[n]$이라고 가정하면, 주어진 이산시간 시스템이 BIBO 안정이 되기 위한 조건은 다음과 같다.

$$\begin{aligned} |y[n]| &= \left| \sum_{m=-\infty}^{\infty} x[m]h[n-m] \right| \\ &\leq \sum_{m=-\infty}^{\infty} |x[m]||h[n-m]| \\ &\leq M_x \sum_{m=-\infty}^{\infty} |h[n-m]| \\ &= M_x \sum_{m=-\infty}^{\infty} |h[m]| \end{aligned} \tag{2.45}$$

따라서, 수식 (2.45)가 유한한 크기를 가지기 위해서는 다음 조건을 만족해야 한다.

$$\sum_{k=-\infty}^{\infty} |h[k]| < \infty \tag{2.46}$$

예제 2-18 시스템의 무기억성, 안정성, 인과성

다음의 각 임펄스 응답에 대해서 시스템의 (1) 인과성, (2) 무기억성, (3) 안정성을 판단하시오.

(a) $h(t) = u(t+1) - u(t)$

(b) $h(t) = e^{2t}u(t)$

(c) $h[n]=\left(\frac{1}{2}\right)^n u[n]$

(d) $h[n]=e^{-n}u[1-n]$

풀이

(a) $-1 \le t < 0$ 일 때 $h(t) \neq 0$ 이므로 비인과 시스템이다.
수식 (2.41)의 조건 $h(t)=c\delta(t)$을 만족하지 않으므로 기억 시스템이다.
수식 (2.44)의 조건 $\int_{-\infty}^{\infty}|h(\tau)|d\tau < \infty$ 을 만족하므로 안정 시스템이다.

$$\begin{aligned}\int_{-\infty}^{\infty}|h(\tau)|d\tau &= \int_{-\infty}^{\infty}|u(t+1)-u(t)|d\tau \\ &= \int_{-1}^{0}1d\tau = 1\end{aligned}$$

(b) $t<0$ 일 때 $h(t)=0$ 이므로 인과 시스템이다.
수식 (2.41)의 조건 $h(t)=c\delta(t)$을 만족하지 않으므로 기억 시스템이다.
수식 (2.44)의 조건 $\int_{-\infty}^{\infty}|h(\tau)|d\tau < \infty$을 만족하지 않으므로 불안정 시스템이다.

$$\begin{aligned}\int_{-\infty}^{\infty}|h(\tau)|d\tau &= \int_{-\infty}^{\infty}|e^{2t}u(t)|d\tau \\ &= \int_{0}^{\infty}e^{2t}d\tau = \infty\end{aligned}$$

(c) $n<0$ 일 때 $h[n]=0$ 이므로 인과 시스템이다.
수식 (2.42)의 조건 $h[n]=k\delta[n]$을 만족하지 않으므로 기억 시스템이다.
수식 (2.46)의 조건 $\sum_{k=-\infty}^{\infty}|h[k]| < \infty$을 만족하므로 안정 시스템이다.

$$\sum_{n=-\infty}^{\infty}\left(\frac{1}{2}\right)^{n}u[n]=\sum_{0}^{\infty}\left(\frac{1}{2}\right)^{n}$$
$$=\frac{1}{1-1/2}=2$$

(d) $n<0$ 일 때 $h[n]\neq 0$ 이므로 비인과 시스템이다.

수식 (2.42)의 조건 $h[n]=k\delta[n]$을 만족하지 않으므로 기억 시스템이다.

수식 (2.46)의 조건 $\sum_{k=-\infty}^{\infty}|h[k]|<\infty$을 만족하지 않으므로 불안정 시스템이다.

$$\sum_{n=-\infty}^{\infty}e^{-n}u[1-n]=\sum_{-\infty}^{1}e^{-n}=\sum_{-1}^{\infty}e^{n}=\infty$$

2.4 선형 시불변 시스템의 미분방정식 표현

2.4.1 선형 상계수 미분방정식

연속시간 LTI 시스템의 입출력 사이의 관계는 시스템의 임펄스 응답을 이용하여 컨벌루션 적분으로 주어진다. 연속시간 LTI 시스템의 입출력 사이의 관계를 나타내는 또 다른 방법으로 선형 상계수 미분방정식(linear constant coefficient differential equation)이 이용될 수 있다. 연속시간 LTI 시스템을 선형 상계수 미분방정식으로 모델링하며 주어진 입력 신호에 대하여 미분방정식의 해를 구함으로써 LTI 시스템의 출력 신호를 구할 수 있다. 예를 들어, 저항, 커패시터, 인덕터 등의 수동 소자로 이루어진 전기회로에서 입출력 사이의 관계는 미분방정식으로 잘 모델링될 수 있다.

그림 2.17은 저항과 커패시터로 이루어진 전기회로를 나타낸다. 시스템에 인가되는 전압 $x(t)$를 입력 신호라 하고, 커패시터에 걸리는 전압 $y(t)$를 출력 신

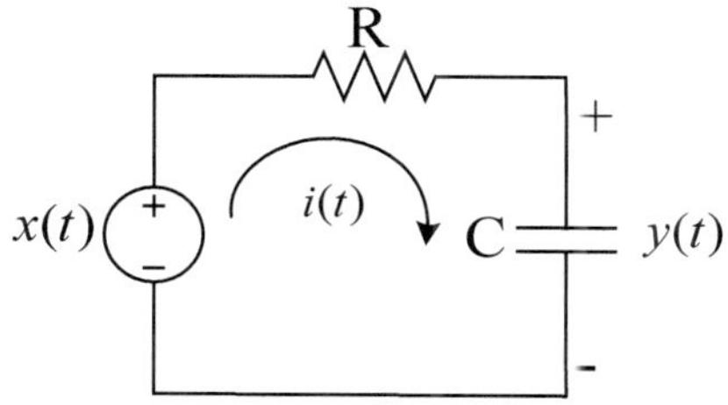

그림 2.17 RC 전기회로으 예

호라 하면 입출력 사이의 관계는 미분방정식으로 표현될 수 있다. 그림 2.17의 전기회로에 흐르는 전류 $i(t)$는 커패시터에 걸리는 전압 $y(t)$의 변화량에 따라서 다음과 같이 계산될 수 있다.

$$i(t) = C\frac{dy(t)}{dt} \tag{2.47}$$

또한, 키르히호프 전압 법칙(Kirchhoff's voltage law)에 다라 다음과 같은 관계식이 얻어진다.

$$y(t) + Ri(t) = x(t) \tag{2.48}$$

수식 (2.47)을 수식 (2.48)에 대입하면 다음과 같은 미분방정식이 얻어진다.

$$RC\frac{dy(t)}{dt} + y(t) = x(t) \tag{2.49}$$

위 선형 상계수 미분방정식은 차수(order)가 1인 1차 미분방정식이다. 일반적으로 입력 신호 $x(t)$와 출력 신호 $y(t)$에 대하여 차수가 N인 선형 상계수 미분방정식은 다음과 같은 형태로 표현된다.

$$\sum_{k=0}^{N} a_k y^{(k)}(t) = \sum_{k=0}^{M} b_k x^{(k)}(t) \tag{2.50}$$

여기서, a_k와 b_k는 시스템에 의해서 주어진 상수이고, $N > M$이다. 또한, $x^{(k)}(t) = \dfrac{d^k x(t)}{dt^k}$, $y^{(k)}(t) = \dfrac{d^k y(t)}{dt^k}$이다.

예제 2-19 RLC 회로의 선형 상계수 미분방정식 표현

그림 2.18의 RLC 전기회로의 입력 신호 $x(t)$와 출력 신호 $y(t)$ 사이의 관계를 미분방정식으로 표현하시오.

풀이

그림 2.18의 전기회로에 흐르는 전류 $i(t)$는 커패시터에 걸리는 전압 $y(t)$의 변화량에 따라서 다음과 같이 계산된다.

$$i(t) = C\frac{dy(t)}{dt} \tag{2.51}$$

그리고, 인덕터에 걸리는 전압 $v_L(t)$는 인덕터에 흐르는 전류 $i(t)$의 변화량에 따라서 다음과 같이 계산된다.

$$\begin{aligned} v_L(t) &= L\frac{di(t)}{dt} \\ &= LC\frac{d^2y(t)}{dt^2} \end{aligned} \tag{2.52}$$

또한, 키르히호프 전압 법칙에 따라 다음과 같은 관계식이 얻어진다.

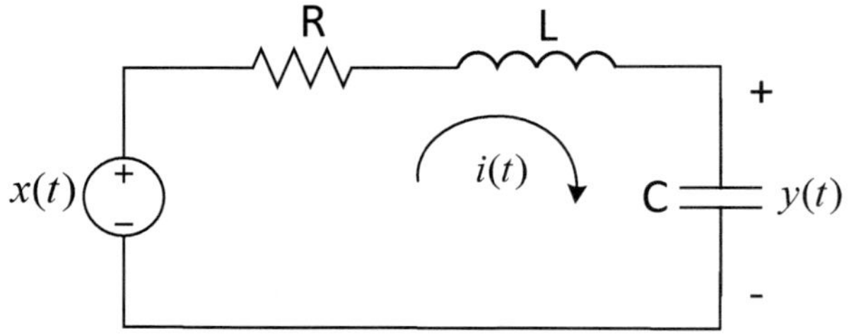

그림 2.18 RLC 전기회로의 예

$$y(t) + v_L(t) + Ri(t) = x(t) \tag{2.53}$$

수식 (2.51)과 수식 (2.52)를 수식 (2.53)에 대입하면 다음과 같은 미분방정식을 얻을 수 있다.

$$LC\frac{d^2y(t)}{dt^2} + RC\frac{dy(t)}{dt} + y(t) = x(t) \tag{2.54}$$

2.4.2 선형 상계수 미분방정식의 해법

미분방정식을 통하여 우리는 시스템의 동작에 대해서 정확히 파악할 수 있다. 하지만 시스템의 정확한 출력을 얻기 위해서는 미분방정식을 풀어야만 한다. LTI 시스템의 동작에 대한 이해를 돕기 위하여 입력과 출력 사이의 관계식인 선형 상계수 미분방정식의 해를 구하는 방법을 알아보고, 해의 일반적인 특성에 대해서 살펴보자. 일반적으로 선형 시불변 시스템의 해는 두 가지 성분의 결합으로 이루어진다. 첫 번째는 동차해(homogeneous solution)로서 시스템의 입력과 무관하게 시스템의 출력에 나타나는 신호 성분을 의미한다. 두 번째는 특수해(particular solution)로서 시스템에 인가되는 입력에 의해서만 결정되는 시스템 출력을 의미한다. 따라서, LTI 시스템의 출력은 입력에 무관한 출력과 입력에 의한 출력이 더해져 나타나게 되며, 동차해와 특수해를 더해서 완전해(complete solution)라고 부른다.

(1) 동차해

동차해는 시스템의 입력과 무관하게 출력에 나타나는 신호 성분이므로 모든 입력 신호를 0이라고 가정하고 시스템 출력을 계산함으로써 구할 수 있다. 동차해를 $y_h(t)$라고 정의하고 수식 (2.50)의 일반적인 선형 상계수 미분방정식에 대입하면 다음과 같이 나타낼 수 있다.

$$\sum_{k=0}^{N} a_k y_h^{(k)}(t) = 0 \tag{2.55}$$

위 동차 방정식의 해가 Ae^{st}의 형태를 가진다고 가정하자. 여기서, A와 s는 임의의 상수로서 복소수 값을 가질 수 있다. 이를 수식 (2.55)에 대입하면 다음과 같은 방정식을 얻을 수 있다.

$$Ae^{st} \sum_{k=0}^{N} a_k s^k = 0 \tag{2.56}$$

수식 (2.56)을 만족하기 위해서는 다음과 같이 $\sum_{k=0}^{N} a_k s^k$ 가 복소수 s에 대해서 0이 되어야 한다. 이 때, $\sum_{k=0}^{N} a_k s^k$를 특성 다항식(characteristic polynomial)이라고 한다.

$$\sum_{k=0}^{N} a_k s^k = a_N s^N + a_{N-1} s^{N-1} + \cdots + a_1 s + a_0 = 0 \tag{2.57}$$

또한, 수식 (2.57)을 특성 방정식(characteristic equation)이라고 한다. 위 특성 방정식은 N차 방정식이므로 N개의 복소수 근을 가진다. 만약, N개의 서로 다른 복소수 근 $s_1, s_2, \cdots, s_N$을 가지게 된다면 수식 (2.55)의 동차 방정식의 해 $y_h(t)$는 다음과 같이 나타낼 수 있다.

$$y_h(t) = \sum_{k=1}^{N} A_k e^{s_k t} \tag{2.58}$$

여기서, A_k는 임의의 상수이다.

동차해는 시스템의 입력과는 무관한 출력이므로 시스템의 초기 상태에 의해서만 결정되는 출력이다. 예를 들어, 그림 2.17과 같은 RC 회로에서 입력으로 인가되는 전압이 0이라 하더라도 커패시터에 축적되어 있는 전하가 방전됨에 따라 출력 신호가 변화하게 된다. 다음 예제를 통하여 선형 상계수 미분방정식의 동차해를 구하는 방법을 살펴보자.

예제 2-20 동차해

그림 2.17의 RC 회로에서 입력 $x(t)$와 출력 $y(t)$ 사이의 관계는 다음과 같은 미분방정식으로 표현된다. 이 미분방정식의 동차해를 구하여라.

$$RC\frac{dy(t)}{dt}+y(t)=x(t)$$

풀이

먼저, 위 시스템의 동차 방정식은 다음과 같다.

$$RC\frac{dy(t)}{dt}+y(t)=0$$

위 동차 방정식에서 특성 방정식은

$$RCs+1=0$$

이고, 특성 방정식의 해는 $s_1=-1/(RC)$이다.

따라서, 동차해는 다음과 같이 나타낼 수 있다.

$$y_h(t)=A_1e^{-\frac{1}{RC}t}$$

(2) 특수해

특수해는 시스템에 인가되는 입력에 의해서만 결정되는 시스템 출력으로서 시스템 내부의 상태는 모두 0이라 가정하고 특정한 입력에 대한 시스템 출력을 계산함으로써 구할 수 있다. 특수해를 $y_p(t)$라고 가정하고 대부분의 특수해는 입력과 동일한 형태를 가정하여 얻을 수 있다. 예를 들어, 입력이 상수이면 출력도 일정한 값을 갖는 상수 신호를 가정하고, 입력이 지수 신호이면 출력도 지수 신호 형태를 가정하며, 입력이 정현파 형태이면 출력도 정현파 형태를 가정하여 특수해를 구한다. 다음 예제를 통하여 특수해를 구하는 방법을 살펴보자.

예제 2-21 특수해

그림 2.17의 RC 회로에서 입력이 $x(t)=1$일 때, 미분방정식의 특수해를 구하시오.

풀이

그림 2.17의 미분방정식은 예제 2-20에서 얻었다. 특수해 $y_p(t)$에 대해서 미분방정식은 다음과 같이 나타낼 수 있다.

$$RC\frac{dy_p(t)}{dt}+y_p(t)=1$$

특수해 $y_p(t)$의 형태는 $y_p(t)=c$로 가정한다. 여기서, c는 임의의 상수이다. 이를 미분방정식에 대입하면 다음과 같이 나타낼 수 있다.

$$c=1$$

따라서, 특수해는 $y_p(t)=1$ 이다.

(3) 완전해

동차해와 특수해는 각각 주어진 미분방정식의 해이므로 이들을 더한 값 또한 주어진 미분방정식의 새로운 해가 된다. 또한, 초기조건(initial condition)이 주어진 경우 주어진 초기조건을 만족하도록 동차해에서 결정되지 않은 상수 값들을 결정할 수 있다. 이렇게 얻어진 해를 완전해라고 하며 완전해 $y_c(t)$는 다음 수식 (2.59)와 같이 표현될 수 있다.

$$y_c(t) = y_h(t) + y_p(t) \tag{2.59}$$

다음 예제를 통하여 완전해를 구하는 방법을 살펴보자.

예제 2-22 선형 상계수 미분방정식의 완전해

그림 2.17의 RC 회로에서 완전해를 구하여라. 여기서, 입력은 $x(t) = u(t)$이고, R=1Ω 이고, C=1F 이다. 또한, 커패시터의 초기전압 $y(0^-) = 5$를 가정한다.

풀이

동차해는 예제 2-20으로부터 다음과 같이 얻었다.

$$y_h(t) = A_1 e^{-\frac{1}{RC}t}$$

특수해는 예제 2-21로부터 다음과 같이 얻었다.

$$y_p(t) = 1$$

따라서, 주어진 R과 C 값을 대입하고 동차해와 특수해를 더한 완전해는 다음과 같이 나타낼 수 있다.

$$y(t) = A_1 e^{-t} + 1, \ t > 0$$

초기조건인 $y(0^-) = 5$를 적용하면

$$5 = A_1 e^{0^-} + 1$$

이며, 이로부터 $A_1 = 4$를 얻는다.

따라서, 완전해는 다음과 같이 얻어진다.

$$y(t) = 4e^{-t} + 1, \ \ t > 0$$

2.5 선형 시불변 시스템의 차분방정식 표현

2.5.1 선형 상계수 차분방정식

이산시간 LTI 시스템의 입출력 사이의 관계는 시스템의 임펄스 응답을 이용하여 컨벌루션 합으로 주어진다. 이산시간 LTI 시스템의 입출력 사이의 관계를 나타내는 또 다른 방법으로 선형 상계수 차분방정식(linear constant coefficient difference equation)이 이용될 수 있다. 이산시간 LTI 시스템을 선형 상계수 차분방정식으로 모델링하며 주어진 입력 신호에 대하여 차분방정식의 해를 구함으로써 이산시간 LTI 시스템의 출력 신호를 구할 수 있다. 이산시간 시스템은 일반적으로 프로세서 혹은 디지털 신호처리 하드웨어에서 덧셈, 곱셈의 연산 소자와 데이터를 저장하기 위한 기억 소자(혹은 지연 소자)로 구성할 수 있다.

예를 들어, 입력 신호 $x[n]$과 출력 신호 $y[n]$에 대해서 다음과 같이 주어진 차분방정식을 생각해 보자.

$$y[n] - \frac{1}{2}y[n-1] = x[n] \tag{2.60}$$

수식 (2.60)은 출력 신호 $y[n]$에 대하여 다음과 같이 다시 쓸 수 있다.

$$y[n] = x[n] + \frac{1}{2}y[n-1] \tag{2.61}$$

수식 (2.61)에서 n번째 출력 신호 $y[n]$은 n번째 입력 신호 $x[n]$과 더불어

$n-1$번째 출력 신호 $y[n-1]$에 의해서 결정되며, 이는 출력 신호가 한 샘플 지연되어 그 다음 출력에 영향을 주고 있음을 보여준다. 즉, 한 샘플 과거의 출력 값이 현재의 출력에 영향을 주고 있는 것이다. 여기서, 최대 지연 샘플 수를 차분방정식의 차수(order)로 정의한다. 그러면 수식 (2.60)의 차분방정식은 1차 선형 상계수 차분방정식이다.

일반적으로 입력 신호 $x[n]$과 출력 신호 $y[n]$에 대하여 차수가 N인 선형 상계수 차분방정식의 일반적인 형태는 다음과 같다.

$$\sum_{k=0}^{N} a_k y[n-k] = \sum_{k=0}^{M} b_k x[n-k] \tag{2.62}$$

여기서, a_k와 b_k는 시스템에 의해서 주어진 상수이고 $N > M$이다. 이산시간 LTI 시스템은 수식 (2.62)의 차분방정식으로 나타낼 수 있으므로 a_k, b_k, N, M에 의해서 시스템의 특성이 달라진다. 이러한 차분방정식을 구성하는 상수 값과 연산을 사용하여 직접적으로 구현할 수 있으며 이는 8장에서 자세히 다루기로 한다.

이제 이산시간 LTI 시스템의 차분방정식에 대한 해를 구하는 방식을 살펴보기로 한다. 연속시간 LTI 시스템의 미분방정식의 해법에서와 유사한 방법을 사용할 수 있으나, 이는 뒤에서 다시 살펴보기로 하고 여기서는 다음과 같은 차분방정식의 형태를 통해서 접근하도록 하겠다. 수식 (2.62)는 다음과 같이 출력 신호 $y[n]$에 대해서 다시 쓸 수 있다.

$$y[n] = \frac{1}{a_0}\left\{\sum_{k=0}^{M} b_k x[n-k] - \sum_{k=1}^{N} a_k y[n-k]\right\} \tag{2.63}$$

수식 (2.63)으로부터 출력 신호 $y[n]$은 이전 출력 값들인 $y[n-1],\cdots,y[n-N]$과 입력 신호인 $x[n],\cdots,x[n-M]$을 알면 구할 수 있다. 예를 들어, 수식 (2.60)의 1차 상계수 차분방정식에서 $n \geq 0$인 경우 입력 신호

$x[n]$에 대하여 출력 $y[n]$을 계산하기 위하여 수식 (2.61)로부터 다음과 같이 순차적으로 출력을 계산할 수 있다.

$$y[n-1]=x[n-1]+\frac{1}{2}y[n-2]$$

$$y[n-2]=x[n-2]+\frac{1}{2}y[n-3]$$

$$\vdots$$

$$y[1]=x[1]+\frac{1}{2}y[0]$$

$$y[0]=x[0]+\frac{1}{2}y[-1]$$

위 계산 과정을 보면, 현재의 출력 값은 현재의 입력 값 및 과거의 출력 값으로부터 계산된다. 따라서, $n \geq 0$인 경우에 정의되는 이산시간 시스템에서 현재의 출력 신호 $y[n]$을 구하기 위해서는 $y[-1]$을 알아야만 한다. 이와 같이 $n<0$인 경우의 출력 값을 초기조건이라고 한다. 또한, 과거의 출력 값이 현재의 출력에 영향을 주고, 현재의 출력 값은 미래의 출력에 영향을 주면서 계산되고 있다. 이러한 형태의 해를 재귀적 해(recursive solution)라고 한다.

예제 2-23 이산시간 LTI 시스템에 대한 선형 상계수 차분방정식 표현

수식 (2.60)의 선형 상계수 차분방정식의 해를 구하시오. 여기서, 입력 신호는 $x[n]=u[n]$이고, 초기조건은 $y[-1]=1$로 가정한다.

풀이

시간 $n=0$부터 시작해서 재귀적으로 시스템 출력을 계산해 나가면 다음과 같다.

$$y[0]=x[0]+\frac{1}{2}y[-1]=1+\frac{1}{2}$$

$$y[1]=x[1]+\frac{1}{2}y[0]=1+\left(\frac{1}{2}\right)+\left(\frac{1}{2}\right)^2$$

$$y[2]=x[2]+\frac{1}{2}y[1]=1+\left(\frac{1}{2}\right)+\left(\frac{1}{2}\right)^2+\left(\frac{1}{2}\right)^3$$

$$\vdots$$

$$y[n]=x[n]+\frac{1}{2}y[n-1]=1+\left(\frac{1}{2}\right)+\left(\frac{1}{2}\right)^2+\left(\frac{1}{2}\right)^3+\cdots+\left(\frac{1}{2}\right)^{n+1}$$

그러면, 출력 신호 $y[n]$은 다음과 같이 구해진다.

$$y[n]=2-\left(\frac{1}{2}\right)^{n+1}$$

2.5.2 선형 상계수 차분방정식의 해법

모든 경우에 있어서 재귀적 방법으로 차분방정식의 해를 구할 수 있는 것은 아니다. 보다 일반적인 형태로 차분방정식의 해를 구하는 방법을 살펴보자. 차분방정식에서도 미분방정식에서와 유사하게 동차해 및 특수해를 구하고 이들을 더하여 완전해를 구할 수 있다.

(1) 동차해

차분방정식에서 동차해를 $y_h[n]$이라고 정의하고 수식 (2.62)의 일반적인 차분방정식에 대입한다. 동차해는 모든 입력 신호를 0이라고 가정하므로 다음과 같이 나타낼 수 있다.

$$\sum_{k=0}^{N} a_k y[n-k] = 0 \tag{2.64}$$

차분방정식에서는 위 동차 방정식의 해가 Ar^n의 형태를 가진다고 가정하자. 여기서, A와 r은 임의의 상수로서 복소수 값을 가질 수 있다. 이를 수식 (2.64)에 대입하면 다음과 같은 방정식을 얻을 수 있다.

$$A\sum_{k=0}^{N} a_k r^{n-k} = 0 \tag{2.65}$$

수식 (2.65)의 양변을 Ar^n으로 나누고, 양변에 r^N을 곱해주면 다음과 같이 나타낼 수 있다.

$$\sum_{k=0}^{N} a_k r^{N-k} = 0 \tag{2.66}$$

수식 (2.66)을 만족하기 위해서는 다음과 같이 $\sum_{k=0}^{N} a_k r^{N-k}$ 가 복소수 r에 대해서 0이 되어야 하며, $\sum_{k=0}^{N} a_k r^{N-k}$를 차분방정식의 특성 다항식이라고 한다.

$$\sum_{k=0}^{N} a_k r^{N-k} = a_0 r^N + a_1 r^{N-1} + \cdots + a_{N-1} r + a_N = 0 \tag{2.67}$$

그리고, 수식 (2.67)을 특성 방정식이라 한다. 위 특성 방정식은 N차 방정식이므로 N개의 복소수 근을 가진다. 만약, N개의 서로 다른 복소수 근 $r_1, r_2, \cdots, r_N$을 가지게 된다면 수식 (2.64)의 동차 방정식의 해 $y_h[n]$은 다음과 같이 나타낼 수 있다.

$$y_h[n] = \sum_{k=1}^{N} A_k r_k^n \tag{2.68}$$

여기서, A_k는 임의의 상수이다. 다음 예제를 통하여 차분방정식의 동차해를 구해본다.

예제 2-24 선형 상계수 차분방정식의 동차해

다음 차분방정식의 동차해를 구하여라.

$$y[n]-\frac{1}{4}y[n-1]=x[n]$$

풀이

먼저, 위 시스템의 동차 방정식은 다음과 같다.

$$y[n]-\frac{1}{4}y[n-1]=0$$

위 동차 방정식에서 특성 방정식은

$$r-\frac{1}{4}=0$$

이고, 특성 방정식의 해는 $r_1=1/4$ 이다.
따라서, 동차해는 다음과 같다.

$$y_h[n]=A_1\left(\frac{1}{4}\right)^n$$

(2) 특수해

차분방정식의 특수해 $y_p[n]$도 미분방정식의 특수해와 유사하게 입력 신호와 동일한 형태를 가정하여 얻는다. 다음 예제를 통하여 차분방정식의 특수해를 구하는 방법을 살펴본다.

예제 2-25 선형 상계수 차분방정식의 특수해

예제 2-24의 차분방정식에서 입력이 $x[n]=(1/3)^n$일 때, 차분방정식의 특수해를 구하시오.

풀이

특수해 $y_p[n]$에 대해서 차분방정식은 다음과 같이 나타낼 수 있다.

$$y_p[n]-\frac{1}{4}y_p[n-1]=\left(\frac{1}{3}\right)^n$$

특수해 $y_p[n]$의 형태는 $y_p[n]=c(1/3)^n$로 가정한다. 여기서, c는 임의의 상수이다. 이를 차분방정식에 대입하면 다음과 같이 나타낼 수 있다.

$$c\left(\frac{1}{3}\right)^n-\frac{1}{4}c\left(\frac{1}{3}\right)^{n-1}=\left(\frac{1}{3}\right)^n$$

따라서, $c=4$이고 특수해는 $y_p[n]=4\left(\frac{1}{3}\right)^n$ 이다.

(3) 완전해

동차해와 특수해는 각각 주어진 차분방정식의 해이므로 이들을 더한 값 또한 주어진 차분방정식의 새로운 해가 된다. 또한, 초기조건이 주어진 경우 주어진 초기조건을 만족하도록 동차해에서 결정되지 않은 상수 값들을 결정할 수 있다. 이렇게 얻어진 해를 이산시간 시스템의 완전해라고 하며 완전해 $y_c[n]$은 다음 수식 (2.69)와 같이 표현될 수 있다.

$$y_c[n]=y_h[n]+y_p[n] \tag{2.69}$$

다음 예제를 통하여 차분방정식의 완전해를 구하는 방법을 살펴보자.

예제 2-26 선형 상계수 차분방정식의 완전해

예제 2-24의 차분방정식의 완전해를 구하여라. 여기서, 입력은 $x[n]=(1/3)^n u[n]$ 이고, 초기조건은 $y[-1]=16$를 가정한다.

풀이

먼저, 동차해는 예제 2-24로부터 다음과 같이 얻었다.

$$y_h[n]=A_1\left(\frac{1}{4}\right)^n$$

그리고, 특수해는 예제 2-25로부터 다음과 같이 얻었다.

$$y_p[n]=4\left(\frac{1}{3}\right)^n$$

따라서, 동차해와 특수해를 더한 완전해는 다음과 같다.

$$y[n]=y_h[n]+y_p[n]=A_1\left(\frac{1}{4}\right)^n+4\left(\frac{1}{3}\right)^n,\ n\geq 0 \tag{2.70}$$

주어진 차분방정식은 다음과 같이 다시 나타낼 수 있다.

$$y[n]=x[n]+\frac{1}{4}y[n-1]$$

위 수식에 $n=0$을 대입하고 주어진 초기조건을 이용하여 다음과 같이 $y[0]$을 구할 수 있다.

$$\begin{aligned}y[0]&=x[0]+\left(\frac{1}{4}\right)y[-1]\\&=5\end{aligned}$$

이제, $n=0$일 때 수식 (2.70)에 초기조건을 대입하면

$$5=A_1\left(\frac{1}{4}\right)^0+4\left(\frac{1}{3}\right)^0$$

이며, 이로부터 $A_1=1$을 얻을 수 있다. 따라서, 완전해는 다음과 같이 나타낼 수 있다.

$$y[n]=\left(\frac{1}{4}\right)^n+4\left(\frac{1}{3}\right)^n,\ n\geq 0$$

2장 요약

2.1 임펄스 응답을 통해서 선형 시불변 시스템의 입출력 사이의 관계를 알 수 있다.

2.2 임펄스 응답은 시스템에 단위 임펄스 응답 신호를 인가했을 때 얻어지는 시스템의 출력이다.

2.3 연속시간 시스템에서 출력은 입력 신호와 임펄스 응답의 컨벌루션 적분으로 계산된다.

2.4 이산시간 시스템에서 출력은 입력 신호와 임펄스 응답의 컨벌루션 합으로 계산된다.

2.5 연속시간 선형 시불변 시스템의 입출력 사이의 관계는 선형 상계수 미분방정식으로 표현될 수 있다.

2.6 이산시간 선형 시불변 시스템의 입출력 사이의 관계는 선형 상계수 차분방정식으로 표현될 수 있다.

2.7 선형 상계수 미분방정식 및 선형 상계수 차분방정식의 해를 구하면 선형 시불변 시스템의 출력을 구할 수 있다.

2.8 선형 상계수 미분방정식 및 선형 상계수 차분방정식의 해는 동차해와 특수해의 결합으로 이루어진다.

2.9 완전해는 동차해와 특수해의 합으로 표현된다.

2장 연습문제

2.1 다음 신호에 대해서 (1)선형성, (2)시불변성, (3)인과성, (4)기억, (5)안정성을 판단하시오.

(a) $y(t) = e^{ax(t)}$

(b) $y(t) = 2x(t) + 1$

(c) $y(t) = \frac{d}{dt}x(t)$

(d) $y(t) = x(t+1)$

(e) $y(t) = tx(t)$

(f) $y[n] = 2x[n] + 1$

(g) $y[n] = x[3^n]$

(h) $y[n] = x[n-1]$

(i) $y[n] = x[2n]$

2.2 다음과 같은 연속시간 컨벌루션 적분을 계산하시오.

(a) $y(t) = 2u(t) * u(t-1)$

(b) $y(t) = u(t) * e^{-t}u(t)$

(c) $y(t) = u(t) * (\delta(t-1) + \delta(t) + \delta(t+1))$

(d) $y(t) = [u(t) - u(t-1)] * [u(t) - u(t-1)]$

2.3 다음과 같은 이산시간 컨벌루션 합을 계산하시오.

(a) $y[n]=2u[n]*u[n-3]$

(b) $y[n]=u[n-1]*\left(\frac{1}{2}\right)^n u[n]$

(c) $y[n]=2(u[n]-u[t-1])*(u[n+1]-u[n])$

(d) $y[n]=u[n]*(\delta[n-1]+\delta[n+1])$

2.4 다음과 같이 주어진 입력 신호 $x(t)$와 임펄스 응답 $h(t)$에 대해서 연속시간 LTI 시스템의 출력 신호 $y(t)$를 구하시오.

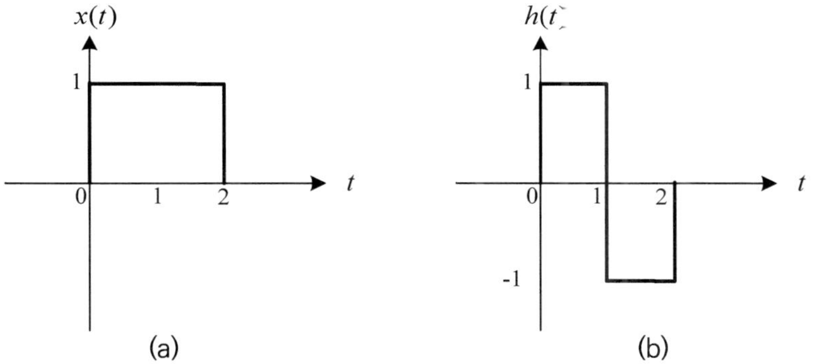

그림 P2.4

2.5 다음과 같이 주어진 입력 신호 $x[n]$과 임펄스 응답 $h[n]$에 대해서 이산시간 LTI 시스템의 출력 신호 $y[n]$을 구하시오.

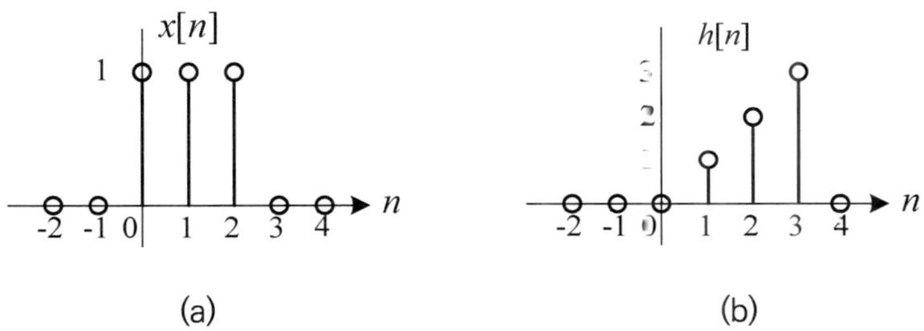

그림 P2.5

2.6 다음과 같이 주어진 연속시간 LTI 시스템의 미분방정식에 대해서 동차해를 구하시오.

(a) $\frac{d}{dt}y(t)+2y(t)=x(t)$

(b) $\frac{d^2}{dt^2}y(t)+3\frac{d}{dt}y(t)+2y(t)=x(t)$

2.7 다음과 같이 주어진 이산시간 시스템의 차분방정식에 대해서 아래 문제들을 푸시오.

$$y[n]+\frac{1}{2}y[n-1]-\frac{1}{2}y[n-2]=x[n]+2x[n-1]$$

(a) 위 시스템이 LTI 시스템인지 판단하시오.

(b) 위 시스템에서 입력 신호 $x[n]=\left(-\frac{1}{2}\right)^n$에 대한 일반해를 구하시오.

2장 MATLAB 예제

이번 매트랩 예제에서는 컨벌루션을 이용한 시스템 출력 계산 방법을 보여준다.

MATLAB 예제 2-1은 그림 2.2의 입력 신호 및 임펄스 응답에 대한 출력 신호를 매트랩에서 컨벌루션 함수인 conv를 이용하여 계산하고 그래프로 나타내는 예제이다.

(MATLAB 예제 2-1) 컨벌루션 적분 계산 및 파형 그리기

```
% 입력 신호 x(t)
fs = 10e3;                          % 초당 샘플 수
pw_x = 1;                           % 입력 신호의 시간 폭
t_x = [-1:1/fs:3];                  % 전체 신호에 대한 시간 벡터
x = 1*[zeros(1,1*fs) ones(1,pw_x*fs+1) zeros(1,2*fs)];   % 구형파
figure(1); clf;
plot(t_x, x, 'k-');
grid on;
xlabel('Time [sec]');
ylabel('Amplitude');
axis([-1 3 -0.5 2.5]);

% 임펄스 응답 h(t)
fs = 10e3;                          % 초당 샘플 수
pw_h = 1;                           % 임펄스 응답의 시간 폭
t_h = [-1:1/fs:3];                  % 전체 신호에 대한 시간 벡터
h = 2*[zeros(1,1*fs) ones(1,pw_h*fs+1) zeros(1,2*fs)];   % 구형파
figure(2); clf;
plot(t_h, h, 'k-');
grid on;
```

```
xlabel('Time [sec]');
ylabel('Amplitude');
axis([-1 3 -0.5 2.5]);

% 출력 신호 y(t)
t_y = [-2:1/fs:6];                 % 전체 출력 신호에 대한 시간 벡터
y = conv(x,h)*(1/fs);   % 출력 신호
figure(3); clf;
plot(t_y, y, 'k-');
grid on;
xlabel('Time [sec]');
ylabel('Amplitude');
axis([-1 3 -0.5 2.5]);
```

매트랩에서 발생시킨 신호는 연속시간 신호가 아니라 이산시간 신호이므로 매트랩의 conv 함수는 컨벌루션 적분이 아니라 컨벌루션 합으로 계산된다는 점에 주의해야 한다. 따라서, 컨벌루션 적분의 결과와 동일한 값을 얻기 위해서는 샘플 간격 1/fs를 곱해주어야 한다.

MATLAB 예제 2-2는 예제 2-17의 이산시간 신호의 컨벌루션 합을 계산하고 그래프로 나타내는 예제이다.

(MATLAB 예제 2-2) 예제 2-17의 이산시간 컨벌루션 합 계산 및 파형 그리기

```
% 입력 신호 x[n]
n_x = [-4:1:16];
x = [0 0 0 0 ones(1,17)];
figure(1); clf;
```

```
stem(n_x, x, 'ko');
grid on;
xlabel('Sample Index');
ylabel('Amplitude');
axis([-4 16 -0.5 2.5]);

% 임펄스 응답 h[n]
n_h = [-8:1:8];
h = [0 0 0 0 ones(1,9) 0 0 0 0];
figure(2); clf;
stem(n_h, h, 'ko');
grid on;
xlabel('Sample Index');
ylabel('Amplitude');
axis([-8 8 -0.5 2.5]);

% 출력 신호 y[n]
n_y = [-12:1:24];               % 전체 출력 신호에 대한 샘플 인덱스 벡터
y = conv(x,h);                  % 출력 신호
figure(3); clf;
stem(n_y, y, 'k-');
grid on;
xlabel('Sample Index');
ylabel('Amplitude');
axis([-12 12 -0.5 9.5]);
```

3 장

신호 및 시스템의 기본개념

3장 연속시간 신호의 푸리에 해석

3.1 연속시간 신호의 주파수 표현

앞에서 우리는 시스템 출력이 시간 영역에서 임펄스 응답의 선형 결합으로 표현됨을 알았다. 임펄스 응답은 시스템에 임펄스 신호가 입력될 때 나타나는 출력으로서 우리는 임펄스 응답으로부터 시스템의 특성을 알 수 있었다. 시스템의 임펄스 응답을 알고 있으면 임의의 입력 신호에 대한 시스템의 출력을 계산할 수 있다. 이번 절에서는 연속시간 신호가 갖는 주파수 특성을 살펴보기 위하여 신호의 주파수 표현 방법에 대해서 살펴본다. 신호는 여러 주파수 성분들로 이루어져 있으며 신호가 갖는 각각의 주파수 성분들 분석함으로써 주파수 영역에서 신호의 특성을 알 수 있다. 이러한 주파수 성분은 복소 지수 함수로 표현될 수 있으며 우리는 주어진 신호를 복소 지수 함수들의 선형 결합으로 나타냄으로써 LTI 시스템의 또 다른 입출력 관계를 살펴볼 것이다. 앞에서 우리는 복소 지수 신호에 대해서 살펴보았고, 앞으로 복소 지수 신호에 대한 LTI 시스템의 응답도 살펴볼 수 있을 것이다. 먼저, 복소 신호의 직교성에 대해서 살펴본다.

3.1.1 직교 신호

직교성(orthogonality)은 기하학, 대수학 등 수학적으로 널리 사용되는 개념이다. 벡터에서 직교성은 두 벡터의 내적으로 판단되며, 행렬에서는 두 행렬의 곱셈으로 판단된다. 함수에서 직교성은 두 함수를 곱하여 적분한 결과로 판단된다. 신호는 시간에 따른 함수로 나타낼 수 있으므로 함수에 대한 직교성을 살펴본다. 두 개의 복소 신호 $\phi_i(t)$와 $\phi_k(t)$가 주어진 시간 구간 $[t_0, t_1]$에서 다음과 같은 조건을 만족하면 두 개의 신호는 서로 직교(orthogonal)한다고 한다.

$$\int_{t_0}^{t_1} \phi_i(t)(\phi_k(t))^* dt = \begin{cases} A, & i=k \\ 0, & i \neq k \end{cases} \tag{3.1}$$

여기서, *는 켤레 복소수(complex conjugate)를 나타내는 연산자이고, 임의의 복소수(complex number) $a+bj$에 대해 $(a+bj)^* = a-bj$와 같다 ($j=\sqrt{-1}$). 이러한

서로 직교인 복소 신호들의 집합을 직교 복소 신호 집합(set of orthogonal complex signals)이라고 하고, $\{\phi_k(t)\}$, $k=0,\pm 1,\pm 2,\cdots$ 와 같이 표기한다. 이 때, 각각의 직교 복소 신호를 직교 기저(orthogonal basis)라고 한다.

다음 예제 3-1을 통하여 신호의 직교성을 살펴보자.

예제 3-1 신호의 직교성

복소 지수 신호가 $\phi_k(t) = e^{jk\omega_0 t}$와 같이 주어질 때, $\phi_1(t)$와 $\phi_2(t)$는 시간 구간 $[0, T]$에서 서로 직교함을 보이시오. 여기서, $\omega_0 = 2\pi/T$ 이다.

풀이

수식 (3.1)을 사용하여 두 신호 $\phi_1(t)$와 $\phi_2(t)$의 직교성을 확인해 보자.

$$\int_0^T \phi_1(t)(\phi_1(t))^* dt = \int_0^T e^{j\omega_0 t} e^{-j\omega_0 t} dt = T$$

$$\int_0^T \phi_2(t)(\phi_2(t))^* dt = \int_0^T e^{j2\omega_0 t} e^{-j2\omega_0 t} dt = T$$

$$\int_0^T \phi_1(t)(\phi_2(t))^* dt = \int_0^T e^{j\omega_0 t} e^{-j2\omega_0 t} dt$$

$$= \int_0^T e^{-j\omega_0 t} dt$$

$$= -\frac{1}{j\omega_0} e^{-j\omega_0 t} \Big|_0^T$$

$$= -\frac{1}{j\omega_0}(e^{-j2\pi} - e^{j0})$$

$$= 0$$

따라서, 위 계산 결과는 수식 (3.1)의 조건을 만족하므로 두 개의 신호 $\phi_1(t)$과 $\phi_2(t)$는 서로 직교한다.

어떤 복소 함수 $x(t)$가 N 개의 직교 복소 기저들 $\{\phi_k(t)\}$, $k = 0, \cdots, N-1$의 선형 결합으로 이루어져 있다면 $x(t) = \sum_{k=0}^{N-1} a_k \phi_k(t)$와 같이 나타낼 수 있다. 이때 주어진 복소 기저의 직교성을 이용하여 다음과 같이 $x(t)$로부터 a_k를 구할 수 있다.

$$\frac{1}{A}\int_{t_0}^{t_1} x(t)(\phi_k(t))^* dt = \frac{1}{A}\int_{t_0}^{t_1} \left(\sum_{i=0}^{N-1} a_i \phi_i(t)\right)(\phi_k(t))^* dt$$

$$= \frac{1}{A}\int_{t_0}^{t_1} a_k \phi_k(t)(\phi_k(t))^* dt = a_k$$

3.1.2 신호의 주파수 표현

서로 직교인 복소 지수 신호들의 집합인 $\{\phi_k(t) = e^{jk\omega_0 t}\}$에 대해서 임의의 신호 $x(t)$를 서로 직교인 복소 지수 신호들의 선형 결합으로 표현해 보자. 먼저,

다음과 같은 연속시간 주기 신호 $x(t)$를 고려하자.

$$x(t) = A\cos(\omega_0 t + \theta) \tag{3.2}$$

여기서, $\omega_0 = 2\pi/T$는 주기 신호 $x(t)$의 기본 주파수이고, T는 기본 주기이다. 그리고 A는 정현파 신호 $x(t)$의 진폭을 나타낸다.

오일러 공식을 이용하면 수식 (3.2)는 다음과 같이 두 개의 복소 지수 신호의 합으로 나타낼 수 있다.

$$\begin{aligned} x(t) &= \frac{A}{2}e^{j(\omega_0 t + \theta)} + \frac{A}{2}e^{-j(\omega_0 t + \theta)} \\ &= \left(\frac{A}{2}e^{j\theta}\right)e^{j\omega_0 t} + \left(\frac{A}{2}e^{j(-\theta)}\right)e^{j(-\omega_0)t} \end{aligned} \tag{3.3}$$

수식 (3.3)의 우변은 직교 기저인 $e^{j\omega_0 t}$와 $e^{j(-\omega_0)t}$의 선형 결합으로 나타난다. 따라서, $x(t)$는 ω_0와 $-\omega_0$의 두 개의 주파수를 갖는 신호라고 할 수 있다. 이 때, 각각의 주파수에 대한 직교 기저에 곱해지는 계수(coefficient)를 주파수에 대한 함수로 나타내면 다음과 같다.

$$X(j\omega) = \begin{cases} \frac{A}{2}e^{j\theta} & , \omega = \omega_0 \\ \frac{A}{2}e^{-j\theta} & , \omega = -\omega_0 \\ 0 & , \text{otherwise} \end{cases} \tag{3.4}$$

수식 (3.4)에서 볼 수 있듯이 $X(j\omega)$는 주파수에 대한 함수로서 시간 영역 신호 $x(t)$를 주파수 영역에서 표현한 신호이다. 주파수 영역의 신호 $X(j\omega)$는 복소 값을 가지며 복소수는 크기와 위상으로 나타낼 수 있으므로 그림 3.1과 같이 신호의 크기(magnitude)와 위상(phase)으로 도시할 수 있다.

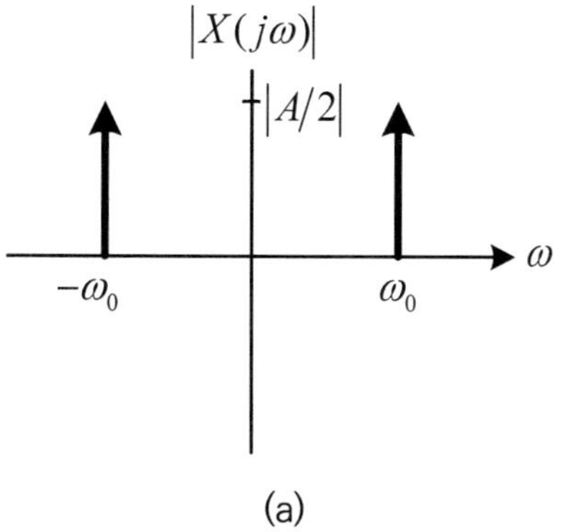

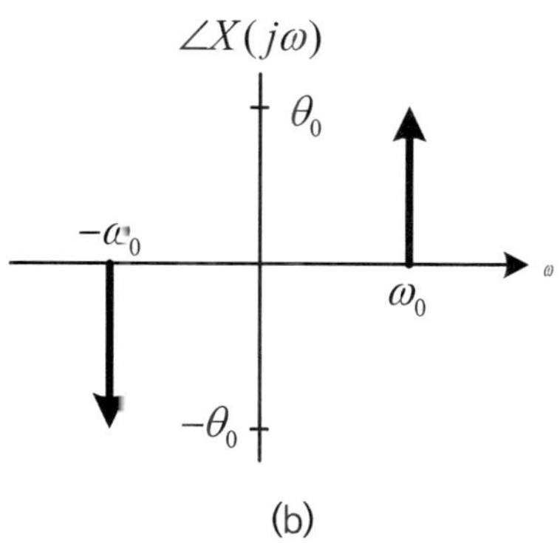

그림 3.1 정현파 신호의 스펙트럼. (a) 크기 스펙트럼, (b) 위상 스펙트럼

이때, $X(j\omega)$의 크기 $|X(j\omega)|$를 크기 스펙트럼(magnitude spectrum)이라 하고, $X(j\omega)$의 위상 $\angle X(j\omega)$를 위상 스펙트럼(phase spectrum)이라 한다. 수식 (3.4)에서 볼 수 있듯이 이 신호는 ω_0와 $-\omega_0$의 두 개의 주파수만 가지므로 $X(j\omega)$는 이산함수의 형태를 갖는다.

3.2 연속시간 주기 신호의 주파수 해석

3.2.1 주기 신호의 푸리에 표현

서로 직교인 복소 지수 신호들 $e^{jk\omega_0 t}$, $k=0,\pm 1,\pm 2,\cdots$ 의 선형 결합으로 표현되는 연속시간 신호 $x(t)$는 다음과 같이 나타낼 수 있다.

$$x(t)=\sum_{k=-\infty}^{\infty} X[k]e^{jk\omega_0 t} \tag{3.5}$$

복소 지수 신호 $e^{jk\omega_0 t}$는 기본 주파수 ω_0의 정수 배가 되는 주파수 $k\omega_0$를 갖는 신호이므로 $x(t)$는 기본 주파수 ω_0의 정수 배가 되는 주파수 성분들로 이루어진다. 즉, $X[k]$는 주파수 $k\omega_0$에 해당하는 주파수 영역의 신호 값이다. 수식 (3.5)에서 신호 $x(t)$를 구성하는 복소 지수 함수들은 서로 직교이므로 $X[k]$를 얻기 위하여 수식 (3.1)의 직교 성질을 이용하여 다음과 같이 계산할 수 있다.

$$\begin{aligned}\frac{1}{T}\int_{-T/2}^{T/2} x(t)\left(e^{jk\omega_0 t}\right)^* dt &= \frac{1}{T}\int_{-T/2}^{T/2}\left(\sum_{m=-\infty}^{\infty} X[m]e^{jm\omega_0 t}\right)e^{-jk\omega_0 t}dt \\ &= \frac{1}{T}\int_{-T/2}^{T/2}\left(\sum_{m=-\infty}^{\infty} X[m]e^{j(m-k)\omega_0 t}\right)dt \\ &= \sum_{m=-\infty}^{\infty} X[m]\frac{1}{T}\int_{-T/2}^{T/2} e^{j(m-k)\omega_0 t}dt\end{aligned} \tag{3.6}$$

수식 (3.6)의 우변에서 $m \neq k$ 이면 직교 성질에 의하여 적분 값이 0이 되므로 $m = k$일 때만 값을 가진다. 그러면, 수식 (3.6)은 다음과 같이 계산된다.

$$\begin{aligned}\frac{1}{T}\int_{-T/2}^{T/2} x(t)\left(e^{jk\omega_0 t}\right)^* dt &= X[k]\frac{1}{T}\int_{-T/2}^{T/2} 1dt \\ &= X[k]\end{aligned} \tag{3.7}$$

따라서, $X[k]$는 $x(t)$로부터 다음과 같이 계산하여 얻을 수 있다.

$$X[k] = \frac{1}{T}\int_{-T/2}^{T/2} x(t)e^{-jk\omega_0 t}dt \tag{3.8}$$

또한, 수식 (3.5)의 $x(t)$는 다음과 같이 기본 주기 T인 주기 신호임을 알 수 있다.

$$x(t+T)=\sum_{k=-\infty}^{\infty}X[k]e^{jk\omega_0(t+T)} \tag{3.9}$$

$$=\sum_{k=-\infty}^{\infty}X[k]e^{jk\omega_0 t}e^{jk\omega_0 T}$$

$$=\sum_{k=-\infty}^{\infty}X[k]e^{jk\omega_0 t}e^{j2\pi k}$$

$$=x(t)$$

따라서, 기본 주기 T인 임의의 주기 신호 $x(t)$는 기본 주파수의 정수 배에 해당하는 주파수를 갖는 직교 복소 지수 함수들의 선형 결합으로써 나타낼 수 있음을 알 수 있다.

직교 복소 지수 함수들의 선형 결합으로써 주기 신호 $x(t)$를 생성하는 것을 주파수 합성(frequency synthesis)이라고 한다. 또한, 수식 (3.5)는 푸리에 급수(Fourier series: FS)로 잘 알려져 있으며, $X[k]$는 푸리에 급수 계수(Fourier series coefficient)라고 한다. 푸리에 급수 계수를 구하는 과정은 각 계수에 해당하는 주파수 성분을 구하는 과정으로서 주파수 분석(frequency analysis)이라고 하며 수식 (3.8)과 같이 주어진다. 주파수 합성과 주파수 분석을 다시 정리하면 다음과 같다.

$$\text{주파수 합성: } x(t)=\sum_{k=-\infty}^{\infty}X[k]e^{jk\omega_0 t}$$

$$\text{주파수 분석: } X[k]=\frac{1}{T}\int_{-T/2}^{T/2}x(t)e^{-jk\omega_0 t}dt$$

푸리에 급수 계수로서 정의되는 $X[k]$는 주기 신호 $x(t)$의 스펙트럼을 나타낸다. 주기 신호는 기본 주파수의 정수 배에 해당하는 주파수 성분만 가지므로 주기 신호의 스펙트럼은 이산 값을 가지며 선 스펙트럼(line spectrum)으로 불린다.

예제 3-2 연속시간 주기 신호의 푸리에 급수

그림 3.2에 보인 연속시간 주기 구형파의 푸리에 표현 및 스펙트럼을 구하시오. 여기서, $\tau = 1/8$이다.

풀이

기본 주기가 1인 주기신호에 대한 기본 주파수는 $\omega_0 = 2\pi$이며, 푸리에 계수를 계산하면 다음과 같다.

$$\begin{aligned} X[k] &= \frac{1}{T}\int_{-T/2}^{T/2} x(t)e^{-jk\omega_0 t}dt \\ &= \int_{-1/8}^{1/8} e^{-j2\pi kt}dt \\ &= \frac{-1}{j2\pi k}e^{-j2\pi kt}\bigg|_{-1/8}^{1/8} \\ &= \frac{1}{\pi k}\left(\frac{e^{j\pi k/4} - e^{-j\pi k/4}}{j2}\right) \\ &= \frac{\sin(\pi k/4)}{\pi k},\ k \neq 0 \end{aligned}$$

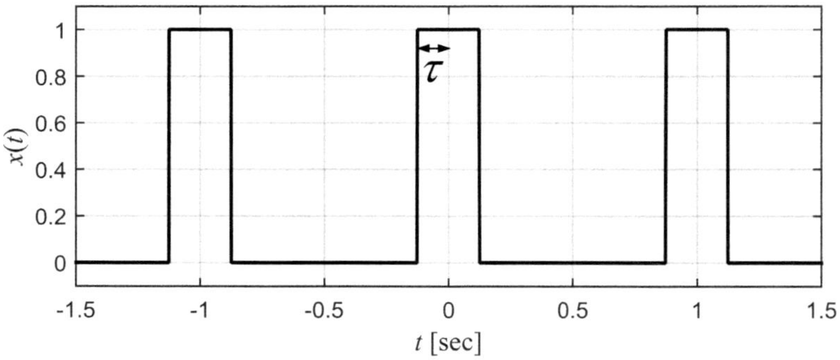

그림 3.2 예제 3-2에 대한 구형파 파형

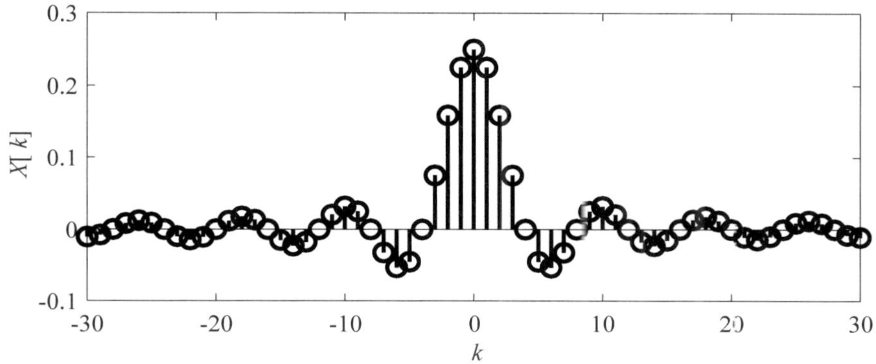

그림 3.3 푸리에 급수 계수(선 스펙트럼)

여기서, $k=0$이면

$$X[0]=\int_{-1/8}^{1/8} 1dt = 1/4$$

와 같다.

선 스펙트럼 $X[k]$를 그림으로 나타내면 그림 3.3과 같다.

위 예제 3-2에서도 다루었듯이 함수 $\sin(\pi x)/(\pi x)$는 푸리에 해석에서 많이 접하게 되는 함수 중 하나이며 다음과 같이 sinc 함수로 정의한다.

$$\mathrm{sinc}(x)=\frac{\sin(\pi x)}{\pi x} \tag{3.10}$$

예제 3-2의 푸리에 급수 계수 $X[k]$를 sinc 함수를 이용하여 나타내면 다음과 같다.

$$\begin{aligned} X[k] &= \frac{\sin(\pi k/4)}{\pi k} \\ &= \frac{1}{4}\frac{\sin(\pi k/4)}{\pi k/4} \\ &= \frac{1}{4}\mathrm{sinc}(k/4) \end{aligned} \tag{3.11}$$

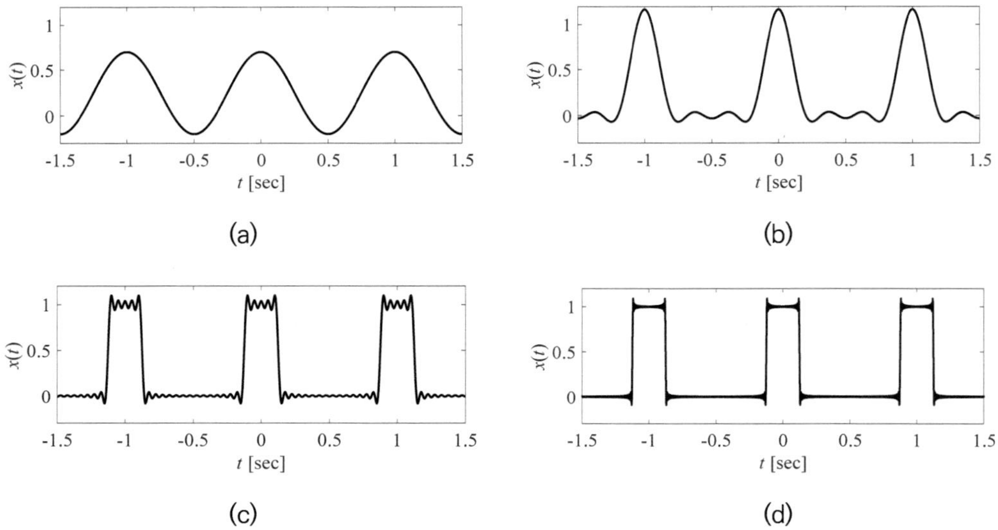

그림 3.4 합성되는 주파수 성분의 개수에 따른 구형파 신호의 푸리에 급수 계수의 부분 합. (a) $L=1$, (b) $L=3$, (c) $L=20$, (d) $L=90$

앞에서 주기 신호의 합성 시 기본 주파수의 정수 배에 해당하는 모든 주파수 성분들을 고려하였다. 이제 신호 $x(t)$의 합성 시 유한한 개수의 주파수 성분들만을 고려해보자. 다음과 같이 $(2L+1)$개의 주파수 성분들에 대한 직교 복소 지수 신호들의 선형 결합을 고려하자.

$$x(t)=\sum_{k=-L}^{L} X[k]e^{jk\omega_0 t} \tag{3.12}$$

예제 3-2에서 구한 푸리에 급수 계수를 사용하여 수식 (3.12)의 신호 합성 결과를 그림 3.4에 나타냈다. 합성에 사용되는 주파수 성분들의 개수가 증가할수록 원래의 주기 신호 $x(t)$에 근접한 결과를 얻을 수 있다. 특히, L을 증가시킴에 따라 구형파의 불연속 점에서 기울기가 점점 증가하여 이상적인 구형파에 점점 가까운 모양이 되지만 불연속점에서 발생하는 리플(ripple)은 사라지지 않는다. 이와 같이 불연속 점에서 리플이 발생하는 현상을 깁스 현상(Gibbs phenomenon)이라고 한다. 이러한 리플은 불연속 점에 집중되어 있으며 불연속 점으로부터 멀어질수록 부분 합의 정확도는 향상된다.

3.2.2 주기 신호의 주파수 응답

주기 신호의 주파수 응답을 알아보기 위해서 주기 신호를 구성하고 있는 단일 주파수를 갖는 복소 지수 신호 $e^{j\omega t}$가 선형 시불변 시스템에 입력될 때 그 출력에 대해서 먼저 살펴본다. LTI 시스템에 있어서 복소 지수 신호를 입력했을 때 그 출력을 살펴보는 것은 매우 의미있는 일이다. 복소 지수 신호 입력에 대한 출력은 크기의 변화만 제외하면 동일한 복소 지수 신호를 갖는다. 입력으로 사용한 복소 지수 신호를 시스템의 고유함수(eigenfunction)라고 하고, 출력에서 그 크기를 고유값(eigenvalue)이라고 한다. 시스템의 고유값은 시스템마다 고유하게 결정되므로 고유함수인 복소 지수 신호의 입력에 대한 출력인 고유값을 관찰함으로써 시스템에 대해 많은 것을 알 수 있을 것이다.

그림 3.5의 LTI 시스템 출력은 컨벌루션 적분 연산을 통하여 다음과 같이 구할 수 있다.

$$\begin{aligned} y(t) &= \int_{-\infty}^{\infty} x(\tau)h(t-\tau)d\tau \\ &= \int_{-\infty}^{\infty} h(\tau)x(t-\tau)d\tau \\ &= \int_{-\infty}^{\infty} h(\tau)e^{j\omega(t-\tau)}d\tau \\ &= e^{j\omega t}\int_{-\infty}^{\infty} h(\tau)e^{-j\omega\tau}d\tau \\ &= H(j\omega)e^{j\omega t} \end{aligned} \tag{3.13}$$

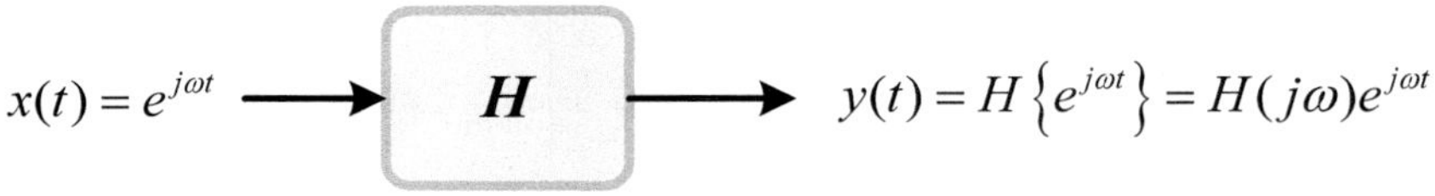

그림 3.5 단일 주파수의 복소 지수 신호에 대한 LTI 시스템의 출력

여기서, $H(j\omega)$는 다음과 같이 정의된다.

$$H(j\omega) = \int_{-\infty}^{\infty} h(\tau)e^{-j\omega\tau}d\tau \tag{3.14}$$

그림 3.5에서 출력은 입력과 동일한 주파수를 갖는 복소 지수 신호 $e^{j\omega t}$와 복소수 $H(j\omega)$의 곱으로 나타난다. 여기서, $H(j\omega)$는 주파수 ω에 대한 복소 함수로서 주어진 주파수 성분이 입력되어 해당 주파수 성분에 대하여 $H(j\omega)$에 따른 크기와 위상이 변화되어 출력된다. 따라서, $H(j\omega)$를 특정 주파수에 대한 응답을 의미하는 주파수 응답(frequency response)이라고 정의한다. 주파수 응답은 복소 값을 가지므로 $H(j\omega)$의 크기 $|H(j\omega)|$를 크기 응답(magnitude response)이라 하고 위상 $\angle H(j\omega)$를 위상 응답(phase response)이라 한다.

예제 3-3 주파수 응답

다음 그림 3.6의 시스템에서 입력 전압에 대한 커패시터 양단 출력 전압에 대한 임펄스 응답이 다음과 같이 주어질 때, 주파수 응답을 구하여라.

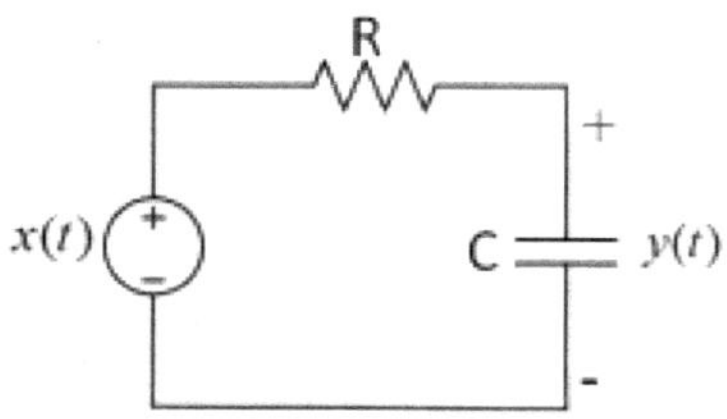

그림 3.6 예제 3-3의 RC 회로

$$h(t) = \frac{1}{RC} e^{-\frac{t}{RC}} u(t)$$

풀이

수식 (3.14)에 의하여 주파수 응답 $H(j\omega)$는 다음과 같이 계산된다.

$$\begin{aligned} H(j\omega) &= \int_{-\infty}^{\infty} \frac{1}{RC} e^{-\frac{\tau}{RC}} u(\tau) e^{-j\omega\tau} d\tau \\ &= \frac{1}{RC} \int_{0}^{\infty} e^{-\left(j\omega + \frac{1}{RC}\right)\tau} d\tau \\ &= \frac{1}{RC} \left(\frac{-1}{j\omega + \frac{1}{RC}} \right) e^{-\left(j\omega + \frac{1}{RC}\right)\tau} \Big|_{0}^{\infty} \\ &= \frac{1/(RC)}{j\omega + 1/(RC)} \end{aligned}$$

그러면, 크기 응답과 위상 응답은 다음과 같이 계산된다.

$$|H(j\omega)| = \frac{1/(RC)}{\sqrt{\omega^2 + 1/(RC)^2}}$$

$$\angle H(j\omega) = -\tan^{-1}(\omega RC)$$

3.3 연속시간 비주기 신호의 주파수 해석

주기 신호는 푸리에 급수를 통하여 주파수 분석을 할 수 있었다. 이제 비주기 신호에 대한 주파수 해석 방법에 대해서 살펴보도록 한다.

3.3.1 비주기 신호의 푸리에 변환

주기 신호의 스펙트럼 $X[k]$는 기본 주파수 ω_0의 정수배에 해당하는 주파수인 $k\omega_0$에 대해서만 정의된다. 비주기 신호는 주기가 무한대인 신호로 볼 수 있으므로 ω_0는 0에 가까운 무한소의 값이 될 것이고, ω_0의 정수배인 $k\omega_0$는 불연속점이 없는 연속되는 주파수인 ω로 볼 수 있다. 이러한 관계에 의해서 수식 (3.5)는 다음과 같이 나타낼 수 있다.

$$x(t) = \frac{1}{2\pi}\int_{-\infty}^{\infty} X(j\omega)e^{j\omega t}d\omega \tag{3.15}$$

$$X(j\omega) = \int_{-\infty}^{\infty} x(t)e^{-j\omega t}dt \tag{3.16}$$

수식 (3.16)을 푸리에 변환(Fourier transform: FT)이라 하고, 수식 (3.15)를 푸리에 역변환(inverse Fourier transform)이라고 한다. 앞서 수식 (3.14)의 주파수 응답을 보면 푸리에 변환의 형태와 동일함을 알 수 있다. 따라서, LTI 시스템의 주파수 응답은 임펄스 응답 $h(t)$ 의 푸리에 변환이라고 볼 수 있다.

우리는 이제 푸리에 변환을 통하여 시간 영역에서 시간에 따라 변화하는 신호로부터 주파수 영역에서 스펙트럼을 구할 수 있고, 반대로 주파수 영역에서 신호의 스펙트럼으로부터 시간 영역에서 나타나는 신호를 구할 수 있다. 신호의 스펙트럼을 분석함으로써 신호가 갖는 다양한 특성을 알아낼 수 있고 이를 통하여 시스템을 설계하는데 이용할 수 있다.

예제 3-4 비주기 신호의 푸리에 변환

그림 3-7에 보인 비주기 구형파의 푸리에 표현 및 스펙트럼을 구하시오.

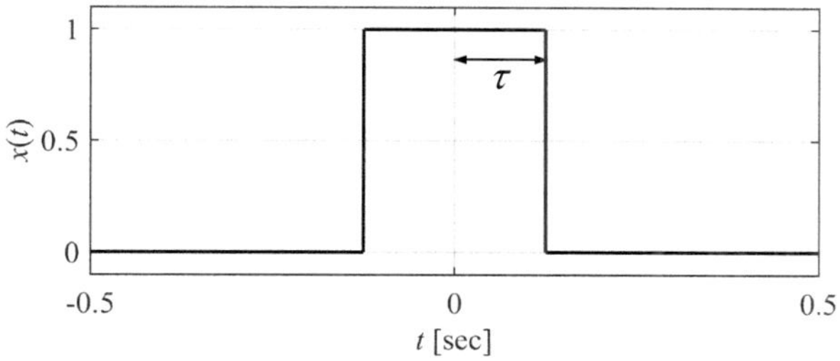

그림 3-7 예제 3-4에 대한 구형파 파형

풀이

비주기 신호에 대한 푸리에 변환을 계산하도록 한다. 먼저, $\omega \neq 0$인 경우에 대한 푸리에 변환은 다음과 같이 쓸 수 있다.

$$X(j\omega) = \int_{-\tau}^{\tau} e^{-j\omega t} dt$$

이를 계산하면 다음과 같이 나타낼 수 있다.

$$\begin{aligned}\int_{-\tau}^{\tau} e^{-j\omega t} dt &= \frac{-1}{j\omega} e^{-j\omega t}\Big|_{-\tau}^{\tau} \\ &= \frac{2}{\omega}\left(\frac{e^{j\omega\tau} - e^{-j\omega\tau}}{j2}\right) \\ &= \frac{2\sin(\omega\tau)}{\omega} \\ &= \frac{2\tau\sin(\omega\tau)}{\omega\tau} \\ &= 2\tau\mathrm{sinc}\left(\frac{\omega\tau}{\pi}\right),\ \ \omega \neq 0\end{aligned}$$

다음으로, $\omega = 0$인 경우에 대한 푸리에 변환은 다음과 같이 계산된다.

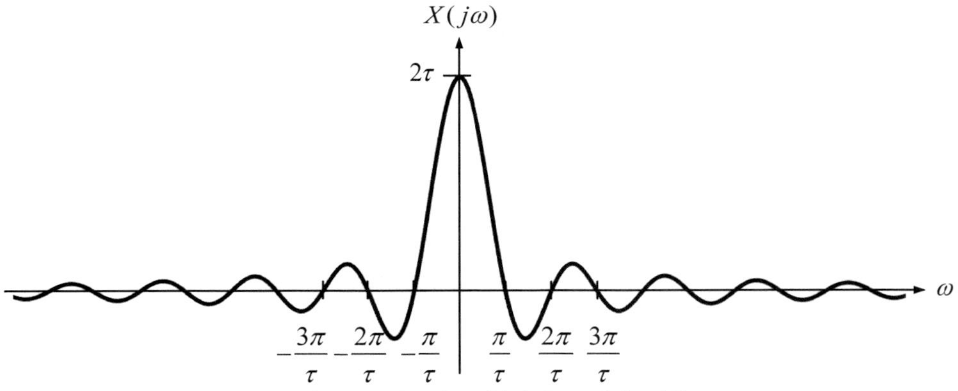

그림 3.8 비주기 구형파의 푸리에 변환

$$X(j\omega) = \int_{-\tau}^{\tau} 1dt$$

$$= 2\tau$$

푸리에 변환 결과를 그래프로 표현하면 그림 3.8과 같다.

한 가지 예로써, $\tau = 1/8$일 때 비주기 구형파의 푸리에 변환 결과를 계산하면

$$X(j\omega) = \frac{1}{4}\,\text{sinc}\left(\frac{\omega}{8\pi}\right)$$

와 같고 그림 3.9와 같이 나타난다.

여기서, 8π의 정수 배가 되는 주파수 위치에서 푸리에 변환 값이 0을 지나는 것을 알 수 있다.

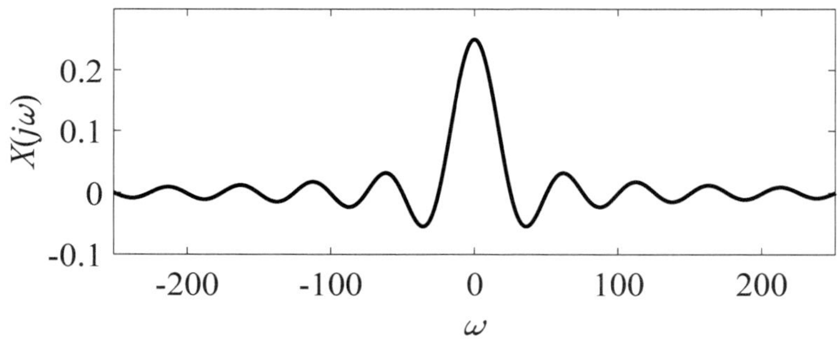

그림 3.9 비주기 구형파의 푸리에 변환의 예, $\tau = 1/8$

3.3.2 기본 신호의 푸리에 변환

주어진 신호는 기본 신호들의 선형 결합으로써 표현될 수 있다. 연속시간 비주기 신호에 대한 푸리에 변환 쌍을 미리 알고 있으면 이를 이용하여 푸리에 변환 및 역변환을 쉽게 찾을 수 있다. 주어진 신호를 구성하는 기본 신호에 대한 푸리에 변환 결과를 선형 결합함으로써 전체 변환 결과를 표현할 수 있을 것이다. 그러면 시간 영역에서 몇 가지 기본 신호에 대한 푸리에 변환 쌍을 살펴보도록 하자.

(1) 임펄스 신호

앞에서 살펴본 바와 같이, 연속시간 신호는 무수히 많은 임펄스 신호들의 선형 결합으로 표현될 수 있다. 시간 영역에서 연속시간 임펄스 신호 $\delta(t)$의 푸리에 변환을 계산하면 다음과 같다.

$$\delta(t) \leftrightarrow \int_{-\infty}^{\infty} \delta(t) e^{-j\omega t} dt = 1 \tag{3.17}$$

수식 (3.17)은 임펄스 신호가 갖는 모든 주파수 성분이 고르게 1이라는 상수 값을 가짐을 보여준다. 반대로, 주파수 영역에서 임펄스 신호 $\delta(\omega)$의 푸리에 역변환을 계산하면 다음과 같다.

$$\frac{1}{2\pi} \int_{-\infty}^{\infty} \delta(\omega) e^{j\omega t} d\omega = \frac{1}{2\pi} \tag{3.18}$$

수식 (3.18)은 주파수 영역에서 임펄스 신호 $\delta(\omega)$는 시간 영역에서 시간에 따라 값이 변화하지 않고 일정한 값을 갖는 신호임을 보여준다. 주파수 영역에서 임펄스 신호 $\delta(\omega)$는 $\omega = 0$일 때만 값을 가지므로 주파수가 0인 신호임을 알 수 있다.

다시 정리하면, 다음과 같은 푸리에 변환 쌍이 성립한다.

$$1 \leftrightarrow 2\pi\delta(\omega) \tag{3.19}$$

(2) 지수 신호

연속시간 지수 신호 $x(t)=e^{-at}u(t)$, $\mathrm{Re}\{a\}>0$의 푸리에 변환은 다음과 같이 계산된다.

$$\begin{aligned} X(j\omega) &= \int_{-\infty}^{\infty} e^{-at}u(t)e^{-j\omega t}dt \\ &= \int_{0}^{\infty} e^{-(a+j\omega)t}dt \\ &= \frac{-1}{a+j\omega}e^{-(a+j\omega)t}\Big|_{0}^{\infty} \\ &= \frac{1}{a+j\omega} \end{aligned} \tag{3.20}$$

(3) 복소 지수 신호

연속시간 복소 지수 신호 $x(t)=e^{j\omega_0 t}$의 푸리에 변환은 다음과 같이 계산된다.

$$e^{j\omega_0 t} \leftrightarrow 2\pi\delta(\omega-\omega_0) \tag{3.21}$$

주파수 영역에서 임펄스 신호 $\delta(\omega-\omega_0)$의 푸리에 역변환을 계산하면 다음과 같다.

$$\frac{1}{2\pi}\int_{-\infty}^{\infty}\delta(\omega-\omega_0)e^{j\omega t}d\omega=\frac{1}{2\pi}e^{j\omega_0 t} \tag{3.22}$$

따라서, 복소 지수 신호 $x(t)=e^{j\omega_0 t}$에 대한 푸리에 변환 쌍은 수식 (3.21)과 같이 나타낼 수 있다.

예제 3-5 비주기 신호의 푸리에 변환

다음 비주기 신호에 대한 푸리에 변환을 구하시오.

$$x(t) = e^{-a|t|}, \quad a > 0$$

풀이

신호 $x(t)$의 푸리에 변환은 다음과 같이 쓸 수 있다.

$$X(j\omega) = \int_{-\infty}^{\infty} e^{-a|t|} e^{-j\omega t} dt$$

이를 계산하면 다음과 같이 나타낼 수 있다.

$$\begin{aligned} X(j\omega) &= \int_{-\infty}^{0} e^{at} e^{-j\omega t} dt + \int_{0}^{\infty} e^{-at} e^{-j\omega t} dt \\ &= \int_{-\infty}^{0} e^{(a-j\omega)t} dt + \int_{0}^{\infty} e^{-(a+j\omega)t} dt \\ &= \frac{1}{a-j\omega} + \frac{1}{a+j\omega} \\ &= \frac{2a}{a^2+\omega^2} \end{aligned}$$

3.4 연속시간 푸리에 급수 및 변환의 성질

앞서, 주기 신호의 푸리에 급수 쌍과 비주기 신호의 푸리에 변환 쌍을 이용한 푸리에 표현을 살펴보았다. 이번 절에서는 푸리에 급수 및 변환의 성질들에 대해서 살펴보기로 한다. 푸리에 급수 및 변환의 성질은 신호의 변환을 비롯하여 시간 영역과 주파수 영역에서 신호의 관계에 대해 많은 정보를 제공해준다. 또한 이러한 성질을 이용하여 신호의 변환을 보다 간단히 계산할 수도 있다.

3.4.1 선형성

두 개의 연속시간 신호 $x_1(t)$와 $x_2(t)$가 비주기 신호일 때 각각의 푸리에 변환 결과를 $X_1(j\omega)$와 $X_2(j\omega)$라고 하자. 또한, 두 개의 연속시간 신호 $x_1(t)$와 $x_2(t)$가 주기 신호일 때 푸리에 급수 계수를 각각 $X_1[k]$와 $X_2[k]$라고 하자. 그러면, $x_1(t)$와 $x_2(t)$의 선형 결합에 대한 주기 신호의 푸리에 급수 및 비주기 신호의 푸리에 변환은 다음과 같다.

$$\text{FS: } ax_1(t)+bx_2(t) \leftrightarrow aX_1[k]+bX_2[k] \tag{3.23}$$

$$\text{FT: } ax_1(t)+bx_2(t) \leftrightarrow aX_1(j\omega)+bX_2(j\omega) \tag{3.24}$$

푸리에 급수 및 푸리에 변환의 선형성은 LTI 시스템의 선형성으로부터 쉽게 증명된다.

예제 3-6 선형성을 이용한 푸리에 표현

다음 신호들에 대해서 푸리에 표현을 구하여라.

(a) $x(t)=e^{-t}u(t)+2e^{-2t}u(t)$

(b) $x(t)=\sin(\pi t)+\cos(\pi t)$

풀이

(a) 신호 $x(t)$는 2개의 신호 $x_1(t)=e^{-t}u(t)$와 $x_2(t)=e^{-2t}u(t)$에 대해서 $x(t)=x_1(t)+2x_2(t)$와 같이 나나낼 수 있다. 이들 $x_1(t)$와 $x_2(t)$는 연속시간 비주기

신호이므로 수식 (3.16)의 푸리에 변환을 적용하여 다음과 같이 계산할 수 있다.

$$\begin{aligned} X_1(j\omega) &= \int_{-\infty}^{\infty} e^{-t}u(t)e^{-j\omega t}dt \\ &= \int_{0}^{\infty} e^{-(1+j\omega)t}dt \\ &= \frac{-1}{1+j\omega}e^{-(1+j\omega)t}\Big|_0^{\infty} \\ &= \frac{1}{1+j\omega} \end{aligned}$$

$$\begin{aligned} X_2(j\omega) &= \int_{-\infty}^{\infty} e^{-2t}u(t)e^{-j\omega t}dt \\ &= \int_{0}^{\infty} e^{-(2+j\omega)t}dt \\ &= \frac{-1}{2+j\omega}e^{-(2+j\omega)t}\Big|_0^{\infty} \\ &= \frac{1}{2+j\omega} \end{aligned}$$

따라서, $x(t)$의 푸리에 변환 $X(j\omega)$는 수식 (3.24)를 적용하여 다음과 같이 나타낼 수 있다.

$$\begin{aligned} X(j\omega) &= X_1(j\omega) + 2X_2(j\omega) \\ &= \frac{1}{1+j\omega} + \frac{2}{2+j\omega} \end{aligned}$$

(b) $x(t)$는 2개의 신호 $x_1(t) = \sin(\pi t)$와 $x_2(t) = \cos(\pi t)$에 대해서 $x(t) = {}_1(t) + x_2(t)$와 같이 나타낼 수 있다. 이들 $x_1(t)$와 $x_2(t)$는 주기 2인 연속시간

주기 신호이므로 수식 (3.5)의 푸리에 급수를 적용할 수 있다.

먼저, $x_1(t)$는

$$x_1(t) = \sin(\pi t)$$
$$= \frac{1}{j2}\left(e^{j\pi t} - e^{-j\pi t}\right)$$

와 같이 나타낼 수 있으므로 $x_1(t)$의 푸리에 급수 계수는

$$X_1[k] = \frac{1}{j2}(\delta[k-1] - \delta[k+1])$$

와 같다.

다음으로, $x_2(t)$는

$$x_2(t) = \cos(\pi t)$$
$$= \frac{1}{2}\left(e^{j\pi t} + e^{-j\pi t}\right)$$

와 같이 나타낼 수 있으므로 $x_2(t)$의 푸리에 급수 계수는

$$X_2[k] = \frac{1}{2}(\delta[k-1] + \delta[k+1])$$

와 같다.

따라서, $x(t)$의 푸리에 급수 계수 $X[k]$는 수식 (3.23)을 적용하여 다음과 같이 구해진다.

$$X[k] = X_1[k] + X_2[k]$$
$$= \frac{1}{j2}(\delta[k-1] - \delta[k+1]) + \frac{1}{2}(\delta[k-1] + \delta[k+1])$$
$$= \frac{1}{2}(1-j)\delta[k-1] + \frac{1}{2}(1+j)\delta[k+1]$$

3.4.2 대칭성

신호 $x(t)$가 실수 신호이고 $x(t)$가 비주기 신호일 때 푸리에 변환 결과를 $X(j\omega)$라고 하자. 신호 $x(t)$가 주기 신호일 때 푸리에 급수 계수를 $X[k]$라고 하자. 그러면, 푸리에 급수 및 푸리에 변환 쌍은 다음과 같다.

$$\text{FS:} \quad X^*[k] = X[-k] \tag{3.25}$$

$$\text{FT:} \quad X^*(j\omega) = X(-j\omega) \tag{3.26}$$

❖ 증명

신호 $x(t)$가 실수이므로 $X^*[k]$는 다음과 같이 계산할 수 있다.

$$\begin{aligned} X^*[k] &= \frac{1}{T}\left[\int_{-T/2}^{T/2} x(t)e^{-jk\omega_0 t}dt\right]^* \\ &= \frac{1}{T}\int_{-T/2}^{T/2} x^*(t)e^{jk\omega_0 t}dt \\ &= \frac{1}{T}\int_{-T/2}^{T/2} x(t)e^{-j(-k)\omega_0 t}dt \\ &= X[-k] \end{aligned} \tag{3.27}$$

또한, $X^*(j\omega)$는 다음과 같이 계산할 수 있다.

$$\begin{aligned} X^*(j\omega) &= \left[\int_{-\infty}^{\infty} x(t)e^{-j\omega t}dt\right]^* \\ &= \int_{-\infty}^{\infty} x^*(t)e^{j\omega t}dt \\ &= \int_{-\infty}^{\infty} x(t)e^{-j(-\omega)t}dt \\ &= X(-j\omega) \end{aligned} \tag{3.28}$$

3.4.3 시간 이동

신호 $x(t)$가 시간 축으로 t_0 만큼 이동된 신호에 대해서 다음과 같은 성질을 만족한다.

$$\text{FS: } x(t-t_0) \leftrightarrow e^{-jk\omega_0 t_0} X[k] \tag{3.29}$$

$$\text{FT: } x(t-t_0) \leftrightarrow e^{-jt_0\omega} X(j\omega) \tag{3.30}$$

즉, 시간 영역에서 이동은 주파수 영역에서 크기는 변화하지 않고 위상의 변화만 발생시킨다. 이러한 위상 변화는 주파수에 대한 선형 함수로서 $-k\omega_0 t_0$ 혹은 $-t_0\omega$로 나타난다.

❖ 증명

주기 신호 $x(t)$에 대해서 $\tau = t - t_0$ 로 치환하여 푸리에 급수 쌍을 계산하면 다음과 같다.

$$\begin{aligned} \text{FS: } x(t-t_0) \leftrightarrow \ & \frac{1}{T}\int_{-T/2}^{T/2} x(t-t_0)e^{-jk\omega_0 t}dt \\ &= \frac{1}{T}\int_{-T/2-t_0}^{T/2-t_0} x(\tau)e^{-jk\omega_0(\tau+t_0)}d\tau \\ &= e^{-jk\omega_0 t_0}\frac{1}{T}\int_{-T/2-t_0}^{T/2-t_0} x(\tau)e^{-jk\omega_0\tau}d\tau \\ &= e^{-jk\omega_0 t_0}X[k] \end{aligned} \tag{3.31}$$

비주기 신호 $x(t)$에 대해서 $\tau = t - t_0$ 로 치환하여 푸리에 변환 쌍을 계산하면 다음과 같다.

$$\text{FT: } x(t-t_0) \leftrightarrow \int_{-\infty}^{\infty} x(t-t_0)e^{-j\omega t}dt \tag{3.32}$$

$$= \int_{-\infty}^{\infty} x(\tau)e^{-j\omega(\tau+t_0)}d\tau$$

$$= e^{-j\omega t_0}\int_{-\infty}^{\infty} x(\tau)e^{-j\omega\tau}d\tau$$

$$= e^{-j\omega t_0}X(j\omega)$$

예제 3-7 시간 이동 성질을 이용한 푸리에 표현

구형파 신호 $x(t)$가 그림 3.10(a)와 같이 주어질 때, $x(t)$를 τ 만큼 시간 이동한 그림 3.10(b)의 $y(t)=x(t-\tau)$에 대한 푸리에 표현을 구하여라. 여기서, $\tau=1/8$ 이다.

풀이

그림 3.10(a)의 신호 $x(t)$는 비주기 신호이므로 예제 3-4에서 푸리에 변환을 통하여 다음과 같은 변환 결과를 얻었다.

$$X(j\omega) = \frac{2\sin(\omega/8)}{\omega}$$

수식 (3.32)의 시간 이동된 신호의 푸리에 변환 쌍을 이용하면 $y(t)=x(t-\tau)$에 대한 푸리에 변환은 다음과 같이 나타낼 수 있다.

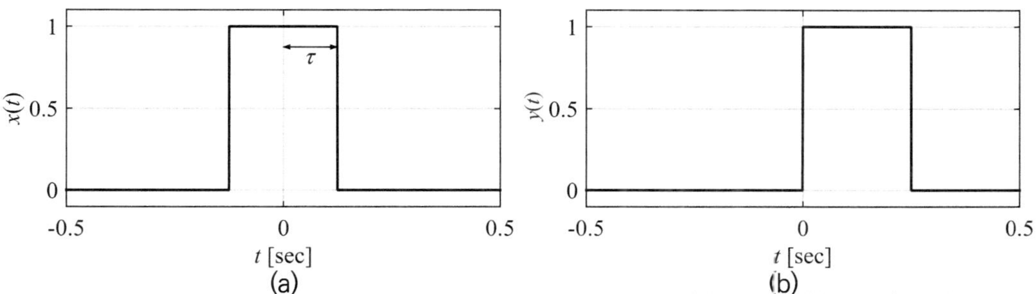

그림 3.10 예제 3-7에 대한 시간 이동 성질의 예. (a) $x(t)$, (b) $y(t)=x(t-\tau)$

$$Y(j\omega) = e^{-j\omega/8}\frac{2\sin(\omega/8)}{\omega}$$

그러면, $Y(j\omega)$의 크기 응답과 위상 응답은 다음과 같으며 그림 3.11에 $X(j\omega)$와 $Y(j\omega)$의 크기 응답 및 위상 응답을 나타내었다.

$$|Y(j\omega)| = \left|\frac{2\sin(\omega/8)}{\omega}\right|$$

$$\angle Y(j\omega) = \angle\left(e^{-j\omega/8}\right) + \angle\left(\frac{2\sin(\omega/8)}{\omega}\right)$$

그림 3.11(a)와 그림 3.11(c)에서 볼 수 있듯이 시간 이동은 크기 응답에는 영향을 주지 않음을 알 수 있다.

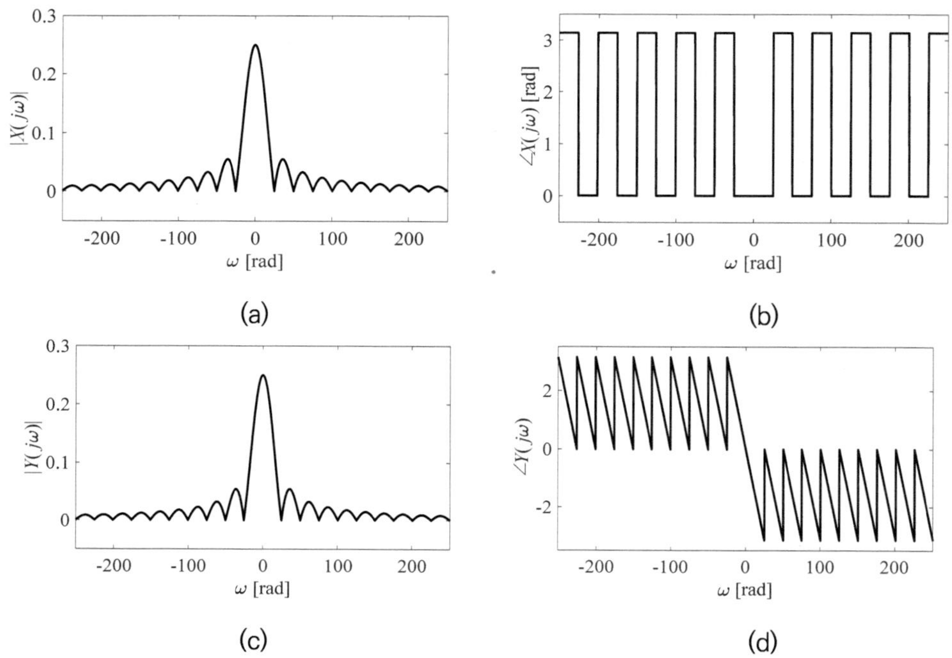

그림 3.11 시간 이동 전후의 크기 응답 및 위상 응답. (a) $X(j\omega)$의 크기 응답, (b) $X(j\omega)$의 위상 응답, (c) $Y(j\omega)$의 크기 응답, (d) $Y(j\omega)$의 위상 응답

3.4.4 주파수 이동

시간 영역에서 비주기 신호 $x(t)$에 $e^{j\omega_0 t}$를 곱한 신호의 푸리에 변환과 주기 신호 $x(t)$에 $e^{jk_0\omega_0 t}$를 곱한 신호의 푸리에 급수는 다음과 같은 성질을 만족한다.

$$\text{FS: } x(t)e^{jk_0\omega_0 t} \leftrightarrow X[k-k_0] \tag{3.33}$$

$$\text{FT: } x(t)e^{j\omega_0 t} \leftrightarrow X(j(\omega-\omega_0)) \tag{3.34}$$

즉, 시간 영역에서 위상회전은 주파수 영역에서 주파수 이동을 야기시킨다.

❖ 증명

연속시간 주기 신호 $x(t)e^{jk_0\omega_0 t}$의 푸리에 급수 쌍은 다음과 같이 계산할 수 있다.

$$\begin{aligned} \text{FS: } x(t)e^{jk_0\omega_0 t} \leftrightarrow\ & \frac{1}{T}\int_{-T/2}^{T/2} x(t)e^{jk_0\omega_0 t}e^{-jk\omega_0 t}dt \\ &= \frac{1}{T}\int_{-T/2}^{T/2} x(t)e^{-j(k-k_0)\omega_0 t}dt \\ &= X[k-k_0] \end{aligned} \tag{3.35}$$

연속시간 비주기 신호 $x(t)e^{j\omega_0 t}$에 대한 푸리에 변환 쌍은 다음과 같이 계산할 수 있다.

$$\begin{aligned} \text{FT: } x(t)e^{j\omega_0 t} \leftrightarrow\ & \int_{-\infty}^{\infty} x(t)e^{j\omega_0 t}e^{-j\omega t}dt \\ &= \int_{-\infty}^{\infty} x(t)e^{-j(\omega-\omega_0)t}dt \\ &= X(j(\omega-\omega_0)) \end{aligned} \tag{3.36}$$

예제 3-8 주파수 이동 성질을 이용한 푸리에 표현

다음의 신호 $y(t)$에 대한 푸리에 변환을 주파수 이동 성질을 이용하여 구하여라.

$$y(t) = \begin{cases} e^{j\pi t}, & |t| \le 1/8 \\ 0, & \text{otherwise} \end{cases}$$

풀이

위 신호 $y(t)$는 연속시간 비주기 신호이며, 다음과 같은 신호 $x(t)$에 대해서 $y(t) = e^{j\pi t}x(t)$와 같이 나타낼 수 있다.

$$x(t) = \begin{cases} 1, & |t| \le 1/8 \\ 0, & \text{otherwise} \end{cases}$$

신호 $x(t)$는 예제 3-4의 그림 3.7과 동일하므로 $x(t)$에 대한 푸리에 변환 $X(j\omega)$는 예제 3-4로부터 다음과 같이 얻어진다.

$$X(j\omega) = \frac{2\sin(\omega/8)}{\omega}$$

따라서, 수식 (3.36)의 주파수 이동 성질을 이용하면 $y(t)$에 대한 푸리에 변환은 다음과 같이 나타낼 수 있다.

$$\begin{aligned} Y(j\omega) &= X(j(\omega - \pi)) \\ &= \frac{2\sin((\omega-\pi)/8)}{(\omega-\pi)} \end{aligned}$$

3.4.5 컨벌루션 성질

두 신호 $x_1(t)$와 $x_2(t)$를 컨벌루션 적분한 결과를 푸리에 변환하면 다음과 같다.

$$x_1(t) * x_2(t) \leftrightarrow X_1(j\omega)X_2(j\omega) \tag{3.37}$$

즉, 시간 영역에서 두 신호의 컨벌루션 적분은 주파수 영역에서 각각의 푸리에 변환된 결과의 곱으로 나타난다. 컨벌루션 성질에 대한 증명은 다음과 같다.

❖ 증명

$x_1(t)*x_2(t)$의 푸리에 변환은 다음과 같이 계산할 수 있다.

$$x_1(t)*x_2(t) \leftrightarrow \int_{-\infty}^{\infty}[x_1(t)*x_2(t)]e^{-j\omega t}dt \tag{3.38}$$

$$= \int_{-\infty}^{\infty}\left[\int_{-\infty}^{\infty}x_1(\tau)x_2(t-\tau)d\tau\right]e^{-j\omega t}dt$$

$$= \int_{-\infty}^{\infty}x_1(\tau)e^{-j\omega\tau}\left[\int_{-\infty}^{\infty}x_2(t-\tau)e^{-j\omega(t-\tau)}dt\right]d\tau$$

$$= X_2(j\omega)\int_{-\infty}^{\infty}x_1(\tau)e^{-j\omega\tau}d\tau$$

$$= X_1(j\omega)X_2(j\omega)$$

임펄스 응답 $h(t)$를 갖는 선형 시불변 시스템이 신호 $x(t)$가 입력되어 신호 $y(t)$가 출력된다고 가정하자. 이를 시간 영역에서 컨벌루션 연산자를 이용하여 표현하면 $y(t)=x(t)*h(t)$와 같다. 출력 신호 $y(t)$에 대한 푸리에 변환을 계산할 때 수식 (3.37)의 컨벌루션 성질을 이용하여 다음과 같이 나타낼 수 있다.

$$Y(j\omega)=H(j\omega)X(j\omega) \tag{3.39}$$

입력 신호 $x(t)$의 스펙트럼 $X(j\omega)$가 그림 3.12(a)에서와 같이 $|\omega|\le B_M$ 범위에서만 존재하는 대역 제한된 신호(band-limited signal)이고, 임펄스 응답 $h(t)$의 스펙트럼 $H(j\omega)$는 그림 3.12(b)와 같이 $|\omega|\le W$ 범위에서만 정의된다고 가정하자. 여기서, $W\le B_M$이라고 가정한다. 그러면, 출력 신호 $y(t)$의 스펙

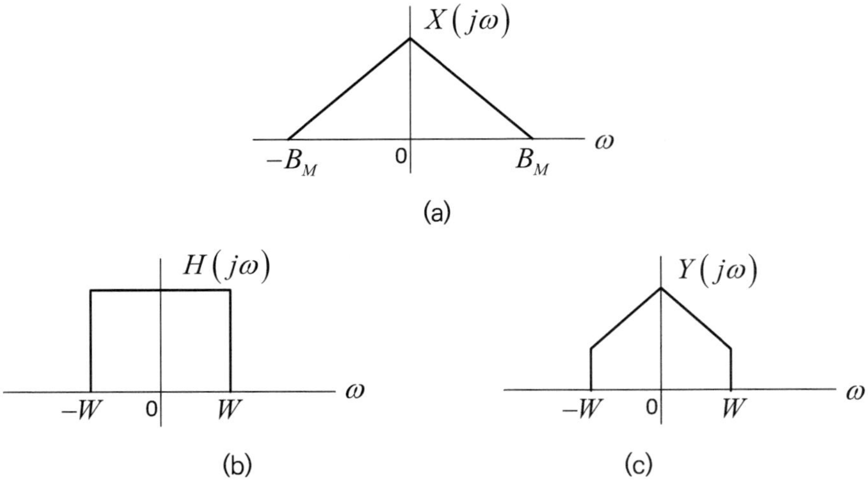

그림 3.12 컨벌루션 성질. (a) $x(t)$의 스펙트럼, (b) $h(t)$의 스펙트럼, (c) $y(t)$의 스펙트럼

트럼 $Y(j\omega)$는 그림 3.12(c)와 같이 나타난다.

컨벌루션 성질에 의해서 입력 신호는 시스템의 임펄스 응답의 스펙트럼이 갖는 주파수 범위 이내의 성분들만 출력에 나타난다. 이러한 성질로 인하여 선형 시불변 시스템 $h(t)$를 필터(filter)로 부르기도 한다. 그림 3.12(b)와 같은 스펙트럼을 갖는 임펄스 응답은 낮은 주파수 성분들만 통과시키므로 저역 통과 필터(low-pass filter)라고 할 수 있다.

예제 3-9 컨벌루션 성질을 이용한 푸리에 표현

다음의 신호 $y(t)$에 대한 푸리에 변환을 컨벌루션 성질을 이용하여 구하여라.

$$y(t) = \{e^{-t}u(t)\} * \{2e^{-2t}u(t)\}$$

풀이

$e^{-t}u(t)$와 $2e^{-2t}u(t)$의 푸리에 변환은 예제 3-6으로부터 다음과 같이 얻어진다.

$$e^{-t}u(t) \leftrightarrow \frac{1}{1+j\omega}$$

$$2e^{-2t}u(t) \leftrightarrow \frac{2}{2+j\omega}$$

따라서, 컨벌루션 성질에 의하여 신호 $y(t)$의 푸리에 변환 $Y(j\omega)$는 다음과 같이 나타낼 수 있다.

$$Y(j\omega) = \frac{2}{(1+j\omega)(2+j\omega)}$$

예제 3-10 주파수 응답과 입출력 사이의 관계

다음과 같이 주어진 시스템 주파수 응답 $H(j\omega)$로부터 컨벌루션 성질 및 시간 이동 성질을 이용하여 시스템의 입력과 출력 사이의 관계를 나타내시오.

$$H(j\omega) = \frac{1+e^{-j\omega}}{1+e^{-j\omega}+e^{-j2\omega}}$$

풀이

입력 신호 $x(t)$ 및 출력 신호 $y(t)$의 푸리에 변환을 각각 $X(j\omega)$와 $Y(j\omega)$라고 하자. 컨벌루션 성질에 의해서 $H(j\omega)$는 다음과 같이 나타낼 수 있다.

$$H(j\omega) = \frac{Y(j\omega)}{X(j\omega)}$$

$$= \frac{1+e^{-j\omega}}{1+e^{-j\omega}+e^{-j2\omega}}$$

위 수식은 다음과 같이 다시 쓸 수 있다.

$$\left(1+e^{-j\omega}\right)X(j\omega) = \left(1+e^{-j\omega}+e^{-j2\omega}\right)Y(j\omega)$$

그러면, 위 수식의 좌변과 우변에 대해서 시간 이동 성질을 이용하여 푸리에 변환 쌍을 구하면 다음과 같다.

$$x(t)+x(t-1)=y(t)+y(t-1)+y(t-2)$$

3.4.6 곱 성질

두 신호 $x_1(t)$와 $x_2(t)$를 시간 영역에서 곱한 결과를 푸리에 변환하면 다음과 같다.

$$x_1(t)x_2(t) \leftrightarrow \frac{1}{2\pi}X_1(j\omega)*X_2(j\omega) \tag{3.40}$$

즉, 시간 영역에서 두 신호의 곱은 주파수 영역에서 각각의 푸리에 변환된 결과의 컨벌루션 적분으로 나타난다. 이러한 성질을 곱(multiplication) 성질이라 하고 이에 대한 증명은 다음과 같다.

❖ 증명

곱 성질을 증명하기 위하여 두 신호의 곱을 푸리에 변환하기 보다는 각각의 푸리에 변환된 결과의 컨벌루션 적분으로부터 푸리에 역변환을 계산함으로써 증명하고자 한다. 각각의 푸리에 변환된 결과의 컨벌루션 적분은 다음과 같이 계산할 수 있다.

$$\begin{aligned}
&\frac{1}{2\pi}X_1(j\omega)*X_2(j\omega) \\
&\quad\leftrightarrow \frac{1}{2\pi}\int_{-\infty}^{\infty}\left[\frac{1}{2\pi}X_1(j\omega)*X_2(j\omega)\right]e^{j\omega t}d\omega \\
&\quad= \frac{1}{2\pi}\int_{-\infty}^{\infty}\left[\frac{1}{2\pi}\int_{-\infty}^{\infty}X_1(jv)X_2(j(\omega-v))dv\right]e^{j\omega t}d\omega \\
&\quad= \frac{1}{2\pi}\int_{-\infty}^{\infty}X_1(jv)e^{jvt}\left[\frac{1}{2\pi}\int_{-\infty}^{\infty}X_2(j(\omega-v))e^{j(\omega-v)t}d\omega\right]dv \\
&\quad= x_2(t)\left[\frac{1}{2\pi}\int_{-\infty}^{\infty}X_1(jv)e^{jvt}dv\right] \\
&\quad= x_1(t)x_2(t)
\end{aligned} \tag{3.41}$$

예제 3-11 통신 시스템의 변조파 발생 시스템

그림 3.13(a)는 통신 시스템에서 메시지 신호 $x(t)$를 ω_c의 반송파 주파수로 변조된 변조파를 생성하는 시스템을 나타낸다. 메시지 신호의 스펙트럼이 그림 3.13(b)와 같이 주어질 때, 출력 신호의 스펙트럼을 구하고 그리시오. 여기서, $\omega_c > B_M$을 가정한다.

풀이

출력 신호는 $y(t)=x(t)p(t)$와 같으므로 $y(t)$의 푸리에 변환 $Y(j\omega)$는 수식 (3.40)의 곱 성질에 의해서 다음과 같이 나타낼 수 있다.

$$Y(j\omega)= \frac{1}{2\pi}X(j\omega)*P(j\omega)$$

신호 $p(t)$는 다음과 같이 나타낼 수 있다.

$$\begin{aligned} p(t) &= A\cos(\omega_c t) \\ &= \frac{A}{2}\left(e^{j\omega_c t}+e^{-j\omega_c t}\right) \end{aligned}$$

신호 $p(t)$의 푸리에 변환 $P(j\omega)$는 다음과 같다.

$$P(j\omega)=A\pi\delta(\omega-\omega_c)+A\pi\delta(\omega+\omega_c)$$

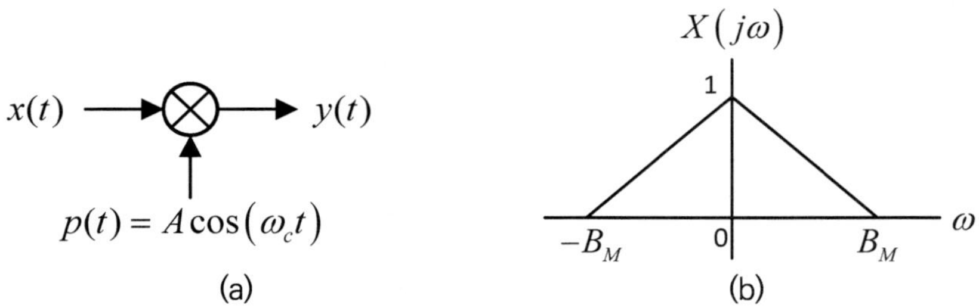

그림 3.13 통신 시스템의 변조파 발생 시스템. (a) 변조파 발생 시스템, (b) 메시지 신호의 스펙트럼

그러면, $Y(j\omega)$는 다음과 같이 계산된다.

$$Y(j\omega) = \frac{1}{2\pi} X(j\omega) * \{A\pi\delta(\omega - \omega_c) + A\pi\delta(\omega + \omega_c)\}$$

여기서,

$$\frac{1}{2\pi} X(j\omega) * \{A\pi\delta(\omega - \omega_c)\} = \frac{A}{2}\int_{-\infty}^{\infty} X(jv)\delta(\omega - v - \omega_c)dv$$

$$= \frac{A}{2} X(j(\omega - \omega_c))$$

이고

$$\frac{1}{2\pi} X(j\omega) * \{A\pi\delta(\omega + \omega_c)\} = \frac{A}{2}\int_{-\infty}^{\infty} X(jv)\delta(\omega - v + \omega_c)dv$$

$$= \frac{A}{2} X(j(\omega + \omega_c))$$

이다.

따라서, $Y(j\omega)$를 $X(j\omega)$에 대해서 나타내면 다음과 같다.

$$Y(j\omega) = \frac{A}{2}X(j(\omega - \omega_c)) + \frac{A}{2}X(j(\omega + \omega_c))$$

또한, 출력 신호의 스펙트럼을 나타내면 그림 3.14와 같다.

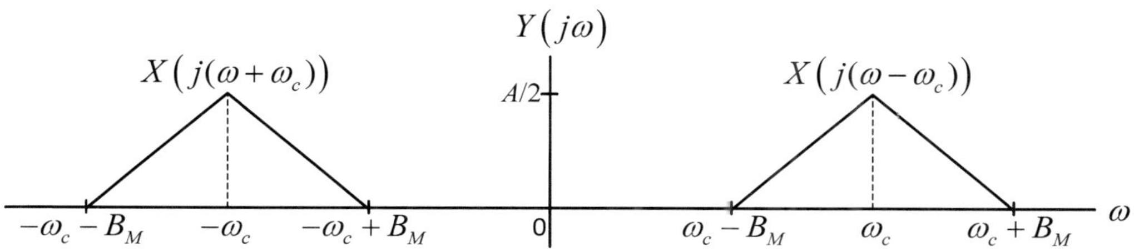

그림 3.14 출력 신호의 스펙트럼

3.4.7 파시벌의 정리

신호의 시간 영역 표현에서 에너지 또는 평균 전력과 주파수 영역 표현에서 에너지 또는 평균 전력은 서로 동일하며 이를 파시벌의 정리(Parseval's theorem)라고 한다. 신호 $x(t)$를 연속시간 비주기 신호라 할 때, 비주기 신호는 에너지 신호이므로 $x(t)$의 에너지를 시간 영역에서 계산하면 다음과 같다.

$$E_x = \int_{-\infty}^{\infty} |x(t)|^2 dt \tag{3.42}$$

$$= \int_{-\infty}^{\infty} x(t)x^*(t)dt$$

여기서, $x^*(t)$는

$$x^*(t) = \frac{1}{2\pi}\int_{-\infty}^{\infty} X^*(j\omega)e^{-j\omega t}d\omega \tag{3.43}$$

와 같이 나타낼 수 있으므로 수식 (3.42)은 다음과 같이 계산될 수 있다.

$$E_x = \int_{-\infty}^{\infty} x(t)\left[\frac{1}{2\pi}\int_{-\infty}^{\infty} X^*(j\omega)e^{-j\omega t}d\omega\right]dt \tag{3.44}$$

$$= \frac{1}{2\pi}\int_{-\infty}^{\infty} X^*(j\omega)\left[\int_{-\infty}^{\infty} x(t)e^{-j\omega t}dt\right]d\omega$$

$$= \frac{1}{2\pi}\int_{-\infty}^{\infty} X^*(j\omega)X(j\omega)d\omega$$

$$= \frac{1}{2\pi}\int_{-\infty}^{\infty} |X(j\omega)|^2 d\omega$$

주파수 영역에서 계산된 주파수당 에너지 $\frac{|X(j\omega)|^2}{2\pi}$를 모든 주파수에 대해서 적분한 결과와 시간 영역에서 시간당 에너지 $|x(t)|^2$를 모든 시간에 대해서

적분한 결과가 같다. 따라서, 시간 영역과 주파수 경역에서 계산된 신호의 에너지는 동일함을 알 수 있다. 여기서, $|X(j\omega)|^2$는 주파수에 따라 에너지의 분포를 나타내며 에너지 밀도 스펙트럼(energy spectral density)이라고 부른다.

신호 $x(t)$를 연속시간 주기 신호라 할 때, 주기 신호는 전력 신호이므로 $x(t)$의 평균 전력을 시간 영역에서 계산하면 다음과 같다.

$$P_x = \frac{1}{T}\int_{-T/2}^{T/2} |x(t)|^2 dt \tag{3.45}$$

$$= \frac{1}{T}\int_{-T/2}^{T/2} x(t)x^*(t)dt$$

여기서, $x^*(t)$는

$$x^*(t) = \sum_{k=-\infty}^{\infty} X^*[k]e^{-jk\omega_0 t} \tag{3.46}$$

와 같이 나타낼 수 있으므로 수식 (3.45)는 다음과 같이 계산될 수 있다.

$$P_x = \frac{1}{T}\int_{-T/2}^{T/2} x(t)\left[\sum_{k=-\infty}^{\infty} X^*[k]e^{-jk\omega_0 t}\right]dt \tag{3.47}$$

$$= \sum_{k=-\infty}^{\infty} X^*[k]\left[\frac{1}{T}\int_{-T/2}^{T/2} x(t)e^{-jk\omega_0 t}dt\right]$$

$$= \sum_{k=-\infty}^{\infty} X^*[k]X[k]$$

$$= \sum_{k=-\infty}^{\infty} |X[k]|^2$$

따라서, 주파수 영역에서 계산된 주기 신호의 평균 전력은 시간 영역에서 계산된 주기 신호의 평균 전력과 동일함을 알 수 있다.

3.4.8 스케일링 성질

시간 영역에서 시간을 스케일링할 경우 주파수 영역에서 스펙트럼이 어떻게 변화하는지 살펴보도록 한다. 시간 영역에서 비주기 신호 $x(t)$의 시간에 임의의 상수 a를 곱한 신호의 푸리에 변환과 주기 신호 $x(t)$에 a를 곱한 신호의 푸리에 급수는 다음과 같은 성질을 만족한다.

$$\text{FS: } x(at) \leftrightarrow X[k],\ a > 0 \tag{3.48}$$

$$\text{FT: } x(at) \leftrightarrow \frac{1}{|a|}X(j\omega/a) \tag{3.49}$$

❖ 증명

주기 신호 $x(t)$에 대해서 $x(at)$는 $a>1$일 때 시간 축으로 축소되고, $0<a<1$일 때 시간 축으로 확장을 나타낸다. 따라서, $x(at)$는 $x(t)$에 비해 기본 주기에 변화를 가져오게 된다. 여기서, 우리는 a가 양수인 경우만 고려한다. 원래의 신호 $x(t)$의 기본 주기를 T라고 할 때 $x(at)$의 기본 주기는 T/a과 같고, 신호 $x(t)$의 기본 주파수를 ω_0라고 할 때 $x(at)$의 기본 주파수는 $a\omega_0$와 같다. 이러한 관계를 바탕으로 주기 신호 $x(at)$의 푸리에 급수 쌍을 계산하면 다음과 같다.

$$\text{FS: } x(at) \leftrightarrow \frac{a}{T}\int_{-T/(2a)}^{T/(2a)} x(at)e^{-jk(a\omega_0)t}dt \tag{3.50}$$

여기서, $\tau = at$로 치환하면 다음과 같이 계산할 수 있다.

$$\begin{aligned}\text{FS: } x(at) \leftrightarrow &\ \frac{1}{T}\int_{-T/2}^{T/2} x(\tau)e^{-jk\omega_0\tau}d\tau \\ &= X[k]\end{aligned} \tag{3.51}$$

비주기 신호 $x(t)$에 대해서 $\tau = at$ 로 치환하여 푸리에 변환 쌍을 계산하면 다음과 같다.

$$\text{FT: } x(at) \leftrightarrow \int_{-\infty}^{\infty} x(at)e^{-j\omega t}dt \tag{3.52}$$

$$= \frac{1}{|a|}\int_{-\infty}^{\infty} x(\tau)e^{-j\omega\tau/a}d\tau$$

$$= \frac{1}{|a|}\int_{-\infty}^{\infty} x(\tau)e^{-j(\omega/a)\tau}d\tau$$

$$= \frac{1}{|a|}X(j\omega/a)$$

위 결과로부터 주기 신호 $x(t)$와 $x(at)$의 푸리에 급수 계수는 동일함을 알 수 있다. 급수 계수는 동일하지만 각 계수가 나타내는 주파수는 $x(t)$의 경우 ω_0의 정수 배에 해당하는 주파수 성분인 반면, $x(at)$의 경우 $a\omega_0$의 정수 배에 해당하는 주파수 성분을 나타낸다.

비주기 신호의 경우 $|a|>1$이면 $x(at)$는 시간 축으로 축소되어 주파수 영역에서 스펙트럼은 주파수 축으로 확대되고 크기는 감쇄된다. 반대로, $0<|a|<1$이면 $x(at)$는 시간 축으로 확대되어 주파수 영역에서 스펙트럼은 주파수 축으로 축소되고 크기는 증폭된다.

예제 3-12 스케일링 성질을 이용한 푸리에 표현

구형파 $x(t)$가 그림 3.15(a)와 같이 주어질 때, $x(\tau)$를 스케일링한 그림 3.15(b)의 $y(t)=x(2t)$에 대한 푸리에 표현을 구하여라. 여기서, $\tau=1/8$ 이다.

풀이

그림 3.15(a)의 신호 $x(t)$는 비주기 신호이므로 예제 3-4에서 푸리에 변환을 통하여 다음과 같은 변환 결과를 얻었다.

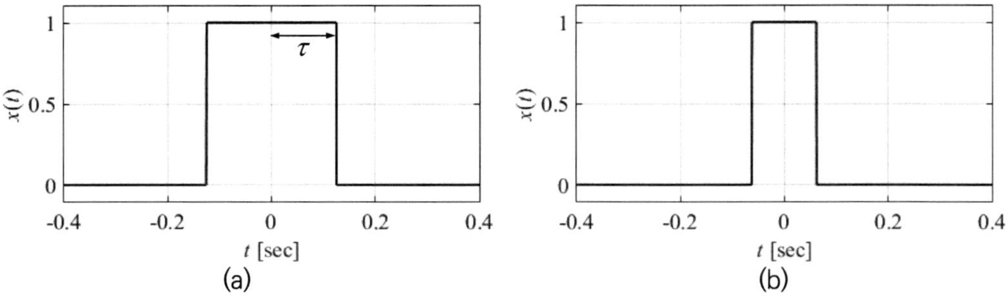

그림 3.15 예제 3-12에 대한 스케일링 성질의 예. (a) $x(t)$, (b) $y(t) = x(2t)$

$$X(j\omega) = \frac{2\sin(\omega/8)}{\omega}$$

수식 (3.49)의 스케일링된 신호의 푸리에 변환 쌍을 이용하면 $y(t) = x(2t)$에 대한 푸리에 변환은 다음과 같이 나타낼 수 있다.

$$\begin{aligned} Y(j\omega) &= \frac{1}{2}X(j\omega/2) \\ &= \left(\frac{1}{2}\right)\frac{2\sin(\omega/16)}{(\omega/2)} \\ &= \frac{2\sin(\omega/16)}{\omega} \end{aligned}$$

스케일링에 따른 스펙트럼의 변화를 그림 3.16에 나타내었다. 주파수 축으로 확대되고 크기는 감쇄되었음을 알 수 있다.

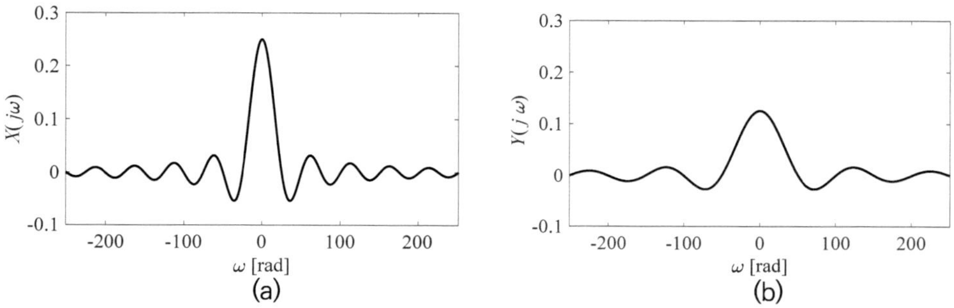

그림 3.16 스케일링에 따른 주파수 영역 스펙트럼의 변화. (a) $X(j\omega)$, (b) $Y(j\omega)$

3.4.9 쌍대성

수식 (3.15)와 (3.16)을 다시 살펴보면, $x(t)$와 $X(j\omega)$에 대한 수식 사이에 2π 만큼의 크기 스케일링과 복소 지수 함수의 각주파수에 있어서 부호의 차이만 있을 뿐 그 형태는 매우 유사함을 알 수 있다 변수 t와 ω를 서로 바꾸어 $x(\omega)$와 $X(jt)$를 한번 생각해보자. 함수 $X(jt)$는 시간 변수를 가지므로 다음과 같이 푸리에 변환을 적용하여 주파수 영역으로 변환될 수 있다.

$$X(jt) \leftrightarrow \int_{-\infty}^{\infty} X(jt)e^{-j\omega t}dt = 2\pi\left(\frac{1}{2\pi}\int_{-\infty}^{\infty} X(jt)e^{jt(-\omega)}dt\right) \tag{3.53}$$

$$= 2\pi x(-\omega)$$

반대로, 함수 $x(\omega)$는 주파수 변수를 가진다. 이제, 함수 $x(-\omega)$를 다음과 같이 푸리에 역변환을 적용하여 시간 영역으로 변환할 수 있다.

$$x(-\omega) \leftrightarrow \frac{1}{2\pi}\int_{-\infty}^{\infty} x(-\omega)e^{j\omega t}d\omega = \frac{1}{2\pi}\int_{-\infty}^{\infty} x(\omega)e^{-jt\omega}d\omega \tag{3.54}$$

$$= \frac{1}{2\pi}X(jt)$$

따라서, 시간과 주파수의 역할을 서로 바꿈으로써 수식 (3.55)와 같은 새로운 푸리에 변환 쌍을 얻을 수 있고 이러한 성질을 쌍대성(duality) 성질이라고 한다.

$$X(jt) \leftrightarrow 2\pi x(-\omega) \tag{3.55}$$

그림 3.17은 시간 영역 및 주파수 영역에서 구형파 및 sinc 함수의 쌍대성 관계를 나타낸다. 먼저, 그림 3.17(a)와 같은 시간 영역의 구형파 신호는 그림 3.17(b)에서 볼 수 있듯이 주파수 영역에서 수식 (3.56)과 같은 sinc 함수 형태의 스펙트럼을 갖는다.

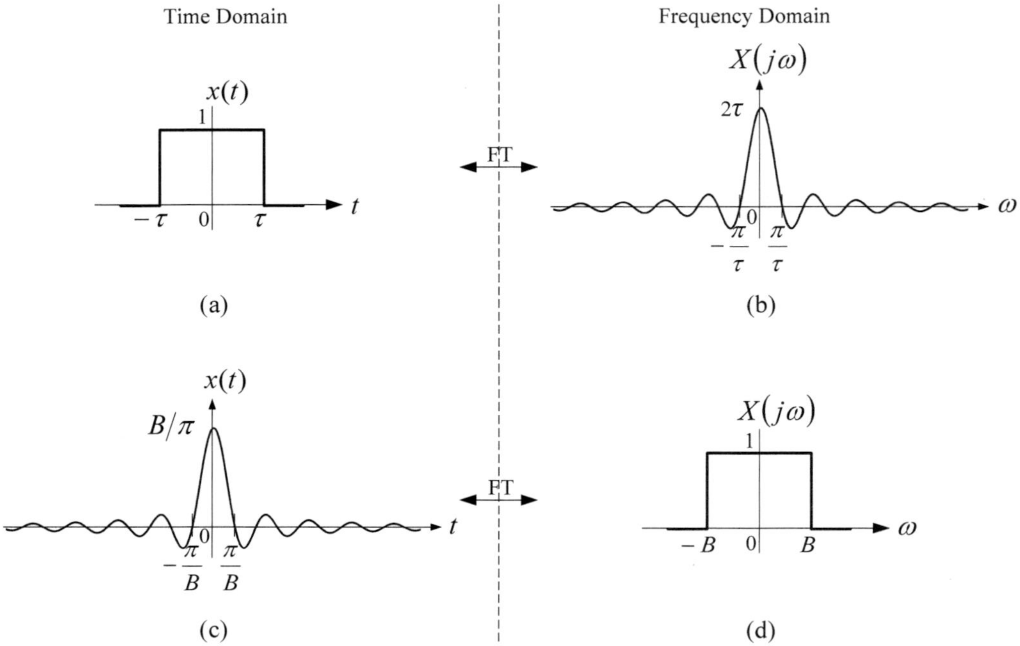

그림 3.17 구형파 및 sinc 함수의 쌍대성 관계. (a) 시간 영역 구형파 함수, (b) 주파수 영역 sinc 함수, (c) 시간 영역 sinc 함수, (d) 주파수 영역 구형파 함수

$$X(j\omega)=\frac{2\sin(\tau\omega)}{\omega}=2\tau\mathrm{sinc}\left(\frac{\tau}{\pi}\omega\right) \tag{3.56}$$

반면, 그림 3.17(c)에 나타낸 수식 (3.57)과 같은 시간 영역의 sinc 신호는 주파수 영역에서 그림 3.17(d)와 같은 구형파 형태의 스펙트럼을 갖는다.

$$x(t)=\frac{\sin(Bt)}{\pi t}=\frac{B}{\pi}\mathrm{sinc}\left(\frac{\mathrm{B}}{\pi}\mathrm{t}\right) \tag{3.57}$$

다시 말해서, 시간 영역의 구형파 함수는 주파수 영역에서 sinc 함수로 나타나고, 주파수 영역에서 구형파 함수는 시간 영역에서 sinc 함수로 나타남을 알 수 있다.

3.5 연속시간 푸리에 역변환

많은 경우에 있어서 푸리에 변환된 결과는 분수 형태로 주어진다. 이러한 경우, 부분 분수 전개를 통하여 이미 잘 알려진 변환 쌍에 해당하는 항들의 합으로 표현하고 각각의 항에 대하여 변환 쌍 및 푸리에 변환 성질을 적용하여 시간 영역 신호를 구할 수 있다. 그러면, 유리함수의 형태를 나타내는 푸리에 변환 결과가 다음과 같이 주어졌다고 가정하자.

$$X(j\omega)=\frac{b_M(j\omega)^M+b_{M-1}(j\omega)^{M-1}+\cdots+b_1(j\omega)+b_0}{(j\omega)^N+a_{N-1}(j\omega)^{N-1}+\cdots+a_1(j\omega)+a_0} \tag{3.58}$$

여기서, $N>M$을 가정한다.

이제, 수식 (3.58)의 분모를 인수 분해하여 다음과 같이 나타낼 수 있다.

$$X(j\omega)=\frac{b_M(j\omega)^M+b_{M-1}(j\omega)^{M-1}+\cdots+b_1(j\omega)+b_0}{\prod_{k=1}^{N}(j\omega-p_k)} \tag{3.59}$$

그러면, 수식 (3.59)를 부분 분수 전개를 통하여 다음과 같이 N개의 분수들의 합으로 나타낼 수 있다.

$$X(j\omega)=\sum_{k=1}^{N}\frac{B_k}{j\omega-p_k} \tag{3.60}$$

그러면, 수식 (3.60)을 구성하고 있는 각각의 분수는 다음과 같은 푸리에 변환 쌍이 된다.

$$B_k e^{p_k t}u(t)\leftrightarrow\frac{B_k}{j\omega-p_k} \tag{3.61}$$

즉, 수식 (3.61)에서 볼 수 있듯이 수식 (3.58)과 같은 푸리에 변환 결과는 단위 계단 신호에 대한 푸리에 변환 쌍 및 주파수 이동 성질을 이용하여 푸리에 역변환이 가능하다.

예제 3-13 연속시간 푸리에 역변환

다음과 같이 주어진 연속시간 푸리에 변환에 대해서 시간 영역 신호 $x(t)$를 구하시오.

$$X(j\omega) = \frac{2}{1 + j2\omega}$$

풀이

주어진 푸리에 변환은 다음과 같이 나타낼 수 있다.

$$X(j\omega) = \frac{1}{j\omega - \left(-\frac{1}{2}\right)}$$

따라서, 수식 (3.61)을 이용하면, $x(t) = e^{-\frac{1}{2}t}u(t)$와 같이 구할 수 있다.

예제 3-14 연속시간 푸리에 역변환

다음과 같이 주어진 연속시간 푸리에 변환에 대해서 시간 영역 신호 $x(t)$를 구하시오.

$$X(j\omega) = \frac{2}{(j\omega)^2 + 4j\omega + 3}$$

풀이

주어진 푸리에 변환은 다음과 같이 나타낼 수 있다.

$$X(j\omega) = \frac{1}{(j\omega+1)(j\omega+3)}$$

$$= \frac{1/2}{j\omega+1} + \frac{-1/2}{j\omega+3}$$

따라서, 수식 (3.61)을 이용하면, $x(t) = \frac{1}{2}e^{-t}u(t) - \frac{1}{2}e^{-3t}u(t)$와 같이 구할 수 있다.

3.6 연속시간 푸리에 변환과 푸리에 급수의 관계

주기 신호 $x(t)$에 대한 푸리에 급수 표현 수식 (3.5)를 이용하여 $x(t)$에 대한 푸리에 변환을 계산하면 다음과 같다.

$$x(t) \leftrightarrow \int_{-\infty}^{\infty} x(t)e^{-j\omega t}dt \tag{3.62}$$

$$= \int_{-\infty}^{\infty} \left[\sum_{k=-\infty}^{\infty} X[k]e^{jk\omega_0 t} \right] e^{-j\omega t}dt$$

$$= \sum_{k=-\infty}^{\infty} X[k] \int_{-\infty}^{\infty} e^{jk\omega_0 t}e^{-j\omega t}dt$$

위 수식 (3.62)의 우변에서 내부 적분은 $e^{jk\omega_0 t}$의 푸리에 변환을 나타낸다. 앞서 상수 1의 푸리에 변환 쌍과 주파수 이동 성질을 이용하면 $e^{jk\omega_0 t}$의 푸리에 변환은 다음과 같이 구해진다.

$$e^{jk\omega_0 t} \leftrightarrow 2\pi\delta(\omega - k\omega_0) \tag{3.63}$$

따라서, 수식 (3.63)을 수식 (3.62)에 적용하면 다음과 같이 주기 신호 $x(t)$에 대한 푸리에 변환 쌍을 얻을 수 있다.

$$x(t) \leftrightarrow \ 2\pi \sum_{k=-\infty}^{\infty} X[k]\delta(\omega - k\omega_0) \tag{3.64}$$

예제 3-15 임펄스 트레인 신호와의 곱

그림 3.18과 같이 입력 신호 $x(t)$에 임펄스 트레인(impulse train) $p(t)$가 곱해지는 시스템의 출력을 $y(t)$라고 하자.
여기서, 임펄스 트레인 $p(t)$는 다음과 같이 정의된다.

$$p(t) = \sum_{n=-\infty}^{\infty} \delta(t - nT) \tag{3.65}$$

입력 신호 $x(t)$의 푸리에 변환된 결과를 $X(j\omega)$라고 할 때, 출력 신호의 스펙트럼을 구하시오. 여기서, 입력 신호 $x(t)$의 스펙트럼 $X(j\omega)$는 그림 3.19와 같이 주어진다.

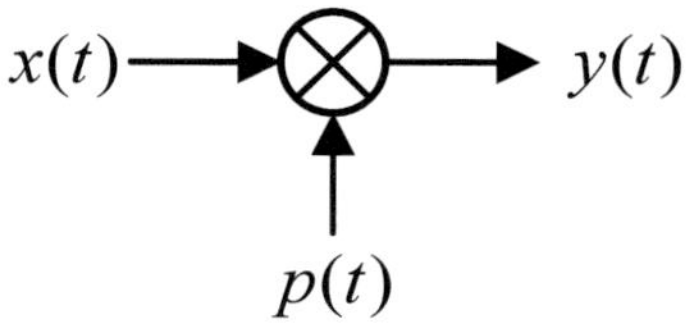

그림 3.18 예제 3-15에 대한 시스템

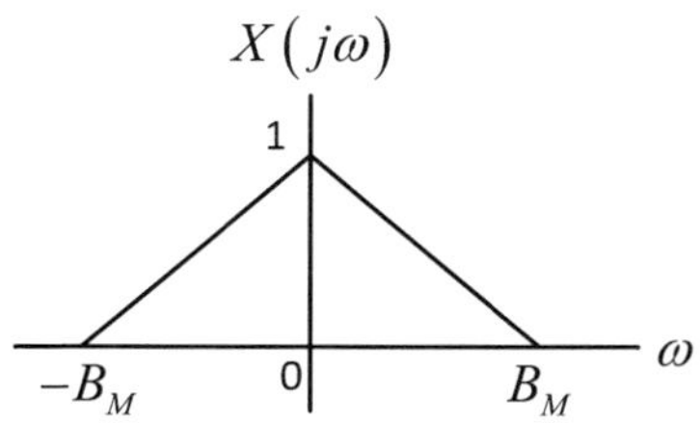

그림 3.19 예제 3-15의 입력 신호에 대한 스펙트럼

풀이

출력 $y(t) = x(t)p(t)$이다. 임펄스 트레인 $p(t)$는 기본 주기 T인 주기 신호이므로 푸리에 급수 계수는 다음과 같다.

$$P[k] = \frac{1}{T}\int_{-T/2}^{T/2} p(t)e^{-jk\omega_0 t}dt = \frac{1}{T} \tag{3.66}$$

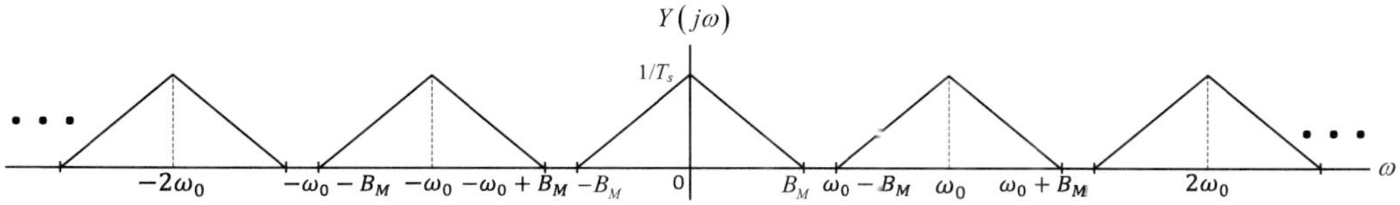

그림 3.20 예제 3-15의 출력 신호의 스펙트럼

여기서, 기본 주파수는 $\omega_0 = 2\pi/T$이다. 임펄스 트레인 $p(t)$의 푸리에 변환은 수식 (3.64)로부터 다음과 같이 계산된다.

$$p(t) \leftrightarrow \; 2\pi \sum_{k=-\infty}^{\infty} P[k]\delta(\omega - k\omega_0) \tag{3.67}$$

위 식에서 $\delta(t-nT)$는 $t \neq nT$ 에서 0의 값을 가지므로 위 식은 다음과 같이 계산될 수 있다.

$$p(t) \leftrightarrow P(j\omega) = \frac{2\pi}{T} \sum_{k=-\infty}^{\infty} \delta(\omega - k\omega_0) \tag{3.68}$$

따라서, 수식 (3.40)의 곱 성질을 이용하여 $y(t)$의 스펙트럼을 계산하면 다음과 같다.

$$Y(j\omega) = \frac{1}{2\pi} X(j\omega) * P(j\omega) \tag{3.69}$$

$$= \frac{1}{T} X(j\omega) * \sum_{k=-\infty}^{\infty} \delta(\omega - k\omega_0)$$

$$= \frac{1}{T} \sum_{k=-\infty}^{\infty} X(j(\omega - k\omega_0))$$

여기서, $\omega_0 > B_M$ 이라고 가정하면 출력 신호의 스펙트럼은 그림 3.20과 같이 나타낼 수 있다.

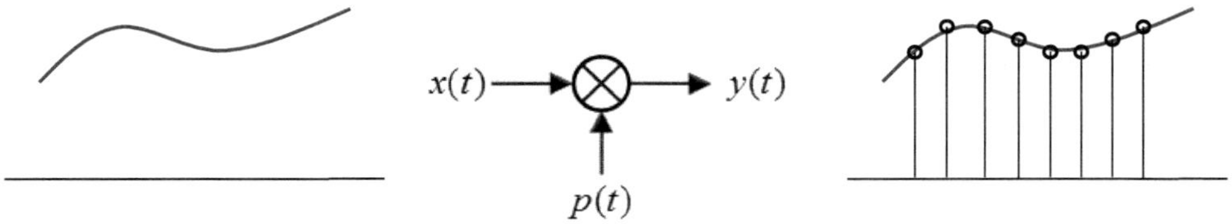

그림 3.21 시간 영역에서 임펄스 트레인에 의한 샘플링

시간 영역에서 임펄스 트레인의 곱은 그림 3.21에서 볼 수 있듯이 샘플링 과정을 수행하는 연산이다. 따라서, 시간 영역에서 샘플링은 수식 (3.69) 및 그림 3.20과 같이 주파수 영역에서 스펙트럼의 반복을 나타낸다. 여기서, 스펙트럼의 반복 주기는 임펄스 트레인의 기본 주파수에 해당한다.

반면, 시간 영역에서 신호의 반복은 주파수 영역에서 스펙트럼의 샘플링을 나타낸다. 그림 3.8의 비주기 구형파 신호의 스펙트럼과 그림 3.3의 주기 구형파 신호의 스펙트럼을 비교해 보면, 그림 3.22에서 볼 수 있듯이 그림 3.3의 라인 스펙트럼은 그림 3.8의 스펙트럼을 주기 신호의 기본 주파수 간격인 2π 간격으로 샘플링하여 얻어짐을 알 수 있다.

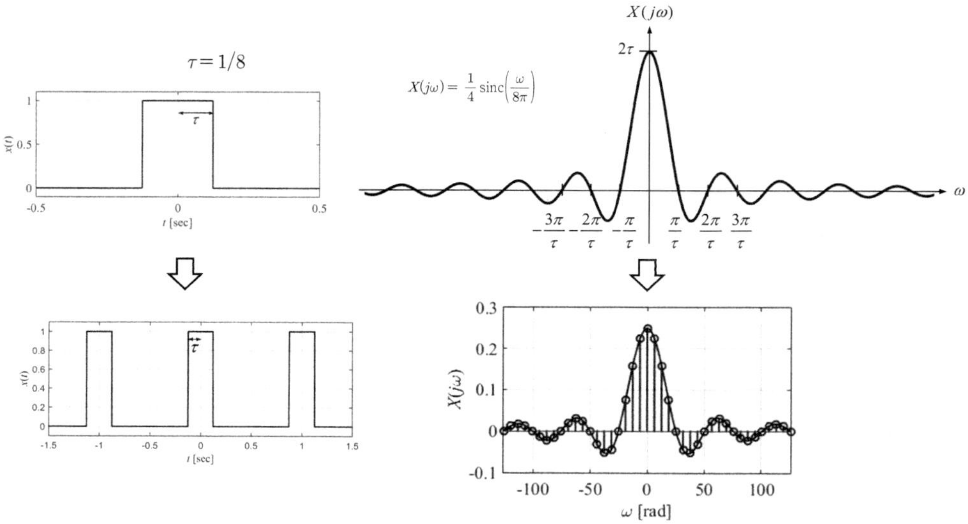

그림 3.22 주기 및 비주기 구형파의 스펙트럼

3장 요약

3.1 연속시간 신호를 복소 지수 함수들의 선형 결합으로 표현하는 방법에 대해서 살펴보았다.

3.2 푸리에 급수를 이용한 주파수 영역 표현은 주기 신호에 적용될 수 있으며, 기본 주파수의 정수 배에 해당하는 연속시간 복소 지수 함수들의 선형 결합으로 표현할 수 있다.

3.3 푸리에 급수를 이용한 주파수 영역 표현은 선 스펙트럼으로 나타나는 이산 함수가 되고 주파수 영역에서 비주기 함수로 나타난다.

3.4 푸리에 변환을 이용한 주파수 영역 표현은 비주기 신호에 적용될 수 있으며, 연속적으로 변하는 모든 연속시간에 대해서 복소 지수 함수들의 선형 결합으로 표현할 수 있다. 여기서, 선형 결합은 적분을 이용하여 표현된다.

3.5 푸리에 변환을 이용한 주파수 영역 표현은 모든 주파수에 대해서 연속인 함수가 되고 주파수 영역에서 비주기 함수로 나타난다.

3.6 푸리에 급수와 푸리에 변환은 모두 복소 지수 함수들의 선형 결합의 형태로 표현되기 때문에 유사한 성질을 공유하게 되며 이러한 성질들을 이용하여 시간 영역 혹은 주파수 영역에서 신호들을 보다 수월하게 다룰 수 있게 된다.

3.7 시스템의 해석 및 설계 문제는 시간 영역 또는 주파수 영역에서 수행가능하며, 푸리에 급수와 푸리에 변환은 시간 영역과 주파수 영역으로 서로 변환해주는 중요한 도구로서 사용된다.

3.8 시간 영역 또는 주파수 영역 중에서 보다 수월하게 문제를 풀 수 있는 영역을 선택하여 문제를 해결하면 된다.

3장 연습문제

3.1 다음 신호의 기본 주기를 구하고 푸리에 표현을 이용하여 주파수 영역에서 나타내시오.

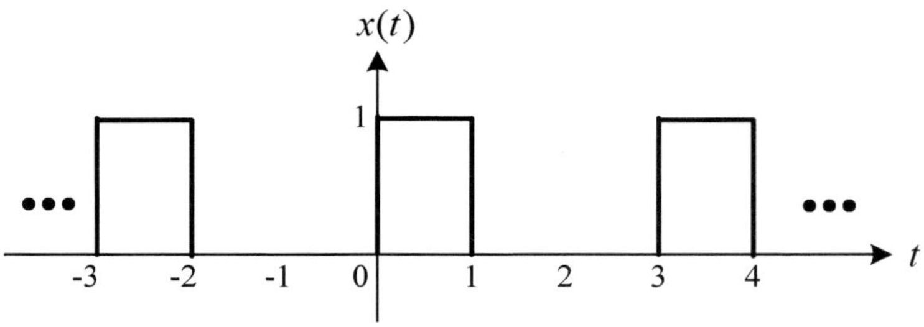

(a)

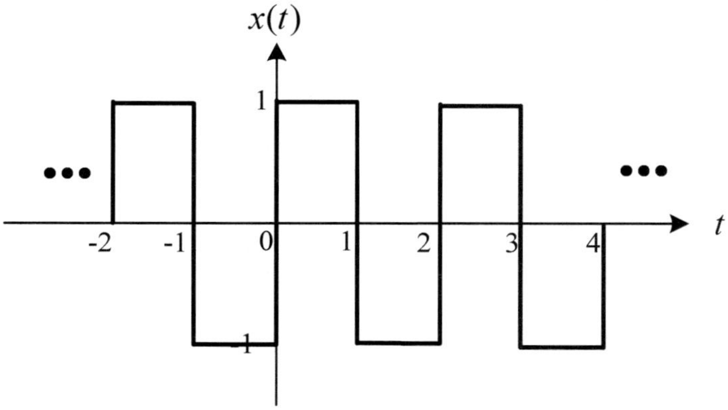

(b)

그림 P3.1

3.2 다음 신호들에 대하여 주파수 영역 표현을 구하시오.

(a) $x(t) = e^{-t}u(t)$

(b) $x(t) = u(t+1) - u(t-1)$

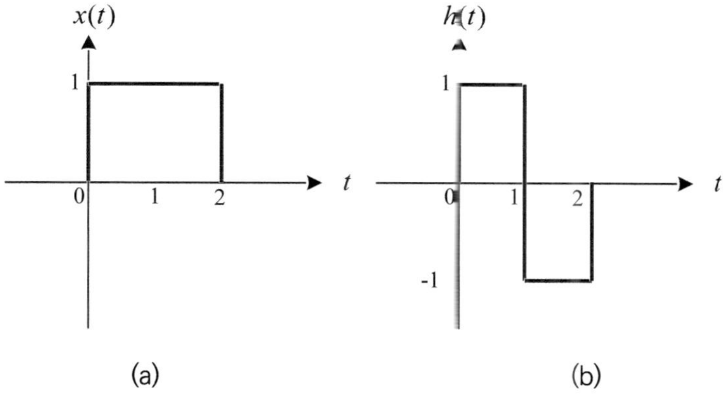

그림 P3.2

(c) 그림 P3.2(a)의 신호

(d) 그림 P3.2(b)의 신호

3.3 다음 신호들의 푸리에 역변환을 구하시오.

(a) $X(j\omega)=\dfrac{1}{(j\omega+1)(j\omega+2)}$

(b) $X(j\omega)=\dfrac{1}{\omega^2+1}$

(c) $X(j\omega)=\dfrac{\omega^2+4}{(j\omega)^2+3(j\omega)+2}$

3장 MATLAB 예제

이번 매트랩 예제에서는 연속시간 신호의 푸리에 급수 및 푸리에 변환을 이용한 주파수 표현을 보여준다.

MATLAB 예제 3-1은 그림 3.2의 연속시간 주기 구형파의 푸리에 급수 계수를 이용한 주파수 합성을 나타내는 예제이다. 신호 합성에 사용되는 주파수 성분의 개수 L을 증가시킴에 따라 점점 이성적인 구형파에 가까운 모양이 됨을 확인할 수 있다. 또한, 구형파의 불연속 점에서 나타나는 깁스 현상을 관찰할 수 있다.

(MATLAB 예제 3-1) 푸리에 급수를 이용한 주파수 합성

```
% Rectangular pulse
fs = 10e3;                          % 초당 샘플 수
pw_x = 0.25;                        % 입력 신호의 시간 폭
t = [-0.5:1/fs:0.5];                % 전체 신호에 대한 시간 벡터
x = 1*[zeros(1,0.375*fs) ones(1,pw_x*fs+1) zeros(1,0.375*fs)];
figure(1); clf;
plot(t, x, 'k-');
grid on;
xlabel('Time [sec]');
ylabel('Amplitude');
axis([-0.5 0.5 -0.5 1.5]);

% Fourier coefficient
k = [1:40];
```

```
X_k = sin(pi*k/4)./(pi*k);
X_0 = 1/4;
% Frequency synthesis
L = 40;
y = X_0;
for m = 1 : L,
    y = y + X_k(m)*exp(j*m*2*pi*t) + X_k(m)*exp(-j*m*2*pi*t);
end
figure(2); clf;
plot(t, y, 'k-');
grid on;
xlabel('Time [sec]');
ylabel('Amplitude');
axis([-1/2 1/2 -0.5 1.5]);
```

MATLAB 예제 3-2는 그림 3-7의 비주기 구형파에 대하여 푸리에 변환을 이용한 주파수 표현을 나타내는 예제이다.

(MATLAB 예제 3-2) 푸리에 변환을 이용한 주파수 표현

```
% Rectangular pulse
fs = 10e3;                          % 초당 샘플 수
pw_x = 0.25;                        % 입력 신호의 시간 폭
t = [-0.5:1/fs:0.5];                % 전체 신호에 대한 시간 벡터
x = 1*[zeros(1,0.375*fs) ones(1,pw_x*fs+1) zeros(1,0.375*fs)];
figure(1); clf;
plot(t, x, 'k-');
grid on;
xlabel('Time [sec]');
```

```
ylabel('Amplitude');
axis([-0.5 0.5 -0.5 1.5]);

% Fourier transform
z = fftshift(fft(x))/fs;
df = fs/(length(z)-1);
F = [0:df:df*(length(z)-1)] - fs/2;
w = 2*pi*F;
figure(3); clf;
plot(w, abs(z), 'k-');
grid on;
xlabel('\omega [rad]');
ylabel('Magnitude');
axis([-300 300 -0.1 0.3]);
```

4 장 라플라스 변환을 이용한 연속시간 신호의 해석

4장 라플라스 변환을 이용한 연속시간 신호의 해석

지금까지 연속시간 LTI 시스템과 주기 및 비주기 연속시간 신호에 대한 푸리에 해석에 대해서 살펴보았다. 푸리에 해석은 주파수 영역에서 연속시간 신호 및 시스템의 해석을 가능하게 해주므로 매우 유용한 도구이다. 일반적인 신호와 LTI 시스템은 복소 지수 신호들의 선형 결합으로 표현될 수 있다. 이번 장에서는 보다 일반적인 신호와 LTI 시스템에서 푸리에 변환을 일반화한 라플라스 변환(Laplace transform: LT)에 대해서 살펴보고 푸리에 변환과 라플라스 변환의 관계에 대해서도 살펴본다. 푸리에 변환은 유한한 에너지를 갖는 신호에 대해서만 정의되는 반면에, 라플라스 변환은 무한한 에너지를 갖는 신호에 대해서도 정의된다. 또한, 라플라스 변환은 푸리에 변환을 보다 일반화한 것으로서 푸리에 변환이 갖는 많은 성질들이 라플라스 변환에서도 성립한다. 라플라스 변환은 LTI 시스템의 인과성 및 안정성, 주파수 응답과 같은 시스템의 고유한 특성을 직관적으로 살펴보는데 매우 유용하다. 또한, 미분방정식으로 주어지는 LTI 시스템을 해석하는데 매우 유용한 도구이다.

4.1 양방향 라플라스 변환

4.1.1 라플라스 변환

앞서 푸리에 변환을 이용하여 시간 영역의 연속시간 신호를 주파수 영역으로 변환하여 주파수 특성을 살펴보았다. 푸리에 변환이 존재하기 위해서는 수식 (3.16)의 적분이 수렴해야 한다. 만약, 수식 (3.16)의 적분이 발산한다면 푸리에 변환이 존재하지 않으므로 푸리에 변환을 이용한 주파수 해석이 불가능해진다. 이러한 경우 연속시간 신호를 분석하기 위한 방법으로 라플라스 변환이 도입된다.

예제 4-1 발산하는 푸리에 변환

연속시간 신호가 $x(t)=e^{t}u(t)$와 같이 주어질 때, 푸리에 변환의 수렴, 발산 여부를 판단하시오.

풀이

수식 (3.16)을 이용하여 푸리에 변환을 계산하면 다음과 같다.

$$\begin{aligned} X(j\omega) &= \int_{-\infty}^{\infty} x(t)e^{-j\omega t}dt \\ &= \int_{0}^{\infty} e^{t}e^{-j\omega t}dt \\ &= \int_{0}^{\infty} e^{(1-j\omega)t}dt \\ &= \frac{1}{1-j\omega}e^{(1-j\omega)t}\Big|_{0}^{\infty} \\ &= \frac{1}{1-j\omega}\{e^{\infty}e^{-j\omega\infty}-1\} \\ &= \infty \end{aligned}$$

따라서, 푸리에 변환은 존재하지 않는다.

라플라스 변환에서는 복소 주파수(complex frequency) $s=\sigma+j\omega$ 를 도입한다. 여기서, σ는 실수 값을 나타낸다. 그러면, 복소 주파수 s에 대해서 복소 지수 신호 $x(t)=e^{st}$가 임펄스 응답 $h(t)$을 갖는 LTI 시스템에 입력될 때 그 출력에 대해서 살펴본다.

그림 4.1의 연속시간 LTI 시스템 출력은 컨벌루션 적분 연산을 통하여 다음과 같이 구할 수 있다.

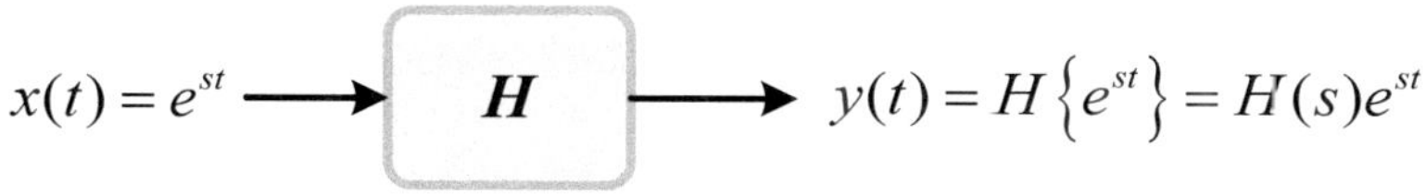

그림 4.1 복소 주파수를 갖는 복소 지수 신호에 대한 LTI 시스템의 출력

$$\begin{aligned} y(t) &= \int_{-\infty}^{\infty} h(\tau)x(t-\tau)d\tau \\ &= \int_{-\infty}^{\infty} h(\tau)e^{s(t-\tau)}d\tau \\ &= e^{st}\int_{-\infty}^{\infty} h(\tau)e^{-s\tau}d\tau \\ &= H(s)e^{st} \end{aligned} \tag{4.1}$$

여기서, $H(s)$는 다음과 같이 정의된다.

$$H(s) = \int_{-\infty}^{\infty} h(\tau)\epsilon^{-s\tau}d\tau \tag{4.2}$$

그림 4.1에서 출력은 입력과 동일한 복소 주파수를 갖는 복소 지수 신호 e^{st}와 복소수 $H(s)$의 곱으로 나타난다. 여기서, $H(s)$는 복소 주파수 s에 대한 복소 함수로서 주어진 복소 주파수 성분이 입력되어 해당 복소 주파수 성분에 대하여 $H(s)$에 따른 크기와 위상이 변화되어 출력된다. 따라서, 복소 지수 신호 e^{st}는 시스템의 고유함수에 해당하고, 복소수 $H(s)$는 시스템의 고유값에 해당한다고 할 수 있다.

복소 주파수 s는 $s=\sigma+j\omega$로 표현되므로 수식 (4.2)를 다음과 같이 다시 쓸 수 있다.

$$H(\sigma+j\omega)=\int_{-\infty}^{\infty}h(t)e^{-(\sigma+j\omega)t}dt \tag{4.3}$$

$$=\int_{-\infty}^{\infty}\{h(t)e^{-\sigma t}\}e^{-j\omega t}dt$$

수식 (4.3)을 푸리에 변환 수식 (3.16)과 비교해보면, $H(\sigma+j\omega)$는 $h(t)e^{-\sigma t}$의 푸리에 변환임을 알 수 있다. 따라서, $h(t)e^{-\sigma t}$는 $H(\sigma+j\omega)$를 푸리에 역변환함으로써 얻어지며 다음과 같이 쓸 수 있다.

$$h(t)e^{-\sigma t}=\frac{1}{2\pi}\int_{-\infty}^{\infty}H(\sigma+j\omega)e^{j\omega t}d\omega \tag{4.4}$$

수식 (4.4)의 양변에 $e^{\sigma t}$를 곱함으로써 다음과 같이 $h(t)$를 얻을 수 있다.

$$h(t)=\frac{1}{2\pi}\int_{-\infty}^{\infty}H(\sigma+j\omega)e^{(\sigma+j\omega)t}d\omega \tag{4.5}$$

또한, $ds=jd\omega$ 이므로 수식 (4.5)는 다음과 같이 다시 쓸 수 있다.

$$h(t)=\frac{1}{2\pi j}\int_{\sigma-j\infty}^{\sigma+j\infty}H(s)e^{st}ds \tag{4.6}$$

수식 (4.2)의 과정을 라플라스 변환이라 하고, 수식 (4.6)의 과정을 라플라스 역변환이라 한다. 수식 (4.2)와 수식 (4.6)이 임펄스 응답에 대한 라플라스 변환과 라플라스 역변환이라 한다면 임의의 연속시간 신호 $x(t)$에 대한 라플라스 변환 및 라플라스 역변환의 관계는 다음과 같다.

$$\text{라플라스 변환: } X(s)=\int_{-\infty}^{\infty}x(t)e^{-st}dt \tag{4.7}$$

$$\text{라플라스 역변환: } x(t)=\frac{1}{2\pi j}\int_{\sigma-j\infty}^{\sigma+j\infty}X(s)e^{st}ds \tag{4.8}$$

4.1.2 라플라스 변환의 수렴성

라플라스 변환이 존재하기 위해서는 수식 (4.7)의 적분이 수렴해야 한다. 따라서, 다음과 같은 조건을 만족해야 한다.

$$|X(s)| = \left| \int_{-\infty}^{\infty} x(t)e^{-st}dt \right| < \infty \tag{4.9}$$

수식 (4.9)의 좌변은 다음과 같이 다시 나타낼 수 있다.

$$\begin{aligned} \left| \int_{-\infty}^{\infty} x(t)e^{-st}dt \right| &\leq \int_{-\infty}^{\infty} \left| x(t)e^{-(\sigma + j\omega)t} \right| dt \qquad (4.10) \\ &= \int_{-\infty}^{\infty} \left| x(t)e^{-\sigma t} \right| \left| e^{-j\omega t} \right| dt \\ &= \int_{-\infty}^{\infty} \left| x(t)e^{-\sigma t} \right| dt \end{aligned}$$

따라서, 라플라스 변환이 수렴하기 위한 조건은

$$\int_{-\infty}^{\infty} \left| x(t)e^{-\sigma t} \right| dt < \infty \tag{4.11}$$

와 같으며, 수식 (4.11)에 따라 라플라스 변환이 수렴하기 위한 σ의 범위를 수렴 영역(region of convergence: ROC)이라고 한다.

예제 4-2 라플라스 변환 및 수렴 영역

연속시간 신호가 $x(t) = e^{t}u(t)$와 같이 주어질 때 라플라스 변환 및 수렴 영역을 구하시오.

풀이

수식 (4.7)을 이용하여 라플라스 변환을 계산하면 다음과 같다.

$$\begin{aligned} X(s) &= \int_{-\infty}^{\infty} x(t)e^{-st}dt \\ &= \int_{0}^{\infty} e^{t}e^{-st}dt \\ &= \int_{0}^{\infty} e^{(1-s)t}dt \\ &= \frac{1}{1-s}e^{(1-s)t}\Big|_{0}^{\infty} \\ &= \frac{1}{1-s}\{e^{(1-\sigma)\infty}e^{-j\omega\infty}-1\} \\ &= \frac{1}{s-1},\ \mathrm{Re}\{s\}>1 \end{aligned}$$

적분이 수렴하기 위해서는 $\mathrm{Re}\{s\}>1$이어야 한다. 따라서, 수렴 영역은 $\mathrm{Re}\{s\}>1$이다.

4.1.3 s-평면과 극점 및 영점

복소 주파수 $s=\sigma+j\omega$는 그림 4.2와 같이 2차원 평면 상에 나타낼 수 있다. 이러한 평면을 s-평면(s-plane)이라 하며, Re{s}는 s의 실수 값을 나타내고 $\mathrm{Im}\{s\}$는 s의 허수 값을 나타낸다.

복소 주파수 s는 $\sigma=0$ 일 때 $s=j\omega$이므로 수식 (4.12)와 같이 $\sigma=0$으로 설정함으로써 라플라스 변환으로부터 푸리에 변환을 얻을 수 있다. 물론, 푸리에 변환의 적분이 수렴할 경우에만 푸리에 변환이 존재한다.

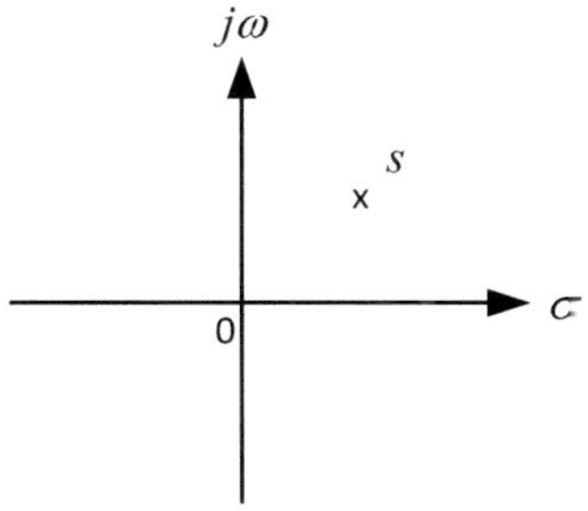

그림 4.2 s-평면

$$X(j\omega) = X(s)|_{s=j\omega} \tag{4.12}$$

라플라스 변환의 일반적인 형태는 분모와 분자가 각각 s의 다항식으로 이루어진 다음과 같은 형태의 유리함수가 된다.

$$X(s) = \frac{\sum_{m=0}^{M} b_m s^m}{\sum_{n=0}^{N} a_n s^n} \tag{4.13}$$

$$= \frac{b_M s^M + b_{M-1} s^{M-1} + \cdots + b_0}{a_N s^N + a_{N-1} s^{N-1} + \cdots + a_0}$$

여기서, a_n과 b_m은 임의의 상수이다. 수식 (4.13)에서 분자의 다항식을 0으로 만드는 M개의 근을 영점(zeros)이라 하고, 분모의 다항식을 0으로 만드는 N개의 근을 극점(poles)이라 한다. 일반적으로 영점은 s-평면 상에서 기호 "o"로 표시하고 극점은 기호 "x"로 표시한다.

예제 4-3 s-평면, 극점 및 영점

연속시간 신호 $x(t) = e^{-t}u(t)$의 극점과 영점의 위치를 s-평면에 표시하시오.

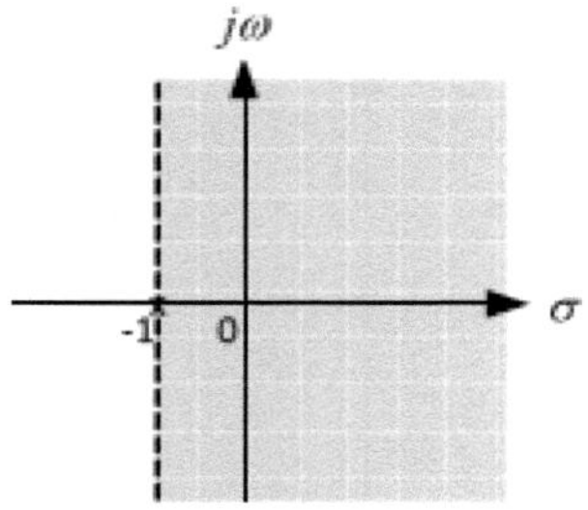

그림 4.3 예제 4-3의 라플라스 변환의 s-평면

풀이

신호 $x(t)=e^{-t}u(t)$의 라플라스 변환은 다음과 같이 얻어진다.

$$
\begin{aligned}
X(s) &= \int_{-\infty}^{\infty} x(t)e^{-st}dt \\
&= \int_{0}^{\infty} e^{-t}e^{-st}dt \\
&= \int_{0}^{\infty} e^{-(1+s)t}dt \\
&= -\frac{1}{1+s}e^{-(1+s)t}\Big|_{0}^{\infty} \\
&= \frac{1}{s+1},\ \mathrm{Re}\{s\}>-1
\end{aligned}
$$

극점은 $s=-1$이고 그림 4.3에 극점과 수렴 영역을 도시하였다. 수렴 영역은 $s=-1$을 기준으로 우평면이 된다.

예제 4-4 양방향 라플라스 변환

다음과 같은 연속시간 신호에 대한 라플라스 변환을 구하고 예제 4-2의 결과와 비교하시오.

$$x(t)=-e^{t}u(-t)$$

풀이

수식 (4.7)을 이용하여 라플라스 변환을 계산하면 다음과 같다.

$$X(s)=\int_{-\infty}^{\infty}x(t)e^{-st}dt$$

$$=-\int_{-\infty}^{0}e^{t}e^{-st}dt$$

이를 다시 계산하면 다음과 같다.

$$X(s)=-\int_{0}^{\infty}e^{-(1-s)t}dt$$

$$=-\frac{1}{s-1}e^{-(1-s)t}\Big|_{0}^{\infty}$$

$$=-\frac{1}{s-1}\{e^{(-1+\sigma)\infty}e^{j\omega\infty}-1\}$$

$$=\frac{1}{s-1},\ \mathrm{Re}\{s\}<1$$

적분이 수렴하기 위해서는 $\mathrm{Re}\{s\}<1$이어야 한다. 따라서, 수렴 영역은 $\mathrm{Re}\{s\}<1$이고, 그림 4.4에 극점과 수렴 영역을 도시하였다.

예제 4-2의 결과와 비교했을 때, 두 개의 신호 모드 라플라스 변환된 식은 동일한 $1/(s-1)$을 갖는다. 그러나, 수렴구간이 서로 다름을 알 수 있다. 따라서, ROC가 정의되지 않으면 라플라스 변환된 식과 시간 영역 신호는 일대일 대응이 되지 않는다.

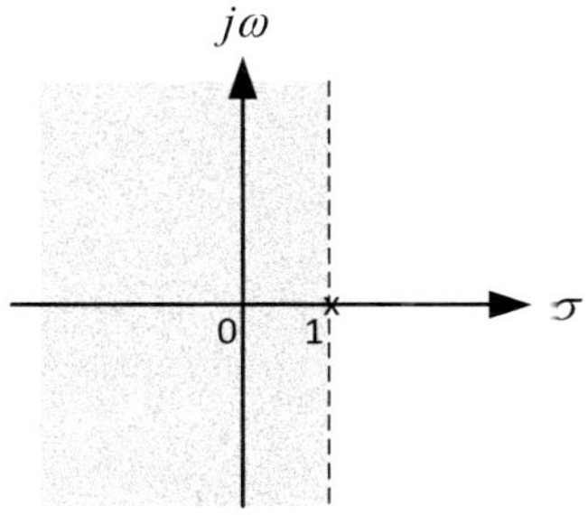

그림 4.4 예제 4-4의 라플라스 변환의 s-평면

예제 4-5 양방향 라플라스 변환과 ROC

다음과 같은 연속시간 신호에 대한 라플라스 변환을 구하고 극점과 영점, 수렴 영역을 찾으시오.

$$x(t) = 2e^{-2t}u(t) - e^{t}u(-t)$$

풀이

수식 (4.7)을 이용하여 라플라스 변환을 계산하면 다음과 같다.

$$\begin{aligned}
X(s) &= \int_{-\infty}^{\infty} x(t)e^{-st}dt \\
&= \int_{-\infty}^{\infty} \{2e^{-2t}u(t) - e^{t}u(-t)\}e^{-st}dt \\
&= \int_{0}^{\infty} 2e^{-2t}e^{-st}dt - \int_{-\infty}^{0} e^{t}e^{-st}dt \\
&= 2\int_{0}^{\infty} e^{-(2+s)t}dt - \int_{0}^{\infty} e^{-(1-s)t}dt \\
&= \frac{-2}{s+2}e^{-(2+s)t}\Big|_{0}^{\infty} + \frac{1}{1-s}e^{-(1-s)t}\Big|_{0}^{\infty} \\
&= \frac{-2}{s+2}\{e^{(-2-\sigma)\infty}e^{-j\omega\infty} - 1\} + \frac{1}{1-s}\{e^{(-1+\sigma)\infty}e^{j\omega\infty} - 1\} \\
&= \frac{2}{s+2} + \frac{1}{s-1} \\
&= \frac{3s}{(s+2)(s-1)}, \ -2 < \mathrm{Re}\{s\} < 1
\end{aligned}$$

적분이 수렴하기 위해서는 $-2 < \mathrm{Re}\{s\} < 1$이어야 한다.

따라서, 수렴 영역은 $-2 < \mathrm{Re}\{s\} < 1$이다. 그림 4.5에 ROC, 극점과 영점을 도시하였다.

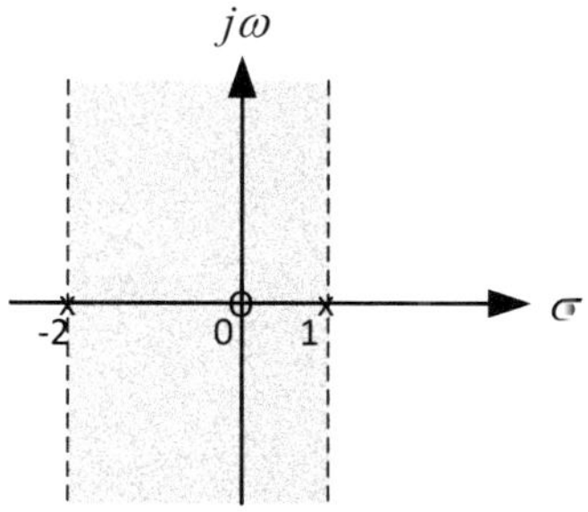

그림 4.5 예제 4-5의 라플라스 변환의 s-평면

예제 4-5에서 $\sigma=0$는 ROC에 포함된다. 즉, ROC가 $j\omega$ 축을 포함하고 있다. 이는 라플라스 변환이 푸리에 변환과 같아지는 경우이며 라플라스 변환이 수렴하므로 푸리에 변환도 존재한다. 따라서, 라플라스 변환의 ROC가 $j\omega$ 축을 포함하면 푸리에 변환이 존재함을 알 수 있다.

4.2 단방향 라플라스 변환

실제 상황에서 신호는 일정 시간부터 시스템에 입력되어 출력이 발생한다. 따라서, 우리가 실제로 다루는 신호는 특정 시간 이후에 존재하는 값이 된다. 이러한 신호를 시간 이동함으로써 $t<0$에서 신호의 값을 0으로 가정할 수 있다. 이러한 가정 하에서 신호를 인과적 시스템에 입력한다면 그 출력도 $t<0$에서 0의 값을 가지게 된다. 그러므로, 우리는 $t\geq 0$일 때의 시스템 동작에만 관심을 둘 수 있다. 따라서, 양방향 라플라스 변환은 다음과 같은 단방향 라플라스 변환(unilateral Laplace transform)으로 쓸 수 있다.

$$X(s)=\int_{0}^{\infty}x(t)e^{-st}dt \tag{4.14}$$

시간이 $t<0$ 인 동안 신호의 값이 0인 신호에 대해서는 양방향 라플라스 변환과 단방향 라플라스 변환은 동일한 결과를 나타낸다.

예제 4-6 단방향 라플라스 변환

연속시간 신호가 $x(t)=u(t)$와 같이 주어질 때 단방향 라플라스 변환을 구하시오.

풀이

수식 (4.14)를 이용하여 단방향 라플라스 변환을 계산하면 다음과 같다.

$$\begin{aligned} X(s) &= \int_0^\infty e^{-st}dt \\ &= \frac{-1}{s}e^{-st}\Big|_0^\infty \\ &= \frac{-1}{s}\{e^{-\sigma\infty}e^{-j\omega\infty}-1\} \\ &= \frac{1}{s},\ \mathrm{Re}\{s\}>0 \end{aligned}$$

적분이 수렴하기 위해서는 $\mathrm{Re}\{s\}>0$이어야 한다.
따라서, 수렴 영역은 $\mathrm{Re}\{s\}>0$이고, 그림 4.6은 ROC를 나타낸다.

예제 4-7 단방향 라플라스 변환

연속시간 신호가 $x(t)=u(t+3)$과 같이 주어질 때 단방향 라플라스 변환을 구하시오.

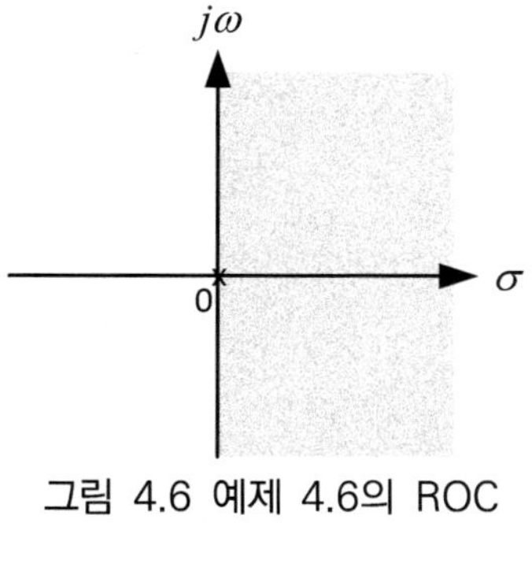

그림 4.6 예제 4.6의 ROC

풀이

수식 (4.14)를 이용하여 단방향 라플라스 변환을 계산하면 다음과 같다.

$$X(s) = \int_0^\infty x(t)e^{-st}dt$$

$$= \int_0^\infty u(t+3)e^{-st}dt$$

$$= \int_0^\infty e^{-st}dt$$

$$= \frac{-1}{s}e^{-st}\Big|_0^\infty$$

$$= \frac{-1}{s}\{e^{-\sigma\infty}e^{-j\omega\infty} - 1\}$$

$$= \frac{1}{s},\ \mathrm{Re}\{s\} > 0$$

적분이 수렴하기 위해서는 $\mathrm{Re}\{s\} > 0$이어야 한다. 따라서, 수렴 영역은 $\mathrm{Re}\{s\} > 0$이다.

예제 4-8 단방향 라플라스 변환

연속시간 신호가 $x(t) = \delta(t)$와 같이 주어질 때 단방향 라플라스 변환을 구하시오.

풀이

수식 (4.14)를 이용하여 단방향 라플라스 변환을 계산하면 다음과 같다.

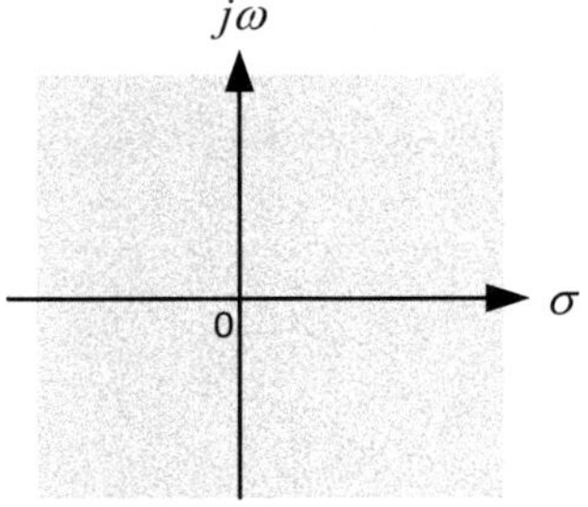

그림 4.7 예제 4.8의 ROC

$$
\begin{aligned}
X(s) &= \int_0^{\infty} x(t)e^{-st}dt \\
&= \int_0^{\infty} \delta(t)e^{-st}dt \\
&= 1
\end{aligned}
$$

모든 s 값에 대해서 적분이 수렴하므로 ROC는 s-평면 전체가 된다.

4.3 단방향 라플라스 변환의 성질

라플라스 변환은 푸리에 변환과 매우 유사한 성질을 갖는다. 실제로 다루게 될 많은 연속시간 신호들의 경우 시간이 $t<0$ 인 동안 0의 값을 가지므로 이번 절에서는 단방향 라플라스 변환의 성질에 대해서 살펴본다.

두 개의 신호 $x_1(t)$와 $x_2(t)$에 대한 라플라스 변환 쌍을 각각 $x_1(t) \leftrightarrow X_1(s)$와 $x_2(t) \leftrightarrow X_2(s)$라고 가정하자. 또한, $X_1(s)$와 $X_2(s)$의 수렴 영역을 각각 ROC_{X_1}과 ROC_{X_2}라고 하자.

4.3.1 선형성

임의의 상수 a와 b에 대해서 다음 조건을 만족한다.

$$ax_1(t)+bx_2(t) \leftrightarrow aX_1(s)+bX_2(s) \tag{4.15}$$

ROC: $\mathrm{ROC}_{X_1} \cap \mathrm{ROC}_{X_2}$ 포함

신호 $ax_1(t)+bx_2(t)$의 수렴 영역은 각각의 신호 $x_1(t)$와 $x_2(t)$의 수렴 영역이 겹치는 영역이며 경우에 따라 겹치는 영역보다 더 클 수도 있다. 다음 예제들을 통하여 각각의 경우를 살펴보도록 한다.

예제 4-9 라플라스 변환의 선형성

연속시간 신호가 $x(t)=u(t)+e^{-2t}u(t)$와 같이 주어질 때 단방향 라플라스 변환을 구하시오.

풀이

다음 각각의 신호에 대한 단방향 라플라스 변환을 계산하면 다음과 같다.

$$x_1(t)=u(t) \;\leftrightarrow\; X_1(s)=\frac{1}{s},\; \mathrm{Re}\{s\}>0$$

$$\begin{aligned} x_2(t)=e^{-2t}u(t) \leftrightarrow X_2(s) &= \int_0^{\infty} e^{-2t}e^{-st}dt \\ &= \frac{-1}{s+2}e^{-(2-s)t}\Big|_0^{\infty} \\ &= \frac{-1}{s+2}\{e^{(-2-\sigma)\infty}e^{-j\omega\infty}-1\} \\ &= \frac{1}{s+2},\; -2<\mathrm{Re}\{s\} \end{aligned}$$

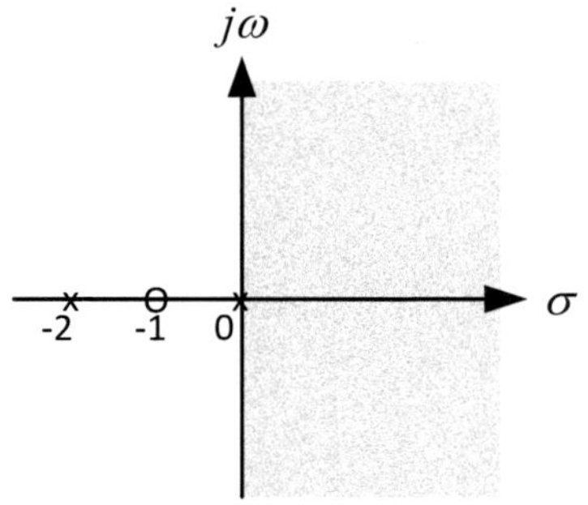

그림 4.8 예제 4.9의 ROC, 극점, 영점

선형성에 의해서 $x(t)$의 수렴 영역은 $\text{Re}\{s\}>0$와 $-2<\text{Re}\{s\}$가 겹치는 영역이므로 $\text{Re}\{s\}>0$가 수렴 영역이 될 것이다.
또한, 선형성을 이용하여 $X(s)$는 다음과 같이 나타낼 수 있다.

$$x(t)=u(t)+e^{-2t}u(t) \leftrightarrow X(s)=\frac{1}{s}+\frac{1}{s+2}$$

$$=\frac{2(s+1)}{s(s+2)},\ \text{Re}\{s\}>0$$

그림 4.8에 $x(t)$의 ROC, 극점, 영점을 표시하였다. 수렴 영역은 $x_1(t)$와 $x_2(t)$의 수렴 영역이 겹치는 영역임을 확인할 수 있다.

예제 4-10 극점과 영점의 상쇄

두 개의 연속시간 신호가 $x_1(t)=u(t)+e^{-2t}u(t)$ 및 $x_2(t)=u(t)$와 같이 주어질 때, 두 신호의 선형 결합 $x(t)=x_1(t)-x_2(t)$에 대한 단방향 라플라스 변환을 구하시오.

풀이

두 개의 신호 $x_1(t)$와 $x_2(t)$에 대한 단방향 라플라스 변환을 각각 구하면 다음과 같다.

$$x_1(t)=u(t)+e^{-2t}u(t) \leftrightarrow X_1(s)=\frac{2(s+1)}{s(s+2)},\ \mathrm{Re}\{s\}>0$$

$$x_2(t)=u(t) \leftrightarrow X_2(s)=\frac{1}{s},\ \mathrm{Re}\{s\}>0$$

그러면, 두 신호의 선형 결합 $x(t)=x_1(t)-x_2(t)$에 더한 단방향 라플라스 변환을 구하면 다음과 같다.

$$\begin{aligned} x(t)=x_1(t)-x_2(t) \leftrightarrow X(s)&= X_1(s)-X_2(s) \\ &= \frac{2(s+1)}{s(s+2)}-\frac{1}{s} \\ &= \frac{2(s+1)-(s+2)}{s(s+2)} \\ &= \frac{s}{s(s+2)} \\ &= \frac{1}{s+2},\ \mathrm{Re}\{s\}>-2 \end{aligned}$$

위 계산에서 알 수 있듯이 $X_1(s)$과 $X_2(s)$는 모두 $s=0$에서 하나의 극점을 가지고 있으나 $X_1(s)-X_2(s)$는 $s=0$에서 하나의 영점과 하나의 극점을 가짐을 알 수 있다. 영점과 극점의 위치가 동일하므로 최종적으로 이들이 상쇄되었다. 따라서, $x(t)$의 라플라스 변환은 각 신호에 대한 ROC의 교집합보다 더 큰 ROC를 갖게 된다.

그림 4.9에 $X_1(s)$, $X_2(s)$, $X_1(s)-X_2(s)$에 대한 ROC, 극점, 영점을 표시하였다.

일반적으로 하나 이상의 시스템이 직렬 혹은 병렬 연결된 경우 각각의 시스템이 갖는 극점 및 영점이 전체 시스템에서 서로 상쇄될 수 있으므로 주의해야 한다.

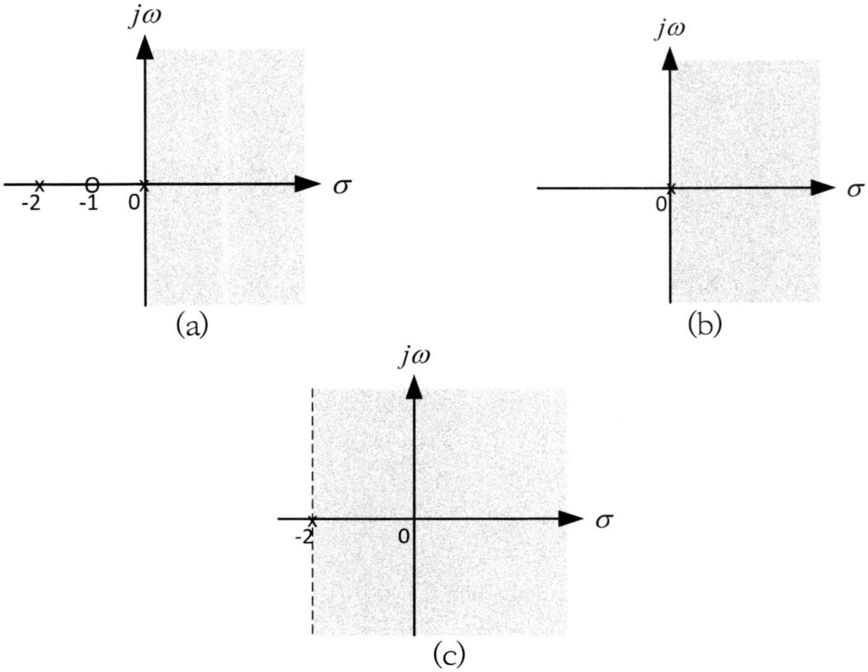

그림 4.9 예제 4.10의 ROC. (a) $X_1(s)$, (b) $X_2(s)$, (c) $X_1(s)-X_2(s)$

4.3.2 시간 이동

시간 이동은 입력과 출력 사이의 경로 지연, 지연 소자 등에 의하여 발생할 수 있으며 실제 시스템 동작 환경에서 흔히 발생할 수 있는 현상이다. 예를 들어, 통신시스템에서 송신 신호가 다중 경로를 통하여 수신기에 도달할 때 경로 지연에 의하여 수신기에 도달한 신호는 시간 이동을 겪게 된다. 시간 영역에서 $\tau(\tau>0)$ 만큼의 시간 이동은 라플라스 변환에서 복소 지수 신호 $e^{-\tau s}$의 곱으로 나타난다.

$$x_1(t-\tau)u(t-\tau) \leftrightarrow e^{-\tau s}X_1(s) \tag{4.16}$$

ROC: $\mathrm{ROC}_{\mathrm{X}_1}$

❖ 증명

먼저, $x_1(t-\tau)u(t-\tau)$ 의 라플라스 변환은 다음과 같이 계산할 수 있다.

$$\int_0^{\infty} x_1(t-\tau)u(t-\tau)e^{-st}dt = \int_{\tau}^{\infty} x_1(t-\tau)e^{-st}dt \tag{4.17}$$

$$= e^{-\tau s}\int_{\tau}^{\infty} x_1(t-\tau)e^{-s(t-\tau)}dt$$

위 식에서 $t-\tau=v$로 치환하면 다음과 같이 계산된다.

$$e^{-\tau s}\int_{\tau}^{\infty} x_1(t-\tau)e^{-s(t-\tau)}dt = e^{-\tau s}\int_0^{\infty} x_1(v)e^{-sv}dv \tag{4.18}$$

$$= e^{-\tau s}X_1(s)$$

예제 4-11 시간 이동 성질

연속시간 신호가 $x(t)=u(t-1)$와 같이 주어질 때 단방향 라플라스 변환을 구하시오.

풀이

예제 4-6의 $u(t)$에 대한 라플라스 변환 결과와 시간 0 동 성질에 의하여 다음과 같이 계산된다.

$$X(s) = \frac{e^{-s}}{s}, \ \ \mathrm{Re}\{s\} > 0$$

ROC는 $x(t)=u(t)$의 ROC와 동일하다.

4.3.3 s 영역 이동

이번에는 s 영역에서 이동을 고려해보자. $X_1(s)$를 s 영역에서 s_0 만큼 이동시킨 $X_1(s-s_0)$에 대한 시간 영역 신호는 $x_1(t)$와 복소 지수 신호 $e^{s_0 t}$의 곱으로 나타난다.

$$e^{s_0 t}x_1(t) \leftrightarrow X_1(s-s_0) \tag{4.19}$$

ROC: $\mathrm{ROC}_{\mathrm{X}_1}$를 s_0 만큼 이동

❖ 증명

시간 영역 신호 $x_1(t)$와 복소 지수 신호 $e^{s_0 t}$의 곱인 $e^{s_0 t}x_1(t)$의 라플라스 변환은 다음과 같이 계산할 수 있다.

$$\begin{aligned} \int_0^{\infty} e^{s_0 t}x_1(t)e^{-st}dt &= \int_0^{\infty} x_1(t)e^{-(s-s_0)t}dt \\ &= X_1(s-s_0) \end{aligned} \tag{4.20}$$

시간 영역에서 이동과 s 영역에서 이동을 한번 비교해보자. 앞서 푸리에 변환에서 살펴본 바와 같이 시간 영역과 주파수 영역에서 이동과 유사함을 알 수 있다. 어느 한 영역에서 이동은 다른 영역으로 변환될 경우 복소 지수 신호의 곱으로 나타난다.

예제 4-12 s 영역 이동 성질

연속시간 신호가 $x(t)=e^{-t}u(t)$와 같이 주어질 때 단방향 라플라스 변환을 구하시오.

풀이

예제 4-6의 $u(t)$에 대한 라플라스 변환은 다음과 같다.

$$u(t) \leftrightarrow \frac{1}{s},\ \mathrm{Re}\{s\} > 0$$

수식 (4.14)를 이용하여 단방향 라플라스 변환을 계산하면 다음과 같다.

$$\begin{aligned} X(s) &= \int_0^\infty x(t)e^{-st}dt \\ &= \int_0^\infty e^{-t}e^{-st}dt \\ &= \int_0^\infty e^{-(s+1)t}dt \\ &= \frac{-1}{s+1}e^{-(s+1)t}\Big|_0^\infty \\ &= \frac{-1}{s+1}\{e^{-(\sigma+1)\infty}e^{-j\omega\infty} - 1\} \\ &= \frac{1}{s+1},\ \mathrm{Re}\{s\} > -1 \end{aligned}$$

이를 $u(t)$에 대한 라플라스 변환과 비교해 보면 σ 축으로 1만큼 s 영역 이동되었고 ROC는 $\mathrm{Re}\{s\} > 0$에 비해 -1 만큼 이동했음을 알 수 있다.

4.3.4 스케일링

시간 영역에서 스케일링은 s 영역에서 역스케일링을 가져온다. 양의 실수 a에 대해서 스케일링 성질은 다음과 같다.

$$x_1(at) \leftrightarrow \frac{1}{a} X_1(s/a) \tag{4.21}$$

ROC: $\mathrm{ROC}_{\mathrm{X}_1}$를 a 배 스케일링

4.3.5 컨벌루션

시간 영역에서 두 신호의 컨벌루션은 s 영역에서 라플라스 변환된 결과의 곱으로 나타난다.

$$x_1(t)*x_2(t) \leftrightarrow X_1(s)X_2(s) \tag{4.22}$$

ROC: $\mathrm{ROC}_{X_1} \cap \mathrm{ROC}_{X_2}$ 를 포함

❖ 증명

$x_1(t)*x_2(t)$의 라플라스 변환은 다음과 같이 계산할 수 있다.

$$\int_0^\infty \{x_1(t)*x_2(t)\} e^{-st} dt = \int_0^\infty \left\{ \int_{-\infty}^\infty x_1(\tau) x_2(t-\tau) d\tau \right\} e^{-st} dt \tag{4.23}$$

여기서, $x_1(t)$는 $t<0$에서 0이고, 시간 이동 성질을 이용하여 수식 (4.23)은 다음과 같이 계산할 수 있다.

$$\begin{aligned} \int_0^\infty \left\{ \int_{-\infty}^\infty x_1(\tau) x_2(t-\tau) d\tau \right\} e^{-st} dt &= \int_0^\infty x_1(\tau) \left\{ \int_0^\infty x_2(t-\tau) e^{-st} dt \right\} d\tau \\ &= \int_0^\infty x_1(\tau) \{ e^{-s\tau} X_2(s) \} d\tau \\ &= X_1(s) X_2(s) \end{aligned} \tag{4.24}$$

예제 4-13 라플라스 변환의 컨벌루션 성질

연속시간 신호가 $x(t)=e^{-t}u(t)$와 같이 주어지고, 임펄스 응답이 $h(t)=e^{-2t}u(t)$와 같이 주어질 때 출력에 대한 라플라스 변환을 구하시오.

풀이

입력 신호와 임펄스 응답에 대한 라플라스 변환을 구하면 다음과 같다.

$$X(s)=\frac{1}{s+1},\ \mathrm{Re}\{s\}>-1$$

$$H(s)=\frac{1}{s+2},\ \mathrm{Re}\{s\}>-2$$

수식 (4.22)의 컨벌루션 성질을 이용하면, 출력 신호 $y(t)=x(t)*h(t)$의 라플라스 변환은 다음과 같이 계산된다.

$$Y(s)=X(s)H(s)=\frac{1}{(s+1)(s+2)},\ \mathrm{Re}\{s\}>-1$$

4.3.6 미분

신호 $x_1(t)$를 미분한 신호에 대한 라플라스 변환은 다음과 같은 성질을 만족한다.

$$\frac{dx_1(t)}{dt}\leftrightarrow sX_1(s)-x_1(0^-) \tag{4.25}$$

ROC: $\mathrm{ROC}_{\mathrm{X}_1}$를 포함

예제 4-14 라플라스 변환의 미분 성질

연속시간 신호가 $x(t)=e^{-t}u(t)$와 같이 주어질 때, $dx(t)/dt$의 라플라스 변환을 구하여라.

풀이

먼저, 신호 $x(t)$를 직접 미분을 해보자.

$$\frac{dx(t)}{dt} = -e^{-t}u(t) + \delta(t)$$

위 식을 라플라스 변환하면 다음과 같은 결과를 얻는다.

$$-e^{-t}u(t) + \delta(t) \leftrightarrow \frac{-1}{s+1} + 1 = \frac{s}{s+1}, \ \mathrm{Re}\{s\} > -1$$

이제 수식 (4.25)의 미분 성질을 이용하여 $dx(t)/dt$의 라플라스 변환을 구해보면 다음과 같다.

$$sX(s) - x(0^-) = s\frac{1}{s+1} - 0 = \frac{s}{s+1}$$

따라서, 수식 (4.25)의 미분 성질을 만족함을 알 수 있다.

4.3.7 적분

신호 $x_1(t)$를 적분한 신호에 대한 라플라스 변환은 다음과 같은 성질을 만족한다.

$$\int_{-\infty}^{t} x_1(\tau)d\tau \leftrightarrow \frac{1}{s}X_1(s) - \frac{1}{s}\int_{-\infty}^{0^-} x_1(\tau)d\tau \tag{4.26}$$

ROC: ROC_{X_1}와 $\mathrm{Re}\{s\} > 0$의 교집합을 포함

예제 4-15 라플라스 변환의 적분 성질

연속시간 신호가 $x(t) = \delta(t)$와 같이 주어질 때, 다음 신호의 라플라스 변환을 구하여라.

$$\int_{-\infty}^{t} x(\tau)d\tau$$

풀이

먼저, 신호 $x(t)$를 직접 적분해보면 $u(t)$를 얻게 되고 라플라스 변환은 $1/s$와 같다. 이제, 수식 (4.26)의 적분 성질을 이용하여 주어진 적분의 라플라스 변환을 구해보자. 신호 $x(t)=\delta(t)$의 라플라스 변환은 $X(s)=1$로 표현된다.

$$\int_{-\infty}^{t} x(\tau)d\tau \leftrightarrow \frac{1}{s}X(s)-\frac{1}{s}\int_{-\infty}^{0^-} x(\tau)d\tau$$

$$=\frac{1}{s}-\frac{1}{s}0=\frac{1}{s}$$

따라서, 수식 (4.26)의 적분 성질을 만족함을 알 수 있다.

4.3.8 초기값 정리 및 최종값 정리

신호 $x_1(t)$의 초기값 $x_1(0^+)$과 최종값 $x_1(\infty)$를 라플라스 변환 $X_1(s)$으로부터 구하는 방법을 살펴보자. 먼저, 신호의 초기값은 다음 수식과 같이 계산할 수 있으며 이를 초기값 정리라고 한다.

$$\lim_{s\to\infty} sX_1(s)=x_1(0^+) \tag{4.27}$$

신호의 최종값은 다음 수식과 같이 계산할 수 있으며 이를 최종값 정리라고 한다.

$$\lim_{s \to 0} sX_1(s) = x_1(\infty) \qquad (4.28)$$

예제 4-16 라플라스 변환의 초기값 정리 및 최종값 정리

예제 4-9의 연속시간 신호 $x(t) = u(t) + e^{-2t}u(t)$의 초기값과 최종값을 라플라스 변환을 이용하여 구하시오.

풀이

신호 $x(t)$의 라플라스 변환은 다음과 같이 얻어진다.

$$X(s) = \frac{2(s+1)}{s(s+2)}$$

먼저, 신호 $x(t)$의 초기값은 다음과 같이 구해진다.

$$\begin{aligned} x(0^+) &= \lim_{s \to \infty} sX(s) \\ &= \lim_{s \to \infty} \frac{2(s+1)}{(s+2)} \\ &= 2 \end{aligned}$$

신호 $x(t)$의 최종값은 다음과 같이 구해진다.

$$\begin{aligned} x(\infty) &= \lim_{s \to 0} sX(s) \\ &= \lim_{s \to 0} \frac{2(s+1)}{(s+2)} \\ &= 1 \end{aligned}$$

신호 $x(t)$로부터 초기값과 최종값을 직접 구하면 다음과 같다.

$$x(0^+) = u(0^+) + e^{-2 \cdot 0^+} u(0^+) = 1 + 1 = 2$$

$$x(\infty) = u(\infty) + e^{-2 \cdot \infty} u(\infty) = 1$$

수식 (4.27)과 수식 (4.28)의 초기값 정리와 최종값 정리를 만족함을 알 수 있다.

4.4 단방향 라플라스 역변환

라플라스 역변환은 수학적으로 수식 (4.8)과 같이 계산된다. 하지만, 직접적인 라플라스 역변환은 경로 적분이 필요하므로 상당한 수학적 지식을 필요로 한다. 여기서는, 어려운 수학적 지식을 필요로 하지 않는 범위 내에서 라플라스 역변환을 구하는 방법을 다루도록 한다. 앞서 살펴 본 라플라스 변환 정의에 따라 시간 영역과 s 영역 사이의 몇 가지 기본적인 변환 쌍을 알고 있고, 라플라스 변환의 성질을 알고 있으면 이를 활용하여 라플라스 역변환을 구할 수 있다.

많은 경우에 있어서 라플라스 변환된 결과는 분수 형태로 주어진다. 이러한 경우, 부분 분수 전개를 통하여 이미 잘 알려진 변환 쌍에 해당하는 항들의 합으로 표현하고 각각의 항에 대하여 변환 쌍 및 라플라스 변환 성질을 적용하여 시간 영역 신호를 구할 수 있다. 다음 예제를 통하여 부분 분수 전개를 이용한 라플라스 역변환 방법을 살펴보자.

유리함수의 형태를 나타내는 라플라스 변환 결과가 다음과 같이 주어졌다고 가정하자.

$$X(s) = \frac{b_M s^M + b_{M-1} s^{M-1} + \cdots + b_1 s + b_0}{s^N + a_{N-1} s^{N-1} + \cdots + a_1 s + a_0} \tag{4.29}$$

여기서, $N > M$을 가정한다.

이제, 수식 (4.29)의 분모를 인수 분해하여 다음과 같이 나타낼 수 있다.

$$X(s) = \frac{b_M s^M + b_{M-1} s^{M-1} + \cdots + b_1 s + b_0}{\prod_{k=1}^{N} (s - p_k)} \tag{4.30}$$

더욱이, 수식 (4.30)을 부분 분수 전개를 통하여 다음과 같이 N개의 분수들의 합으로 나타낼 수 있다.

$$X(s) = \sum_{k=1}^{N} \frac{B_k}{s - p_k} \tag{4.31}$$

그러면, 수식 (4.31)을 구성하고 있는 각각의 분수는 다음과 같은 라플라스 변환 쌍이 된다.

$$B_k e^{p_k t} u(t) \leftrightarrow \frac{B_k}{s - p_k} \tag{4.32}$$

예제 4-17 부분 분수 전개를 이용한 라플라스 역변환

다음의 라플라스 역변환을 구하시오.

$$X(s) = \frac{2s+3}{(s+1)(s+2)}$$

풀이

위 $X(s)$에 대해 부분 분수 전개를 적용하면,

$$X(s) = \frac{1}{(s+1)} + \frac{1}{(s+2)}$$

와 같이 나타낼 수 있다. 수식 (4.32)로부터 $X(s)$의 각 분수 항에 대한 라플라스 변환 쌍을 찾으면 다음과 같다.

$$e^{-t}u(t) \leftrightarrow \frac{1}{s+1}$$

$$e^{-2t}u(t) \leftrightarrow \frac{1}{s+2}$$

위 두 개의 항들을 모두 결합하면 다음과 같은 결과를 얻는다.

$$x(t) = e^{-t}u(t) + e^{-2t}u(t)$$

예제 4-18 분자와 분모의 차수가 동일한 경우 라플라스 역변환

다음의 라플라스 역변환을 구하시오.

$$X(s) = \frac{s^2+5s+5}{s^2+3s+2}$$

풀이

위 $X(s)$는 다음과 같이 나타낼 수 있다.

$$X(s) = 1 + \frac{2s+3}{s^2+3s+2}$$

$$= 1 + \frac{2s+3}{(s+1)(s+2)}$$

이제, 부분 분수 전개를 적용하면,

$$X(s) = 1 + \frac{1}{(s+1)} + \frac{1}{(s+2)}$$

와 같이 나타낼 수 있다. 첫 번째 항 1에 대한 라플라스 변환 쌍은 $\delta(t)$이다. 나머지 두 개의 항들에 대한 라플라스 변환 쌍은 예제 4-16에서 $e^{-t}u(t)+e^{-2t}u(t)$와 같이 얻어진다.
따라서, 위 항들을 모두 결합하면 다음과 같은 결과를 얻는다.

$$x(t)=\delta(t)+e^{-t}u(t)+e^{-2t}u(t)$$

4.5 라플라스 변환을 이용한 LTI 시스템 분석

시간 영역에서 시스템의 수학적인 모델링을 통하여 미분방정식을 얻게 된다. 이러한 미분방정식의 해를 구함에 있어서 라플라스 변환을 이용할 수 있다. 또한, 라플라스 변환을 이용한 LTI 시스템의 입출력 동작에 대한 표현 방법을 살펴본다.

4.5.1 전달함수

앞에서, 임펄스 응답 $h(t)$를 갖는 LTI 시스템에 입력된 $x(t)$에 대한 출력 $y(t)$는 컨벌루션 적분에 의하여

$$y(t)=h(t)*x(t) \tag{4.33}$$

와 같이 표현됨을 알고 있다. 또한, 라플라스 변환의 컨벌루션 성질에 의해서 수식 (4.33)는 다음과 같은 관계를 얻는다.

$$Y(s)=H(s)X(s) \tag{4.34}$$

즉, 출력 신호의 라플라스 변환은 임펄스 응답의 라플라스 변환과 입력 신호의 라플라스 변환의 곱이다. 그러면, 임펄스 응답의 라플라스 변환은

$$H(s)=\frac{Y(s)}{X(s)} \tag{4.35}$$

와 같이 계산되고, 이를 전달함수(transfer function)로 정의한다.

전달함수는 임펄스 응답의 라플라스 변환이고, LTI 시스템의 입력과 출력 사이의 관계를 표현하는 또 하나의 방법을 제공한다. 상기하자면, 시간 영역에서는 입출력 사이의 관계가 임펄스 응답과 입력 신호에 대한 컨벌루션 적분으로 표현되었다. 라플라스 변환을 이용하여 시간 영역 신호를 s 영역의 신호로 변환하고 시스템의 전달함수를 이용함으로써 시스템의 출력을 구할 수 있다. 이는 미분방정식으로 모델링되는 시스템을 분석함에 있어서 매우 유용한 수학적 도구를 제공한다.

4.5.2 미분방정식으로 표현되는 LTI 시스템의 전달함수

라플라스 변환을 이용하여 미분방정식으로 표현되는 LTI 시스템의 입력과 출력 사이의 관계를 나타내는 전달함수를 구해보자. 먼저, 다음과 같은 간단한 미분방정식을 예로 들어 생각해보자.

$$\frac{dy^2(t)}{dt^2}+a_1\frac{dy(t)}{dt}+a_0y(t)=b_1\frac{dx(t)}{dt}+b_0x(t) \tag{4.36}$$

모든 초기 조건을 0이라고 가정하고, 수식 (4.36)의 양변에 라플라스 변환을 적용하면 다음과 같이 나타낼 수 있다.

$$s^2Y(s)+a_1sY(s)+a_0Y(s)=b_1sX(s)+b_0X(s) \tag{4.37}$$

수식 (4.35)와 (4.37)로부터 다음과 같은 전달함수를 얻게 된다.

$$H(s) = \frac{b_1 s + b_0}{s^2 + a_1 s + a_0} \tag{4.38}$$

4.5.3 초기 조건을 갖는 미분방정식의 해

LTI 시스템의 해석에서 초기 조건을 갖는 미분방정식은 단방향 라플라스 변환을 이용하여 풀 수 있다. 다음 예제를 통하여 초기 조건을 갖는 미분방정식의 해법에 대해서 살펴보자.

예제 4-19 초기 조건을 갖는 미분방정식의 해

그림 2.17의 전기회로에서 입력 전압은 $x(t) = e^{-t}u(t)$이고 $RC = 0.1$ 및 초기값 $y(0) = 1$로 주어질 때, 커패시터 양단에 걸리는 전압 $y(t)$를 라플라스 변환을 이용하여 구하시오.

풀이

미분방정식은 다음과 같이 주어진다.

$$\frac{dy(t)}{dt} + 10y(t) = 10x(t)$$

위 미분방정식의 양변에 단방향 라플라스 변환을 적용하면 다음과 같이 나타낼 수 있다.

$$(sY(s) - y(0)) + 10Y(s) = 10X(s)$$

$Y(s)$에 대해서 풀면,

$$Y(s) = \frac{10X(s) + y(0)}{s + 10}$$

와 같다. $X(s)=\frac{1}{s+1}$와 초기 조건 $y(0)=1$을 대입하면, 다음과 같이 나타낼 수 있다.

$$Y(s)=\frac{s+11}{(s+1)(s+10)}$$

이를 부분 분수로 전개하면,

$$Y(s)=\frac{10}{9}\frac{1}{s+1}-\frac{1}{9}\frac{1}{s+10}$$

이 되고, 단방향 라플라스 역변환을 구하면 $y(t)$는 다음과 같이 얻어진다.

$$y(t)=\frac{10}{9}e^{-t}u(t)-\frac{1}{9}e^{-10t}u(t)$$

4.6 양방향 라플라스 변환의 성질

양방향 라플라스 변환과 단방향 라플라스 변환의 차이점은 ROC에 있다. 단방향 라플라스 변환은 $t \geq 0$에 대해서 정의되므로 인과 시스팀을 다룰 때 적합하다. 그러나, 비인과적 시스템을 다루게 된다면 $t < 0$에 대한 신호를 다룰 수 있어야 하므로 양방향 라플라스 변환이 적합할 것이다. 양방향 라플라스 변환과 단방향 라플라스 변환의 성질은 대부분 일치하지만 시간 이동으로 인하여 음의 시간에서도 신호 값이 존재하는 비인과 신호에 대해서는 단방향 라플라스 변환과 양방향 라플라스 변환의 성질이 다르게 나타난다. 이번 절에서는 단방향 라플라스 변환의 성질과 차이점을 보이는 양방향 라플라스 변환의 성질에 대해서만 살펴본다.

4.6.1 시간 이동

시간 영역에서 τ 만큼의 시간 이동은 라플라스 변환에서 복소 지수 신호 $e^{-\tau s}$의 곱으로 나타난다. 단방향 라플라스 변환에 비해 시간 이동 값 τ에 대한 조건이 없다는 점에서 차이가 있다.

$$x_1(t-\tau) \leftrightarrow e^{-\tau s} X_1(s) \tag{4.39}$$

ROC: ROC_{X_1}

예제 4-20 양방향 라플라스 변환의 시간 이동 성질

연속시간 신호가 $x(t)=u(t+1)$와 같이 주어질 때 양방향 라플라스 변환을 구하시오.

풀이

$u(t)$에 대한 라플라스 변환 결과와 수식 (4.39)의 시간 이동 성질을 이용하여 라플라스 변환을 구하도록 한다. $u(t)$에 대한 라플라스 변환은 단방향 라플라스 변환과 동일하므로 예제 4-6로부터 $1/s$, $\mathrm{Re}\{s\}>0$와 같이 얻어진다.
시간 이동 값이 $\tau=-1$ 이므로 수식 (4.39)으로부터 $x(t)$의 양방향 라플라스 변환은 다음과 같이 주어진다.

$$X(s)=\frac{e^s}{s},\ \mathrm{Re}\{s\}>0$$

주어진 신호 $x(t)$의 ROC는 $u(t)$의 ROC와 동일하다.

4.6.2 미분

신호 $x_1(t)$를 미분한 신호에 대한 양방향 라플라스 변환은 다음과 같은 성질을 만족한다.

$$\frac{dx_1(t)}{dt} \leftrightarrow sX_1(s) \tag{4.40}$$

ROC: $\mathrm{ROC}_{\mathrm{X}_1}$를 포함

예제 4-21 양방향 라플라스 변환의 미분 성질

예제 4-14에서 주어진 연속시간 신호 $x(t)=e^{-t}u(t)$에 대해서 $dx(t)/dt$의 양방향 라플라스 변환을 구하여라.

풀이

$x(t)=e^{-t}u(t)$의 양방향 라플라스 변환은 다음과 같이 주어진다.

$$\frac{1}{s+1},\ \mathrm{Re\{s\}}>-1$$

수식 (4.40)의 시간 미분 성질을 적용하면 다음과 같다.

$$sX(s)=\frac{s}{s+1}$$

4.6.3 적분

신호 $x_1(t)$를 적분한 신호에 대한 양방향 라플라스 변환은 다음과 같은 성질을 만족한다.

$$\int_{-\infty}^{t} x_1(\tau)d\tau \leftrightarrow \frac{1}{s}X_1(s) \tag{4.41}$$

ROC: $\mathrm{ROC}_{\mathrm{X}_1}$와 $\mathrm{Re\{s\}}>0$의 교집합을 포함

예제 4-22 양방향 라플라스 변환의 적분 성질

예제 4-15에서 주어진 연속시간 신호 $x(t)=\delta(t)$에 대해서 다음 신호의 양방향 라플라스 변환을 구하여라.

$$\int_{-\infty}^{t} x(\tau)d\tau$$

풀이

신호 $x(t)=\delta(t)$의 라플라스 변환은 1로 표현된다. 수식 (4.41)의 적분 성질을 적용하면 다음과 같다.

$$\begin{aligned}\int_{-\infty}^{t} x(\tau)d\tau \leftrightarrow\ & \frac{1}{s}X(s)\\ &= \frac{1}{s}\end{aligned}$$

4.7 인과성 및 안정성

시간 영역에서 시스템 임펄스 응답을 통해서 시스템의 인과성 및 안정성을 분석하였다. 이번 절에서는 임펄스 응답을 라플라스 변환하여 얻어지는 전달함수로부터 시스템의 인과성 및 안정성에 대해서 살펴본다.

4.7.1 수렴 영역 성질

양방향 라플라스 변환의 경우 ROC가 주어지지 않으면 유일하게 결정되지 않는다. 따라서, ROC에 따라 신호의 특성이 달라진다. 앞서 여러 예제를 통하여 ROC는 극점의 위치에 따라 달라진다는 사실을 확인했다. 극점과 영점의 위치가 동일하다면 극점과 영점의 상쇄로 인하여 ROC가 변할 수 있다. 극점은 라플라스 변환 $X(s)$의 분모를 0으로 만드는 값이므로 라플라스 변환의 적분이 수렴하지 않는다. 따라서, 극점은 ROC에 포함될 수 없다.

다음과 같은 두 개의 신호 $x_1(t)=e^{at}u(t-\tau)$와 $x_2(t)=-e^{at}u(-t+\tau)$를 고려하자. 여기서, $x_1(t)$은 $t \geq \tau$일 때 정의되는 신호이고, $x_2(t)$는 $t \leq \tau$일 때 정의되는 신호이다. 어떤 신호가 특정 시간 이후에관 존재하는 경우 우측 신호(right-sided signal)라고 하고, 특정 시간 이전에만 존재하는 경우 좌측 신호(left-sided signal)라고 한다. 우측 신호는 $t<\tau$ 일 때 0이고, 좌측 신호는 반대로 $t>\tau$일 때 0이다. 그리고, 우측 및 좌측 신호 성분을 모두 가지는 신호를 양측 신호(two-sided signal)라고 한다.

편의상 $\tau=0$일 때, 우측 신호 $x_1(t)$과 좌측 신호 $x_2(t)$의 라플라스 변환 $X_1(s)$과 $X_2(s)$는 다음과 같이 나타낼 수 있다.

$$X_1(s)=\frac{1}{s-a},\ \mathrm{Re}\{s\}>a \tag{4.42}$$

$$X_2(s)=\frac{1}{s-a},\ \mathrm{Re}\{s\}<a \tag{4.43}$$

두 신호에 대한 양방향 라플라스 변환은 동일하고 ROC만 다르다. 우측 신호는 극점 $s=a$의 오른쪽에 있는 s-평면을 ROC로 가지고, 좌측 신호는 극점 $s=a$의 왼쪽에 있는 s-평면을 ROC로 가진다. 만약, 우측 신호와 좌측 신호를 모두 가지고 있다면 각각의 ROC의 교집합이 전체 신호의 ROC가 될 것이다.

4.7.2 인과성과 안정성

시스템 임펄스 응답 $h(t)$가 $t<0$에서 0이 되어야 인과 시스템이므로 인과 시스템을 만족하는 $h(t)$는 우측 신호이다. 따라서, 인과 시스템에서 전달함수 $H(s)$의 ROC는 가장 오른쪽 극점의 오른쪽 s-평면이 된다.

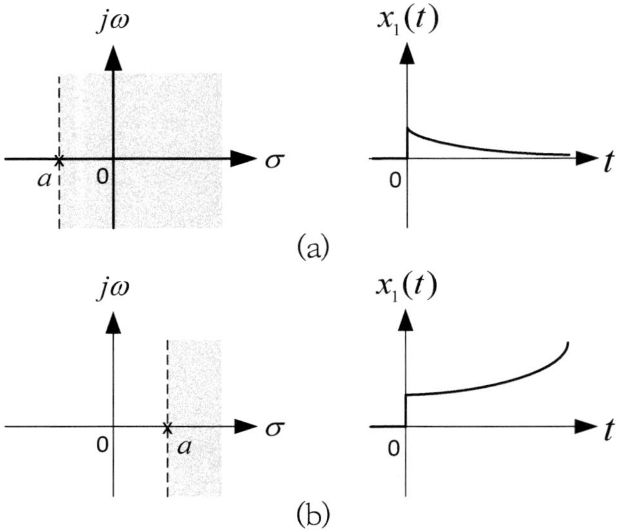

그림 4.10 인과 시스템에서 극점의 위치와 임펄스 응답의 관계. (a) $a < 0$ (인과, 안정), (b) $a > 0$ (인과, 불안정)

신호 $x_1(t)$ 및 수식 (4.42)에서 극점 $s = a$가 음수이면 $x_1(t)$는 감소하는 지수함수가 곱해진 형태를 갖게 된다. 반면, 극점 $s = a$가 양수이면 $x_1(t)$는 증가하는 지수함수가 곱해진 형태를 갖게 되고 $x_1(t)$는 우측 신호이므로 발산하게 된다. 따라서, 인과 시스템에서 극점의 위치가 s-평면의 $j\omega$ 축을 기준으로 왼쪽편에 존재할 때 시스템은 안정하다. 인과 시스템은 극점의 오른쪽 s-평면이 ROC가 되므로 안정한 시스템의 ROC는 $j\omega$ 축을 포함한다. 그림 4.10은 인과 시스템에서 극점의 위치와 임펄스 응답의 관계를 나타낸다.

반면, 신호 $x_2(t)$ 및 수식 (4.43)에서 극점 $s = a$가 음수이면 $x_2(t)$는 감소하는 지수함수가 곱해진 형태를 갖게 되고 $x_2(t)$는 좌측 신호이므로 t가 음의 무한대로 감에 따라 발산하게 된다. 따라서, 비인과 시스템의 극점이 s-평면의 $j\omega$ 축을 기준으로 왼쪽편에 존재하면 불안정하다. 만약, 극점 $s = a$가 양수이면

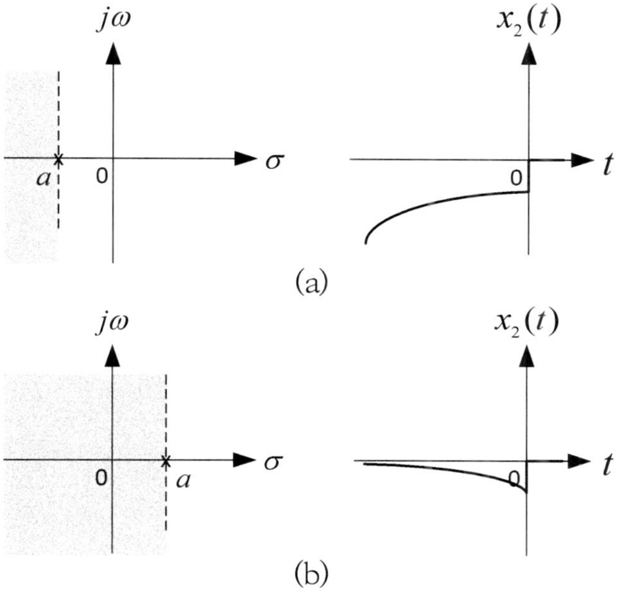

그림 4.11 비인과 시스템에서 극점의 위치와 임펄스 응답의 관계. (a) $a < 0$ (비인과, 불안정), (b) $a > 0$ (비인과, 안정)

$x_2(t)$는 증가하는 지수함수가 곱해진 형태를 갖게 되고 $x_2(t)$는 좌측 신호이므로 t가 음의 무한대로 감에 따라 수렴하게 된다. 따라서, 비인과 시스템의 극점이 s-평면의 $j\omega$ 축을 기준으로 오른편에 존재하면 안정하다. 비인과 시스템에서는 극점의 왼쪽 s-평면이 ROC가 되므로 안정한 시스템의 ROC는 $j\omega$ 축을 포함한다. 그림 4.11은 비인과 시스템에서 극점의 위치와 임펄스 응답의 관계를 나타낸다.

따라서, 인과 시스템과 비인과 시스템 모두 ROC가 $j\omega$ 축을 포함하면 안정한 시스템이 된다. 인과 시스템에서는 극점이 $j\omega$ 축을 기준으로 왼쪽편에 존재하면 안정하고 비인과 시스템에서는 극점이 $j\omega$ 축을 기준으로 오른편에 존재하면 안정하다.

예제 4-23 인과성 및 안정성

다음 시스템의 인과성 및 안정성을 판단하시오.

(a) $x(t) = 2e^{-2t}u(t) - e^{t}u(-t)$

(b) $x(t) = 2e^{-2t}u(t) - e^{-t}u(t)$

풀이

(a) 위 시스템은 $s = -2$와 $s = 1$에서 극점을 가진다. ROC가 $-2 < \mathrm{Re}\{s\} < 1$로서 $j\omega$ 축을 포함하므로 안정한 시스템이다. 그러나, 가장 오른쪽 극점 $s = 1$의 왼쪽편이 ROC에 해당하므로 비인과 시스템이다.

(b) 위 시스템은 $s = -2$와 $s = -1$에서 극점을 가진다. ROC가 $\mathrm{Re}\{s\} > -1$로서 $j\omega$ 축을 포함하므로 안정한 시스템이다. 또한, 가장 오른쪽 극점 $s = -1$의 오른편이 ROC에 해당하므로 인과 시스템이다.

4.8 양방향 라플라스 역변환

ROC에 따라 양방향 라플라스 변환이 달라지므로 양방향 라플라스 역변환도 ROC에 따라 달라진다.

유리함수의 형태를 나타내는 라플라스 변환 결과가 다음과 같이 주어졌다고 가정하자.

$$X(s) = \frac{b_M s^M + b_{M-1} s^{M-1} + \cdots + b_1 s + b_0}{s^N + a_{N-1} s^{N-1} + \cdots + a_1 s + a_0} \tag{4.44}$$

여기서, $N > M$을 가정한다.

단방향 라플라스 변환에서와 유사하게 분모를 인수 분해하여 다음과 같이 나타낼 수 있다.

$$X(s)=\frac{b_M s^M + b^{M-1} s^{M-1} + \cdots + b_1 s + b_0}{\prod_{k=1}^{N}(s-p_k)} \tag{4.45}$$

그러면, 부분 분수 전개를 통하여 다음과 같이 각각 극점에 해당하는 N개의 분수들의 합으로 나타낼 수 있다.

$$X(s)=\sum_{k=1}^{N}\frac{B_k}{s-p_k} \tag{4.46}$$

단방향 라플라스 변환과 달리 양방향 라플라스 변환은 ROC에 따라 다음과 같이 두 가지 형태의 변환 쌍을 가지게 된다.

$$B_k e^{p_k t}u(t) \leftrightarrow \frac{B_k}{s-p_k},\ \mathrm{Re}\{s\} > p_k \tag{4.47}$$

$$-B_k e^{p_k t}u(-t) \leftrightarrow \frac{B_k}{s-p_k},\ \mathrm{Re}\{s\} < p_k \tag{4.48}$$

우측 신호의 ROC는 극점의 오른쪽 s-평면이 되고, 좌측 신호의 ROC는 극점의 왼쪽 s-평면이 된다.

예제 4-24 양방향 라플라스 역변환

다음과 같이 주어진 전달함수에 대하여 양방향 라플라스 역변환을 구하시오.

$$H(s)=\frac{2s+3}{(s+1)(s+2)},\ -2<\mathrm{Re}\{s\}<-1$$

풀이

부분 분수 전개를 이용하면 다음과 같이 나타낼 수 있다.

$$H(s) = \frac{1}{s+1} + \frac{1}{s+2}$$

첫 번째 항의 극점은 $s=-1$이고, ROC는 이 극점의 왼쪽에 존재한다. 따라서, 첫 번째 항은 좌측 신호에 해당함을 알 수 있고 수식 (4.48)에 의해 다음과 같이 라플라스 역변환 된다.

$$-e^{-t}u(-t) \leftrightarrow \frac{1}{s+1}$$

두 번째 항의 극점은 $s=-2$이고, ROC는 이 극점의 오른쪽에 존재한다. 따라서, 두 번째 항은 우측 신호에 해당함을 알 수 있고 수식 (4.47)에 의해 다음과 같이 라플라스 역변환 된다.

$$e^{-2t}u(t) \leftrightarrow \frac{1}{s+2}$$

이들 두 항을 결합하면 다음과 같은 임펄스 응답을 얻을 수 있다.

$$h(t) = e^{-2t}u(t) - e^{-t}u(-t)$$

예제 4-25 양방향 라플라스 역변환

다음과 같이 주어진 전달함수에 대하여 안정한 시스템이 되는 임펄스 응답을 구하시오.

$$H(s) = \frac{3s}{(s+1)(s-2)}$$

풀이

부분 분수 전개를 이용하면 다음과 같이 나타낼 수 있다.

$$H(s) = \frac{1}{s+1} + \frac{2}{s-2}$$

첫 번째 항의 극점은 $s=-1$이고, 두 번째 항의 극점은 $s=2$이다. 두 개의 극점에 대해서 가능한 ROC 조합은 3 가지가 있다.

$$\mathrm{Re}\{s\}<-1,\ -1<\mathrm{Re}\{s\}<2,\ \mathrm{Re}\{s\}>2$$

안정 시스템이 되기 위해서는 ROC가 $j\omega$ 축을 포함하고 있어야 하므로 ROC는 $-1<\mathrm{Re}\{s\}<2$가 되어야 한다. 따라서, 부분 분수의 첫 번째 항은 우측 신호이고 두 번째 항은 좌측 신호이므로 라플라스 역변환하면 다음과 같은 임펄스 응답이 얻어진다.

$$h(t)=e^{-t}u(t)-2e^{2t}u(-t)$$

4장 요약

4.1 푸리에 변환이 연속시간 신호를 크기가 1인 복소 지수 함수들의 선형 결합으로 표현했다면 라플라스 변환은 연속시간 신호를 임의의 크기를 갖는 복소 지수 함수들의 선형 결합으로 표현하는 방법이다.

4.2 라플라스 변환은 푸리에 변환이 수렴하지 않는 신호에도 적용되므로 보다 일반적으로 적용될 수 있다.

4.3 LTI 시스템의 임펄스 응답을 라플라스 변환함으로써 전달함수를 얻을 수 있다.

4.4 전달함수는 LTI 시스템의 입출력 관계를 특정하는 또 다른 수단으로 사용된다.

4.5 라플라스 변환은 미분방정식에 적용되어 해를 쉽게 구할 수 있게 해 준다.

4.6 단방향 라플라스 변환은 인과적 신호에 적용되어 초기 조건을 갖는 미분방정식의 문제 해결에 유용하다.

4.7 ROC는 라플라스 변환이 수렴하는 s-평면의 영역을 나타내며, 양방향 라플라스 변환은 ROC가 특정되어야 유일하게 결정된다.

4.8 ROC가 $j\omega$ 축을 포함하면 푸리에 변환이 존재하고 안정하다.

4.9 ROC는 극점을 포함하지 않아야 한다.

4.10 인과적 시스템의 ROC는 가장 오른쪽 극점의 오른쪽 s-평면이 된다.

4장 연습문제

4.1 다음 신호의 양방향 라플라스 변환을 구하고 ROC를 표시하여라.

(a) $x(t)=e^{-t}u(t+1)$

(b) $x(t)=u(t+2)$

(c) $x(t)=u(2t+1)$

(d) $x(t)=u(-t+1)$

4.2 다음 신호의 단방향 라플라스 변환을 구하여라.

(a) $x(t)=e^{t}u(-t+1)$

(b) $x(t)=u(t+3)$

(c) $x(t)=e^{-t}u(t+1)$

(d) $x(t)=u(t)-u(t-1)$

4.3 다음의 단방향 라플라스 변환에 대한 시간 영역 신호를 구하여라.

(a) $X(s)=\dfrac{1}{s^2+5s+6}$

(b) $X(s)=\dfrac{s+1}{s-1}$

(c) $X(s)=\dfrac{s^2+1}{s^2+3s+2}$

(d) $X(s)=\dfrac{e^{-s}}{s+1}$

4.4 다음 미분방정식의 전달함수 및 임펄스 응답을 구하여라.

(a) $\frac{d}{dt}y(t)+2y(t)=2x(t)$

(b) $\frac{d^2}{dt^2}y(t)+3\frac{d}{dt}y(t)+2y(t)=x(t)$

4.5 LTI 시스템의 임펄스 응답 $h(t)$와 입력 신호 $x(t)$가 다음과 같이 주어질 때, 컨벌루션 적분을 사용하지 않고 시스템 출력 $y(t)$를 구하시오.

(a) $h(t)=e^{-t}u(t),\ x(t)=u(t)-u(t-1)$

(b) $h(t)=u(t),\ x(t)=e^{-2t}u(t-1)$

4장 MATLAB 예제

이번 매트랩 예제에서는 라플라스 변환을 이용한 전달함수 및 임펄스 응답의 표현을 보여준다.

MATLAB 예제 4-1은 앞에서 살펴본 예제 4-2의 라플라스 변환된 결과를 전달함수로 갖는 시스템의 임펄스 응답을 구하는 예제이다. 매트랩에서 전달함수를 생성하는 함수인 tf 와 임펄스 응답을 구하는 함수인 impulse를 이용한다.

(MATLAB 예제 4-1) 전달함수 및 임펄스 응답 구하기

```
% Transfer function
H = tf([1], [1 -1]);

% Impulse response
h = impulse(H);

figure(1); clf;
plot(h, 'k-');
grid on;
```

MATLAB 예제 4-2는 앞에서 살펴본 예제 4-17의 전달함수에 대한 임펄스 응답을 구하는 예제이다.

(MATLAB 예제 4-2) 전달함수 및 임펄스 응답 구하기

```
% Transfer function
H = tf([2 3], [1 3 2]);

% Impulse response
h = impulse(H);

figure(1); clf;
plot(h, 'k-');
grid on;
```

MATLAB 예제 4-3은 s=1,3에서 영점을 갖고 s=-2,-4에서 극점을 갖는 전달함수와 이에 대한 임펄스 응답을 구하는 예제이다. 영점과 극점을 이용하여 전달함수를 구하기 위하여 zp2tf 함수를 추가로 이용한다. 또한, 영점 및 극점의 위치를 s-평면에 나타내기 위하여 pzmap 함수를 이용한다.

(MATLAB 예제 4-3) 영점-극점 나타내기

```
% Convert zero-pole-gain to transfer function form
[num,den] = zp2tf([1 3]',[-2 -4]',1);

% Transfer function
H = tf(num,den);

% Impulse response
h = impulse(H);
```

```
figure(1); clf;
plot(h, 'k-');
grid on;

figure(2);
pzmap(H);                % pole-zero map
```

5 장 샘플링 이론

5장 샘플링 이론

앞서 1장에서 우리는 신호의 분류를 다루었고 우리 주변의 실제 세계에서 관찰 가능한 많은 신호는 아날로그 신호임을 살펴봤다. 다양한 센서에서 측정된 값, 오디오 및 영상 정보 등이 아날로그 형태로 얻어질 수 있다. 디지털 시스템에서 이러한 신호를 다루기 위해서는 먼저 아날로그 신호를 디지털 신호로 변환해야 한다. 이러한 변환은 샘플링과 양자화 과정으로 이루어진다. 샘플링 과정에서 원래의 아날로그 신호를 일정 시간 간격으로 해당 순간에 신호의 값을 획득하며 이 값을 샘플이라고 한다. 아날로그 신호는 신호의 값에 있어서 연속적인 값을 가진다. 반면, 디지털 신호는 유한한 개수의 비트들을 사용하여 그 값을 표현해야 하므로 샘플링 과정에서 얻어진 샘플 값을 유한한 개수의 양자화 레벨(quantization level) 중 가장 가까운 레벨에 할당하는 양자화 과정을 통하여 디지털 값으로 표현한다. 따라서, 양자화 과정에서는 샘플링 과정에서 얻어진 샘플 값을 유한한 개수의 이산적인 값으로 표현한다.

샘플링 과정에서 샘플링 간격(interval)을 매우 좁게 선택함으로써 샘플링된 신호가 아날로그 신호와 유사한 수준이 되도록 만들 수 있다. 극단적으로 샘플링 간격이 0에 근접하게 되면 샘플링된 신호는 아날로그 신호와 거의 동일해질 것이다. 그러나, 샘플링 간격을 매우 좁게 선택하면 샘플링된 샘플의 수는 매우 크게 늘어나게 되고 이는 모든 샘플을 저장하기 위해 매우 많은 메모리를 요구하게 된다. 반면에 샘플링 간격을 증가시키면 샘플링된 샘플의 수는 줄일 수 있으나, 샘플링된 신호와 원래 아날로그 신호의 유사성이 점차 훼손되어 원래 아날로그 신호가 가진 정보는 크게 손실될 수 있다. 따라서, 아날로그 신호가 가진 정보를 크게 훼손하지 않으면서 저장 공간을 최대한 줄일 수 있도록 샘플링 과정에서 적절한 샘플링 간격을 선택하는 것은 매우 중요한 문제라고 할 수 있다.

이번 장에서는 아날로그 신호를 디지털 신호로 변환하는 과정에서 매우 중요한 이론적 기반이 되는 샘플링 이론에 대해서 살펴보고자 한다. 샘플링의 기본 개념, 샘플링 정리, 샘플링 과정에서 발생하는 문제점과 이를 해결하기 위한 방법에 대해서 소개한다.

5.1 샘플링의 기본 개념

앞서 1.2.1 절에서 살펴본 바와 같이, 연속시간 신호 $x(t)$를 일정한 샘플링 주기 T_s 간격으로 샘플링한 신호를 $x(nT_s)$라고 하자. 연속시간 신호의 샘플링을 수학적으로 표현하기 위한 방법을 생각해보자. 먼저, 3.6절에서 살펴본 바와 같이, 연속시간 신호 $x(t)$에 주기적인 임펄스 트레인 $p(t)$를 곱함으로써 시간 영역에서 임펄스 샘플링(impulse sampling)을 다음과 같이 나타낼 수 있다.

$$\begin{aligned} x_\delta(t) &= x(t)p(t) \\ &= \sum_{n=-\infty}^{\infty} x(nT_s)\delta(t-nT_s) \end{aligned} \tag{5.1}$$

위 식에서 $p(t)=\sum_{n=-\infty}^{\infty}\delta(t-nT_s)$와 같다. 수식 (5.1)은 임펄스 트레인이 위치하는 시간 지점에서 연속시간 신호 $x(t)$를 샘플링하는 것을 의미하게 된다. 임펄스 샘플링된 신호에 대한 스펙트럼은 예제 3-15에서 구하였으니 이를 참고하기 바란다.

이번 장의 도입에서 제기했던 문제로서 샘플링 간격 혹은 샘플링 주기가 샘플링된 신호에 어떤 영향을 미치는지 살펴보기로 한다. 그림 5.1은 어떤 서로 다른 두 개의 신호 $x_1(t)$와 $x_2(t)$에 대해 동일한 샘플링 간격 T_s로 샘플링한 결과를 나타낸다.

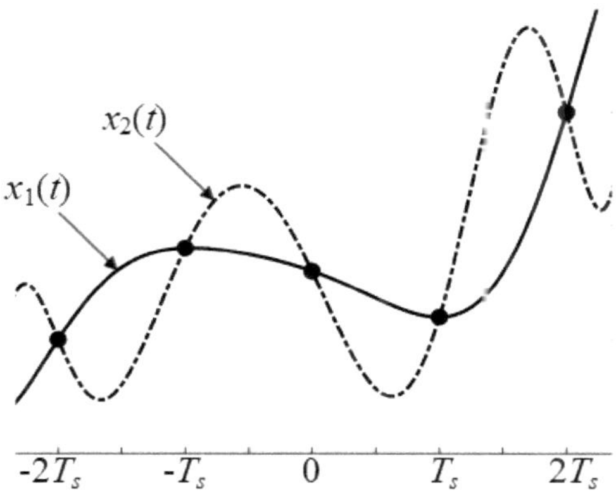

그림 5.1 두 개의 연속시간 신호와 샘플링된 값

그림 5.1에서 보는 바와 같이, 동일한 샘플링 간격 T_s를 사용하여 임펄스 샘플링함으로써, 샘플링 지점에서 두 신호의 샘플링된 값은 동일함을 알 수 있다.

따라서, 서로 다른 신호라 하더라도 샘플링된 후에는 두 신호의 구분이 불가능한 경우가 발생할 수 있다. 신호 $x_2(t)$는 $x_1(t)$에 비해 상대적으로 빠르게 변화함을 알 수 있다. 주어진 샘플링 간격 T_s로 샘플링된 값들은 원래 신호 $x_1(t)$를 비교적 잘 나타낸다고 할 수 있으나, 보다 빠르게 변화하는 신호 $x_2(t)$는 상대적으로 잘 나타내지 못하며 이로 인하여 정보의 손실이 발생할 수 있다.

그러면 과연 적절한 샘플링 간격을 선택하려면 어떻게 해야 하는지 질문해 볼 수 있을 것이다. 그림 5.1의 예시에서 살펴본 바와 같이 시간에 따른 신호의 변화가 얼마나 빠른지에 따라 샘플링 간격을 다르게 선택해야 함을 알 수 있다. 하지만 여전히 적절한 샘플링 간격을 선택하기 위한 기준이 모호하다. 이제 우리는 주파수 영역에서 샘플링 전후에 신호의 스펙트럼을 관찰하고 적절한 샘플링 간격을 선택하기 위한 기준을 살펴보려고 한다.

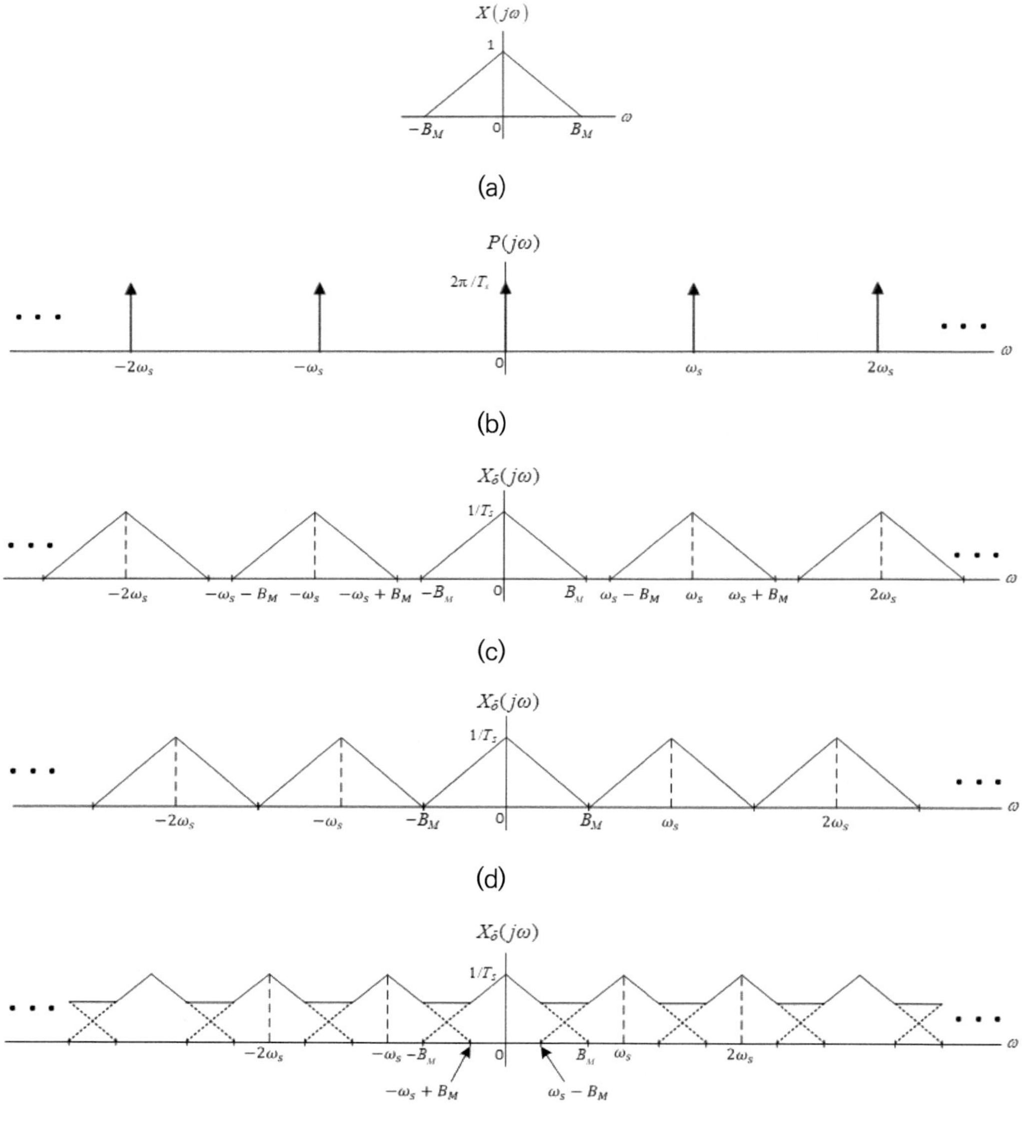

그림 5.2 시간 영역에서 샘플링된 신호의 스펙트럼. (a) 원래 신호의 스펙트럼, (b) 임펄스 트레인의 스펙트럼, (c) $\omega_s > 2B_M$ 일 때 샘플링된 신호의 스펙트럼, (d) $\omega_s = 2B_M$ 일 때 샘플링된 신호의 스펙트럼, (e) $\omega_s < 2B_M$ 일 때 샘플링된 신호의 스펙트럼

그림 5.2는 시간 영역에서 샘플링된 신호의 스펙트럼을 보여준다. 주어진 연속시간 신호 $x(t)$의 스펙트럼 $X(j\omega)$는 그림 5.2(a)와 같다. 연속시간 신호 $x(t)$는 $|\omega| \le B_M$의 범위에서 대역 제한된 신호이다. 그림 5.2(b)는 임펄스 트레인의 스펙트럼을 나타낸다. 임펄스 트레인 $p(t)$의 푸리에 변환 $P(j\omega)$는 예제 3-15에서 계산되었으며 다음과 같이 쓸 수 있다.

$$P(j\omega) = \frac{2\pi}{T_s} \sum_{k=-\infty}^{\infty} \delta(\omega - k\omega_s) \tag{5.2}$$

그림 5.2(c)는 샘플링 주파수 $\omega_s > 2B_M$ 일 대 샘플링된 신호의 스펙트럼 $X_\delta(j\omega)$을 나타낸다.

$$\begin{aligned} X_\delta(j\omega) &= \frac{1}{2\pi} X(j\omega) * P(j\omega) \\ &= \frac{1}{T_s} X(j\omega) * \sum_{k=-\infty}^{\infty} \delta(\omega - k\omega_s) \\ &= \frac{1}{T_s} \sum_{k=-\infty}^{\infty} X(j(\omega - k\omega_s)) \end{aligned} \tag{5.3}$$

샘플링된 신호의 스펙트럼 $X_\delta(j\omega)$는 원래 신호의 스펙트럼 $X(j\omega)$가 샘플링 주파수 ω_s의 모든 정수 배 만큼 이동된 결과로 나타난다. 여기서 $\omega_s > 2B_M$ 이므로 $X(j\omega)$의 모든 이동된 스펙트럼은 서로 겹치지 않는다. 샘플링 주파수를 낮춰서 $\omega_s = 2B_M$이 될 때 샘플링된 신호의 스펙트럼은 그림 5.2(d)와 같이 $X(j\omega)$의 이동된 스펙트럼이 만나기 시작한다. 샘플링 주파수를 더 줄여서 $\omega_s < 2B_M$ 가 되면 그림 5.2(e)에서 나타나듯이 $X(j\omega)$의 모든 이동된 스펙트럼은 서로 겹치게 되어 신호의 왜곡이 발생하게 된다.

5.2 샘플링 정리

그림 5.2에서 살펴본 샘플링된 신호의 스펙트럼을 통하여 샘플링 간격에 따라 샘플링된 신호의 스펙트럼이 겪는 현상을 살펴봤다. 이로부터 우리는 신호의 왜곡 없이 샘플링하기 위한 적절한 샘플링 간격 혹은 주기를 어떻게 선택해야 하는지 알 수 있을 것이다. 이는 다음과 같이 정의되는 샘플링 정리(sampling theorem)를 통해 구체적으로 표현된다.

연속시간 신호 $x(t)$의 스펙트럼을 $X(j\omega)$라고 하자. 신호 $x(t)$가 $|\omega| \leq \omega_M$의 범위에서 대역 제한된 신호로서 $|\omega| > \omega_M$일 때 스펙트럼 $X(j\omega)=0$이라고 하자. 그러면, 샘플링 주파수 $\omega_s = 2\pi/T_s$가 $\omega_s > 2\omega_M$을 만족할 때, $x(t)$는 샘플링된 값 $x(nT_s)$, $n=0,\pm 1,\pm 2,\cdots$ 에 의해서 유일하게 결정된다. 여기서 최소의 샘플링 주파수 $2\omega_M$을 나이퀴스트 샘플링율(Nyquist sampling rate) 혹은 나이퀴스트율(Nyquist rate)이라고 한다. 이는 대역 제한된 신호에 대해 왜곡 없이 샘플링할 수 있는 최소의 샘플링 주파수를 의미한다.

많은 경우에 있어서 샘플링 정리는 헤르쯔(hertz)로 표현되는 주파수를 사용하여 표현되기도 한다. 이 경우 $f_M = \omega_M/(2\pi)$을 신호가 갖는 가장 높은 주파수라 하고 $f_s = 1/T_s$를 샘플링 주파수라 하면, 샘플링 정리는 $f_s > 2f_M$와 같이 표현될 수 있다. 이제 간단한 예제를 통하여 나이퀴스트 샘플링율을 구해보자.

예제 5-1 샘플링 간격의 선택

연속시간 신호 $x(t)=\cos(4000\pi t)$를 샘플링하여 $x(t)$를 이산시간 신호 $x[n]=x(nT_s)$로 표현하려고 한다. 이를 위해 샘플링 간격 T_s에 대한 조건을 쓰시오.

풀이

샘플링 정리를 적용하기 위해서 주어진 신호 $x(t)$의 최대 주파수를 찾으면 $\omega_M = 4000\pi$

이다. 그러면, 샘플링 정리에 의해 샘플링 주파수는 $\omega_s = 2\pi/T_s > 2(4000\pi)$ 이어야 하므로 $T_s < 1/4000$ 이다. 그러면, 나이퀴스트율은 $2\omega_M = 8000\pi$이다.

5.3 앨리어싱

앞서 그림 5.2(e)에서 샘플링 주파수는 $\omega_s < 2B_M$와 같이 나이퀴스트율을 만족하지 못하므로 샘플링된 신호에 왜곡이 발생함을 살펴봤다. 이처럼 신호가 가진 원래 스펙트럼의 이동된 스펙트럼들이 겹치는 것을 앨리어싱(aliasing)이라고 하며, 이러한 앨리어싱에 의해 고주파 성분이 저주파 성분으로 잘못 해석되는 현상이 발생한다. 이처럼 앨리어싱은 샘플링된 신호의 스펙트럼을 왜곡시킨다. 매우 간단한 예제로서 정현파 신호를 가지고 앨리어싱의 영향을 좀 더 살펴보기로 하자.

예제 5-2 **정현파 신호의 샘플링과 앨리어싱**

연속시간 신호 $x(t) = \cos(4000\pi t)$를 두 가지 샘플링 간격 $T_s = 1/6000$과 $T_s = 1/3000$를 사용하여 샘플링하고, 앨리어싱 발생 유무를 판단하시오.

풀이

먼저, 주어진 $x(t)$를 샘플링 간격 $T_s = 1/6000$과 $T_s = 1/3000$로 각각 샘플링한 신호는 그림 5.3과 같이 나타낼 수 있다.
그림 5.4는 원래 신호 $x(t)$ 및 샘플링된 신호의 스펙트럼을 나타낸다. 그림 5.4(a)는 원래 신호 $x(t)$의 스펙트럼을 나타내며 최대 주파수는 $\omega_M = 4000\pi$이므로 대역 제한된 신호임을 알 수 있다. 그림 5.4(b)는 샘플링 간격 $T_s = 1/6000$로 샘플링된 신호를 나타내며, $\omega_s = 2\pi/T_s = 12000\pi$의 정수 배가 되는 위치에서 $x(t)$의 스펙트럼이 반복됨을 알 수 있다.

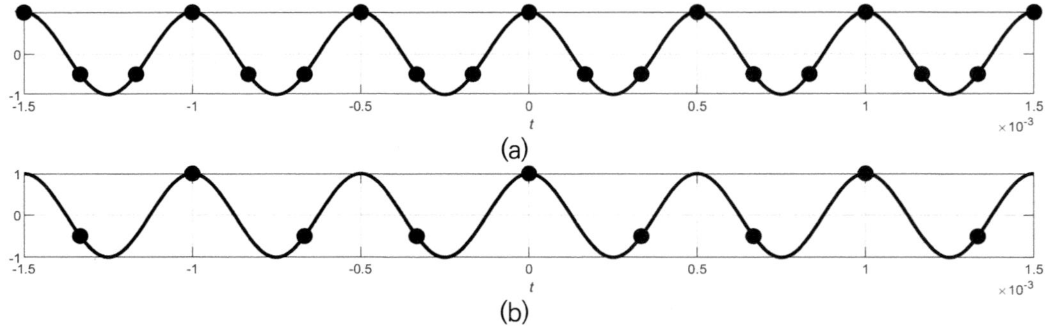

그림 5.3 예제 5-2의 샘플링된 정현파 신호. (a) 샘플링 간격 $T_s = 1/6000$로 샘플링된 신호, (b) 샘플링 간격 $T_s = 1/3000$로 샘플링된 신호

그림 5.4(c)는 샘플링 간격 $T_s = 1/3000$로 샘플링된 신호를 나타내며, $\omega_s = 2\pi / T_s = 6000\pi$의 정수 배가 되는 위치에서 $x(t)$의 스펙트럼이 반복됨을 알 수 있다. 샘플링 간격 $T_s = 1/6000$로 샘플링된 신호는 그림 5.4(b)에서 볼 수 있듯이, $X(j\omega)$가 12000π의

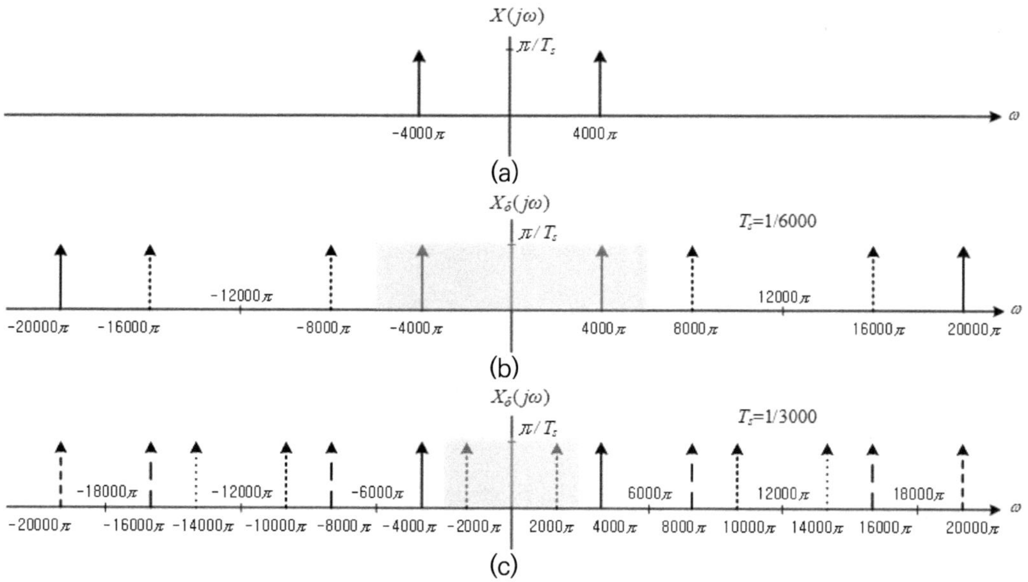

그림 5.4 예제 5-2의 샘플링된 신호에 대한 스펙트럼. (a) 원래 신호 $x(t)$의 스펙트럼, (b) 샘플링 간격 $T_s = 1/6000$로 샘플링된 신호의 스펙트럼, (c) 샘플링 간격 $T_s = 1/3000$로 샘플링된 신호의 스펙트럼

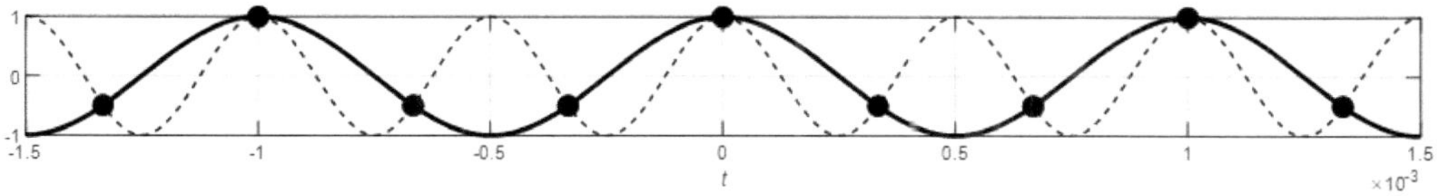

그림 5.5 연속시간 신호 $\cos(2000\pi t)$를 샘플링 간격 $T_s = 1/3000$로 샘플링한 신호

정수 배만큼 떨어진 위치에 스펙트럼이 반복됨에 따라 $x(t)$의 주파수 성분인 4000π보다 더 낮은 주파수는 존재하지 않는다. 반면, 샘플링 간격 $T_s = 1/3000$로 샘플링된 신호는 그림 5.4(c)에서 볼 수 있듯이, $X(j\omega)$가 6000π의 정수 배만큼 떨어진 위치에 스펙트럼이 반복됨에 따라 $x(t)$의 주파수 성분인 4000π보다 더 낮은 주파수인 2000π 위치에서도 스펙트럼이 존재하게 된다. 이로 인해 샘플링 간격 $T_s = 1/3000$로 샘플링된 신호에서는 앨리어싱이 발생함을 알 수 있다. 따라서, $x(t) = \cos(4000\pi t)$가 샘플링 간격 $T_s = 1/3000$로 샘플링된 신호는 그림 5.5에서 볼 수 있듯이, 정현파 신호 $\cos(2000\pi t)$를 $T_s = 1/3000$의 샘플링 간격으로 샘플링하여 얻어진 신호와 동일한 이산시간 신호가 됨을 알 수 있다. 이는 원래 신호 $x(t)$의 나이퀴스트율은 8000π인데 반해 샘플링 주파수는 6000π로서 나이퀴스트율보다 낮기 때문이다.

앨리어싱은 원래 신호가 가진 스펙트럼을 크게 왜곡시킬 수가 있으므로 신호처리 과정에서 앨리어싱 발생 가능성을 고려해야 한다. 앨리어싱 현상을 방지하기 위해서는 샘플링 정리에 따라 샘플링 주파수를 나이퀴스트율 이상이 되도록 선택해야 한다. 그러나 대역 제한된 신호가 아니거나 불필요하게 높은 주파수 성분을 포함한 신호라면 나이퀴스트율을 만족하도록 샘플링 주파수를 선택하는 것이 현실적으로 불가능할 수도 있다. 따라서 앨리어싱을 방지하기 위한 방법으로서 입력 신호가 차지하는 주파수 대역을 일정 수준 이하로 제한함으로써 주어진 샘플링 주파수가 나이퀴스트율을 만족하도록 만드는 방법이 있다. 이를 위해 안티-앨리어싱 필터 (anti-aliasing filter)를 사용하여 샘플링 전 신호의 최대 주파수를 제한할 수 있다. 이처럼 디지털 신호처리 과정에서 발생할 수 있는 앨리어싱 현상을 방지하기 위하여 안티-앨리어싱 필터의 사용과 나이퀴스트율을 만족하는 적절한 샘플링 주파수의 선택은 시스템의 성능과 구현 복잡도 측면에서 매우 중요하다고 할 수 있다.

5.4 신호 복원

이제 샘플링된 신호로부터 원래의 아날로그 신호를 복원하는 과정에 대해서 살펴보자. 그림 5.6(a)는 샘플링된 신호 $x_\delta(t)$의 스펙트럼 $X_\delta(j\omega)$를 나타낸다. 여기서 샘플링 주파수는 나이퀴스트율을 만족하도록 $\omega_s > 2B_M$와 같이 선택된다고 가정한다. 샘플링된 신호로부터 원래의 아날로그 신호 $x(t)$를 복원하기 위하여 필요한 스펙트럼은 $X(j\omega)$이다. 스펙트럼 $X_\delta(j\omega)$는 원래의 아날로그 신호 $x(t)$의 스펙트럼인 $X(j\omega)$가 반복적으로 나타나고 샘플링 주파수는 $\omega_s > 2B_M$

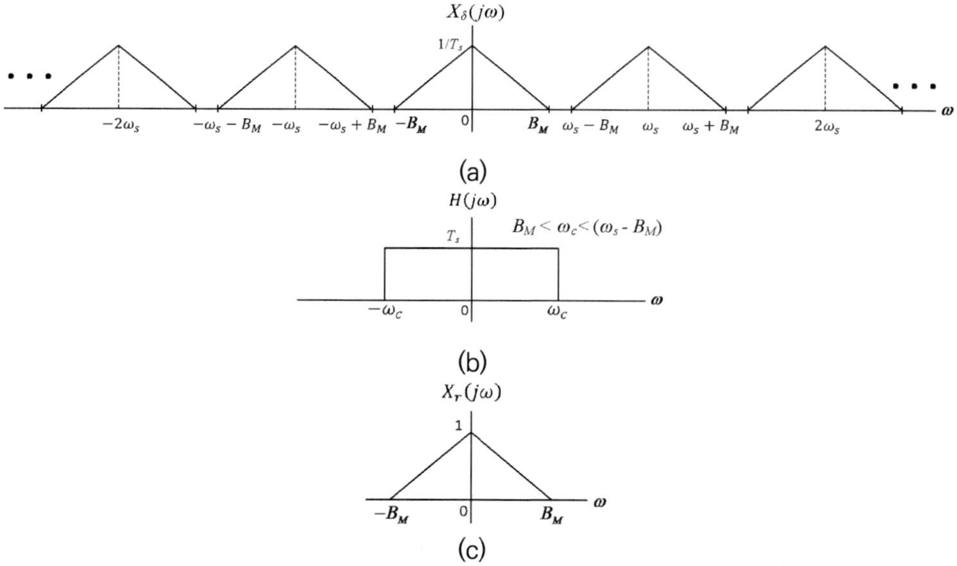

그림 5.6 신호 복원. (a) 샘플링된 신호의 스펙트럼, (b) 이상적인 저역통과 필터의 스펙트럼, (c) 복원된 신호의 스펙트럼

이므로 그림 5.6(b)와 같이 차단 주파수 ω_c가 $B_M < \omega_c < \omega_s - B_M$인 범위에서 설계된 이상적인 저역통과 필터를 사용함으로써 스펙트럼 $X(j\omega)$를 얻어 그림 5.6(c)와 같이 원래 신호 $x(t)$를 복원할 수 있다. 만약, $\omega_s < 2B_M$ 인 경우에는 $X(j\omega)$의 모든 이동된 스펙트럼이 이미 겹쳐서 신호의 왜곡이 발생한 상태이므로 저역통과 필터를 사용하더라도 왜곡 없이 원래 신호를 복원하는 것이 불가능하다.

이상적인 저역통과 필터는 시간 영역에서 sinc 함수의 형태를 가진다. 하지만 실제 시스템에서는 이상적인 sinc 함수를 구현할 수 없으므로 근사적인 저역통과 필터를 사용한다.

5장 요약

5.1 샘플링은 아날로그 신호를 이산시간 신호로 변환하는 과정이다.

5.2 샘플링은 임펄스 트레인을 이용해 수학적으로 모델링할 수 있다.

5.3 샘플링된 신호의 스펙트럼은 주파수 영역에서 원 신호의 스펙트럼이 반복되어 나타난다.

5.4 샘플링 주파수가 충분히 높아야 원 신호의 정보 손실 없이 디지털 신호로 변환할 수 있다.

5.5 샘플링 정리에 따라 나이퀴스트 샘플링율 이상의 샘플링 주파수로 샘플링해야 손실 없는 복원이 가능하다.

5.6 나이퀴스트 샘플링율을 만족하지 못하는 낮은 샘플링 주파수로 샘플링하면 앨리어싱이 발생한다.

5.7 샘플링할 때 앨리어싱 현상을 방지하기 위하여 안티-앨리어싱 필터를 사용할 수 있다.

5.8 샘플링된 신호를 원래의 아날로그 신호로 복원하기 위하여 저역통과 필터를 사용할 수 있다.

5장 연습문제

5.1 아날로그 신호 $x_a(t) = \cos(10\pi t)$를 $T_s = 0.1$초 간격으로 샘플링할 때, 샘플링된 이산시간 신호 $x[n]$을 구하고 MATLAB을 이용하여 그 결과를 시각화하시오.

5.2 샘플링 주파수 $\omega_s = 100\pi$일 때, 1초 동안 얻을 수 있는 샘플의 개수를 구하시오.

5.3 최대 주파수 성분이 20kHz인 아날로그 신호를 샘플링할 때 최소 샘플링 주파수는 얼마로 선택해야 하는지 설명하시오.

5.4 주파수 2kHz의 정현파 신호를 샘플링하려고 한다. 샘플링 주파수가 3kHz일 때, 샘플링된 신호를 관찰하고 그 결과에 대해 설명하시오. (MATLAB을 이용하여 신호를 관찰)

5장 MATLAB 예제

이번 매트랩 예제에서는 샘플링된 신호를 나타내는 방법을 보여준다.

MATLAB 예제 5-1은 연속시간 정현파 신호를 샘플링하여 그래프로 나타내는 예제이다.

(MATLAB 예제 5-1) 연속시간 신호와 샘플링된 신호

```
% 연속시간 신호 생성
fs_cont = 10000;          % 연속시간 신호의 샘플링 주파수
t = -1/2:1/fs_cont:1/2; % 1초 동안
w0 = 2*pi*5;                    % 신호 주파수 5 Hz
x_cont = cos(w0*t);

% 샘플링
fs_sample = 20;          % 샘플링 주파수 20 Hz
n = -1/2:1/fs_sample:1/2;
x_sample = cos(w0*n);

% 시각화
figure;
plot(t, x_cont, 'b'); hold on;
stem(n, x_sample, 'r', 'filled');
title('Continuous-time signal vs Sampled signal');
xlabel('Time [s]'); ylabel('Amplitude');
legend('Continuous-time signal', 'Sampled signal');
grid on;
```

MATLAB 예제 5-2는 동일한 아날로그 신호에 대해 서로 다른 샘플링 주파수로 샘플링된 신호를 그래프로 나타내는 예제이다.

(MATLAB 예제 5-2) 서로 다른 샘플링 주파수의 신호 그리기

```
f0 = 2; % 신호 주파수 2 Hz
w0 = 2*pi*f0;
t = -1:0.001:1; % 연속 시간
x = cos(w0*t);

% 서로 다른 샘플링 주파수
fs1 = 8;
n1 = -1:1/fs1:1;
fs2 = 20;
n2 = -1:1/fs2:1;

x1 = cos(w0*n1);
x2 = cos(w0*n2);

figure;
subplot(2,1,1);
plot(t, x, 'k');
hold on;
stem(n1, x1, 'r', 'filled');
title('Sampling frequency : 8 Hz');
xlabel('Time [s]');
ylabel('Amplitude');

subplot(2,1,2);
plot(t, x, 'k');
```

```
hold on;
stem(n2, x2, 'b', 'filled');
title('Sampling frequency : 20 Hz');
xlabel('Time [s]');
ylabel('Amplitude');
```

6 장 이산시간 신호의 푸리에 해석

6장 이산시간 신호의 푸리에 해석

지금까지 우리는 연속시간 신호 및 시스템의 해석 방법에 대해서 살펴봤다. 이제부터 이산시간 신호 및 시스템의 해석 방법을 살펴보기로 한다. 일반적으로 이산시간 신호는 연속시간 신호를 일정 시간 간격으로 샘플링함으로써 얻을 수 있다. 연속시간 신호 및 시스템의 주파수 영역 분석 방법으로서 푸리에 해석은 매우 유용했으며, 이는 이산시간 신호 및 시스템의 주파수 영역 분석에서도 매우 유용한 도구가 된다. 이번 장에서는 이산시간 신호 및 시스템에서 푸리에 해석 방법에 대해서 다루기로 한다.

6.1 이산시간 신호의 주파수 표현

6.1.1 이산시간 신호의 주파수 표현

주기 N이고 기본 주파수가 $\Omega_0 = 2\pi/N$인 두 개의 이산시간 복소 지수 신호 $e^{jk\Omega_0 n}$과 $e^{jm\Omega_0 n}$는 주어진 구간 $[0, N-1]$에서 다음 조건을 만족한다.

$$\frac{1}{N}\sum_{n=0}^{N-1} e^{jk\Omega_0 n}\left(e^{jm\Omega_0 n}\right)^* = \begin{cases} 1\,, & k = m \\ 0\,, & k \neq m \end{cases} \tag{6.1}$$

수식 (6.1)의 조건을 만족하면 두 개의 복소 지수 신호는 직교한다고 한다. 서로 직교인 복소 지수 신호들의 집합인 $\left\{\phi_k[n] = e^{jk\Omega_0 n}\right\}$에 대해서 임의의 이산시간 신호 $x[n]$를 서로 직교인 복소 지수 신호들의 선형 결합으로 표현해 보자. 다음과 같은 이산시간 주기 신호 $x[n]$을 고려하자.

$$x[n] = A\cos(\Omega_0 n + \theta) \tag{6.2}$$

오일러 공식을 이용하면 수식 (6.2)는 다음과 같이 다시 나타낼 수 있다.

$$x[n] = \frac{A}{2}e^{j(\Omega_0 n+\theta)} + \frac{A}{2}e^{-j(\Omega_0 n+\theta)} \tag{6.3}$$

$$= \left(\frac{A}{2}e^{j\theta}\right)e^{j\Omega_0 n} + \left(\frac{A}{2}e^{j(-\theta)}\right)e^{j(-\Omega_0)n}$$

수식 (6.3)의 우변은 $e^{j\Omega_0 n}$과 $e^{j(-\Omega_0)n}$의 선형 결합으로 나타난다. 따라서, $x[n]$은 Ω_0와 $-\Omega_0$의 두 개의 주파수를 갖는 신호라고 할 수 있다. 한편, 수식 (6.3)은 다음과 같이 나타낼 수도 있다.

$$x[n] = A\cos\left((\Omega_0 + 2\pi m)n + \theta\right) \tag{6.4}$$

$$= \left(\frac{A}{2}e^{j\theta}\right)e^{j(2\pi m+\Omega_0)n} + \left(\frac{A}{2}e^{j(-\theta)}\right)e^{j(2\pi m-\Omega_0)n}$$

여기서, m은 정수이다. 그러면, $x[n]$은 $2\pi m \pm \Omega_0$의 주파수도 갖는다. 따라서, 각각의 주파수에 대한 직교 기저에 곱해지는 계수를 주파수에 대한 함수로 나타내면 다음과 같다.

$$X(e^{j\Omega}) = \begin{cases} \frac{A}{2}e^{j\theta} & , \Omega = 2\pi m + \Omega_0 \\ \frac{A}{2}e^{-j\theta} & , \Omega = 2\pi m - \Omega_0 \\ 0 & , \text{otherwise} \end{cases} \tag{6.5}$$

수식 (6.5)에서 볼 수 있듯이 $X(e^{j\Omega})$는 주파수에 대한 함수로서 시간 영역 신호 $x[n]$를 주파수 영역에서 표현한 신호이다. 주파수 영역의 신호 $X(e^{j\Omega})$는 복소값을 가지므로 그림 6.1과 같이 신호의 크기와 위상으로 도시할 수 있다. 그림에서 볼 수 있듯이 이산시간 신호의 스펙트럼은 2π 주기로 반복됨을 알 수 있다.

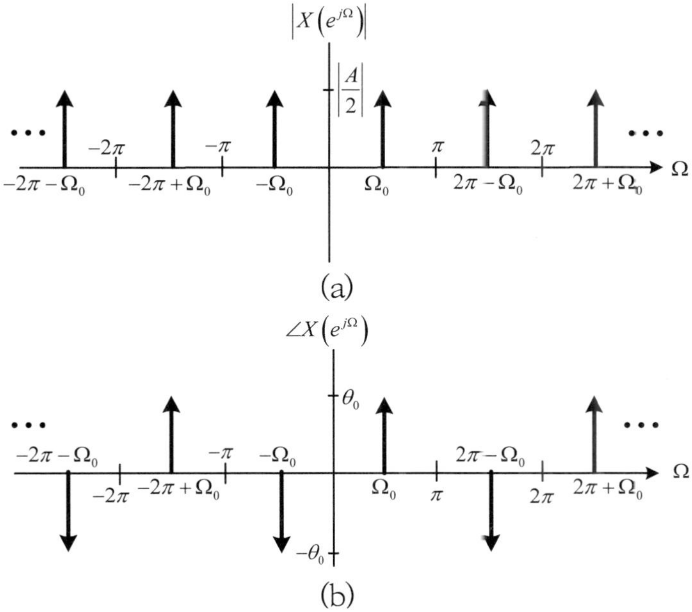

그림 6.1 스펙트럼 (a) 크기 스펙트럼, (b) 위상 스펙트럼

한편, 이산시간 신호의 주기는 양의 정수 N이드로 $N=2$일 때 가장 빠른 신호가 된다. 만약, $N=1$이라면 모든 신호 값이 동일한 값이 되므로 가장 느리게 변화하는 신호가 된다. 따라서, 이산시간 주기 신호의 최대 주파수는 π이다. 여기서, 우리는 연속시간 신호는 전체 주파수 범위에 대해서 정의되지만 이산시간 신호는 $|\Omega| \le \pi$의 범위에서만 주파수가 정의된다는 점에 유의해야 한다.

6.2 이산시간 주기 신호의 주파수 해석

6.2.1 이산시간 주기 신호의 푸리에 표현

서로 직교인 N개의 복소 지수 신호들 $e^{jk\Omega_0 n}$, $k=0,1,2,\cdots,N-1$ 의 선형 결합으로 표현되는 이산시간 신호 $x[n]$을 고려하면 다음과 같이 나타낼 수 있다.

$$x[n] = \sum_{k=0}^{N-1} X[k] e^{jk\Omega_0 n} \tag{6.6}$$

복소 지수 신호는 기본 주파수 Ω_0의 정수 배가 되는 주파수를 갖는 신호이므로 $x[n]$은 기본 주파수 Ω_0의 정수 배가 되는 주파수 성분들로 이루어진다. 따라서, $X[k]$는 주파수 $k\Omega_0$에 해당하는 주파수 영역의 신호 값이다. 수식 (6.6)에서 신호 $x[n]$을 구성하는 복소 지수 함수들은 서로 직교이므로 $X[k]$를 얻기 위하여 수식 (6.1)의 직교 성질을 이용하여 다음과 같이 계산할 수 있다.

$$\begin{aligned} \frac{1}{N}\sum_{n=0}^{N-1} x[n]\left(e^{jk\Omega_0 n}\right)^* &= \frac{1}{N}\sum_{n=0}^{N-1}\left(\sum_{m=0}^{N-1} X[m] e^{jm\Omega_0 n}\right) e^{-jk\Omega_0 n} \\ &= \frac{1}{N}\sum_{m=0}^{N-1} X[m]\left(\sum_{n=0}^{N-1} e^{j(m-k)\Omega_0 n}\right) \end{aligned} \tag{6.7}$$

식 (6.7)의 우변에서 $m \neq k$ 이면 직교 성질에 의하여 합 값이 0이 되므로 $m = k$일 때만 값을 가진다. 그러면, 수식 (6.7)은 다음과 같이 계산된다.

$$\begin{aligned} \frac{1}{N}\sum_{n=0}^{N-1} x[n]\left(e^{jk\Omega_0 n}\right)^* &= \frac{1}{N} X[k]\left(\sum_{n=0}^{N-1} 1\right) \\ &= X[k] \end{aligned} \tag{6.8}$$

따라서, $X[k]$는 $x[n]$으로부터 다음과 같이 계산된다.

$$X[k] = \frac{1}{N}\sum_{n=0}^{N-1} x[n] e^{-jk\Omega_0 n} \tag{6.9}$$

수식 (6.6)의 $x[n]$은 다음과 같이 기본 주기 N인 주기 신호임을 알 수 있다.

$$\begin{aligned} x[n+N] &= \sum_{k=0}^{N-1} X[k] e^{jk\Omega_0(n+N)} \\ &= \sum_{k=0}^{N-1} X[k] e^{jk\Omega_0 n} e^{jk\Omega_0 N} \\ &= \sum_{k=0}^{N-1} X[k] e^{jk\Omega_0 n} e^{j2\pi k} \\ &= x[n] \end{aligned} \tag{6.10}$$

따라서, 기본 주기 N인 임의의 주기 신호 $x[n]$은 기본 주파수의 정수 배에 해당하는 주파수를 갖는 직교 복소 지수 함수들의 선형 결합으로써 나타낼 수 있음을 알 수 있다.

또한, 수식 (6.9)의 $X[k]$도 다음과 같이 주기 N인 주기 신호임을 알 수 있다.

$$\begin{aligned} X[k+N] &= \frac{1}{N} \sum_{n=0}^{N-1} x[n] e^{-j(k+N)\Omega_0 n} \\ &= \frac{1}{N} \sum_{n=0}^{N-1} x[n] \left(e^{-jk\Omega_0 n} e^{-jN\Omega_0 n}\right) \\ &= \frac{1}{N} \sum_{n=0}^{N-1} x[n] \left(e^{-jk\Omega_0 n} e^{-j2\pi n}\right) \\ &= \frac{1}{N} \sum_{n=0}^{N-1} x[n] e^{-jk\Omega_0 n} = X[k] \end{aligned}$$

직교 복소 지수 함수들의 선형 결합으로써 주기 신호 $x[n]$을 합성하는 수식 (6.6)은 이산시간 주기 신호의 푸리에 급수를 나타내며, 주기 신호 $x[n]$으로부터 각각의 주파수 성분이 분해된 $X[k]$는 푸리에 급수 계수를 나타낸다.

$$\text{주파수 합성: } x[n] = \sum_{k=0}^{N-1} X[k]e^{jk\Omega_0 n}$$

$$\text{주파수 해석: } X[k] = \frac{1}{N}\sum_{n=0}^{N-1} x[n]e^{-jk\Omega_0 n}$$

푸리에 급수 계수로서 정의되는 $X[k]$는 주기 신호 $x[n]$의 스펙트럼을 나타낸다. 주기 신호는 기본 주파수의 정수 배에 해당하는 주파수 성분만 가지므로 주기 신호의 스펙트럼은 이산 값을 가지며 선 스펙트럼을 나타낸다.

예제 6-1 이산시간 주기 신호의 푸리에 급수

그림 6.2에 보인 구형파의 푸리에 표현 및 스펙트럼을 구하시오. 여기서, 주기 $N=32$이다.

풀이

주기 $N=32$에 대한 기본 주파수는 $\Omega_0 = \pi/16$이다.

수식 (6.9)로부터 이산시간 푸리에 급수 계수를 계산하면 다음과 같다.

$$\begin{aligned} X[k] &= \frac{1}{N}\sum_{n=0}^{N-1} x[n]e^{-jk\Omega_0 n} \\ &= \frac{1}{32}\sum_{n=-4}^{4} e^{-j\pi kn/16} \end{aligned}$$

$m=n+4$로 치환하여 위 식을 다시 나타내면 다음과 같다.

$$\begin{aligned} X[k] &= \frac{1}{32}\sum_{m=0}^{8} e^{-j\pi k(m-4)/16} \\ &= \frac{1}{32}e^{j\pi k/4}\sum_{m=0}^{8} e^{-j\pi km/16} \end{aligned}$$

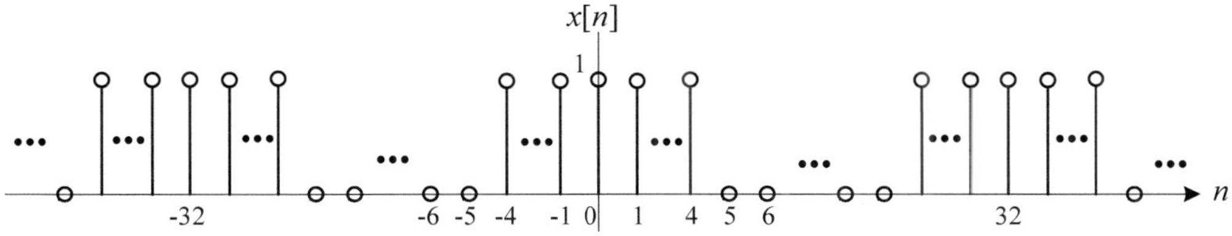

그림 6.2 예제 6-1에 대한 구형파 파형

먼저, k가 N의 정수배, 즉, $k=0,\pm N,\pm 2N,\cdots$인 경우, 푸리에 급수 계수 $X[0]=9/32$이다.

다음으로, $k \neq 0,\pm N,\pm 2N,\cdots$인 경우 푸리에 급수 계수 $X[k]$는 다음과 같이 계산된다.

$$
\begin{aligned}
X[k] &= \frac{1}{32} e^{j\pi k/4} \left(\frac{1-e^{-j\pi k 9/16}}{1-e^{-j\pi k/16}} \right) \\
&= \frac{1}{32} e^{j\pi k/4} \left(\frac{e^{-j\pi k 9/32}}{e^{-j\pi k/32}} \right) \left(\frac{e^{j\pi k 9/32} - e^{-j\pi k 9/32}}{e^{j\pi k/32} - e^{-j\pi k/32}} \right) \\
&= \frac{1}{32} \frac{\sin(\pi k 9/32)}{\sin(\pi k/32)}
\end{aligned}
$$

그림 6.3에 $X[k]$를 나타내었다.

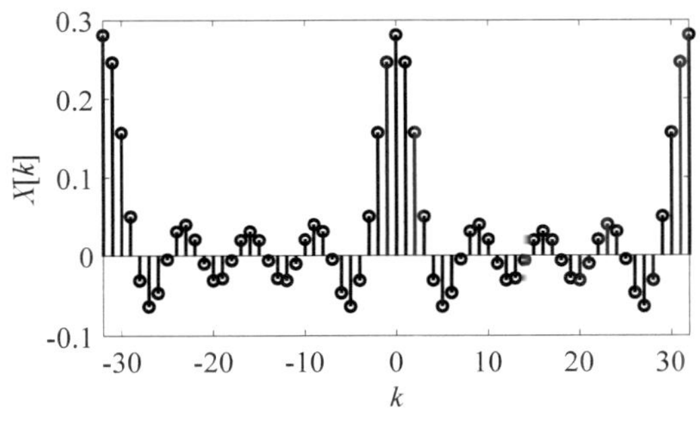

그림 6.3 예제 6-1의 푸리에 급수 계수

6.2.2 이산시간 신호의 주파수 응답

단일 주파수를 갖는 복소 지수 신호 $e^{j\Omega n}$이 선형 시불변 시스템에 입력될 때 그 출력에 대해서 살펴본다. 그림 6.4의 LTI 시스템 출력은 컨벌루션 합 연산을 통하여 다음과 같이 구할 수 있다.

$$
\begin{aligned}
y[n] &= \sum_{k=-\infty}^{\infty} x[k]h[n-k] \\
&= \sum_{k=-\infty}^{\infty} h[k]x[n-k] \\
&= \sum_{k=-\infty}^{\infty} h[k]e^{j\Omega(n-k)} \\
&= e^{j\Omega n}\sum_{k=-\infty}^{\infty} h[k]e^{-j\Omega k} \\
&= H(e^{j\Omega})e^{j\Omega n}
\end{aligned}
\tag{6.11}
$$

여기서, $H(e^{j\Omega})$는 다음과 같이 정의된다.

$$H(e^{j\Omega}) = \sum_{k=-\infty}^{\infty} h[k]e^{-j\Omega k} \tag{6.12}$$

그림 6.4에서 출력은 입력과 동일한 주파수를 갖는 복소 지수 신호 $e^{j\Omega n}$와 복소수 $H(e^{j\Omega})$의 곱으로 나타난다. 여기서, $H(e^{j\Omega})$는 주파수 Ω에 대한 복소 함수로서 주어진 주파수 성분이 입력되어 해당 주파수 성분에 대하여

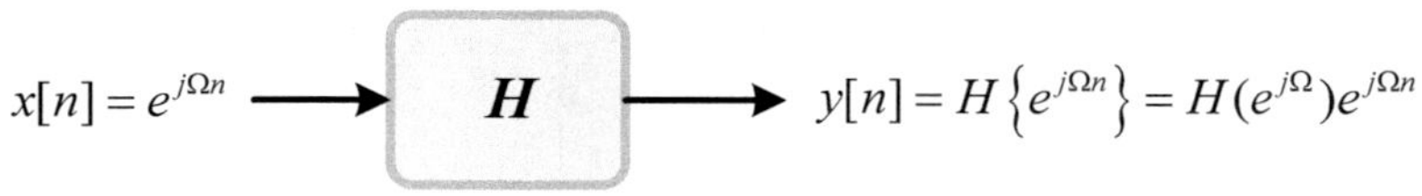

그림 6.4 단일 주파수의 복소 지수 신호에 대한 LTI 시스템의 출력

$H(e^{j\Omega})$에 따른 크기와 위상이 변화되어 출력된다. 따라서, $H(e^{j\Omega})$는 이산시간 신호의 주파수 응답을 나타내며, 크기 응답 및 위상 응답은 각각 $|H(e^{j\Omega})|$와 $\angle H(e^{j\Omega})$로 주어진다.

6.3 이산시간 비주기 신호의 주파수 해석

주기 신호는 푸리에 급수를 통하여 주파수 분석을 할 수 있었다. 이제 비주기 신호에 대한 주파수 해석 방법에 대해서 살펴보도록 한다.

6.3.1 비주기 신호의 푸리에 변환

주기 신호의 스펙트럼 $X[k]$는 기본 주파수 Ω_0의 정수배에 해당하는 주파수인 $k\Omega_0$에 대해서만 정의된다. 비주기 신호는 주기가 무한대인 신호로 볼 수 있으므로 Ω_0는 0에 가까운 무한소의 값이 될 것이고, Ω_0의 정수배인 $k\Omega_0$는 불연속 점이 없는 연속되는 주파수인 Ω로 볼 수 있다. 이러한 관계에 의해서, 수식 (6.6)은 다음과 같이 나타낼 수 있다.

$$x[n] = \frac{1}{2\pi}\int_{-\pi}^{\pi} X(e^{j\Omega})e^{j\Omega n}d\Omega \tag{6.13}$$

$$X(e^{j\Omega}) = \sum_{n=-\infty}^{\infty} x[n]e^{-j\Omega n} \tag{6.14}$$

수식 (6.14)를 이산시간 푸리에 변환이라 하고, 수식 (6.13)을 이산시간 푸리에 역변환이라고 한다. 앞서 수식 (6.12)의 주파수 응답을 보면 푸리에 변환의 형태와 동일함을 알 수 있다. 따라서, 이산시간 LTI 시스템의 주파수 응답은 임펄스 응답 $h[n]$의 푸리에 변환이라고 볼 수 있다.

수식 (6.14)의 $X(e^{j\Omega})$는 다음과 같이 주기 2π인 주기 신호임을 알 수 있다.

$$X(e^{j(\Omega+2\pi m)}) = \sum_{n=-\infty}^{\infty} x[n]e^{-j(\Omega+2\pi m)n}$$

$$= \sum_{n=-\infty}^{\infty} x[n]e^{-j\Omega n}$$

$$= X(e^{j\Omega})$$

예제 6-2 비주기 신호의 푸리에 변환

그림 6.5에 보인 구형파의 푸리에 표현 및 스펙트럼을 구하시오.

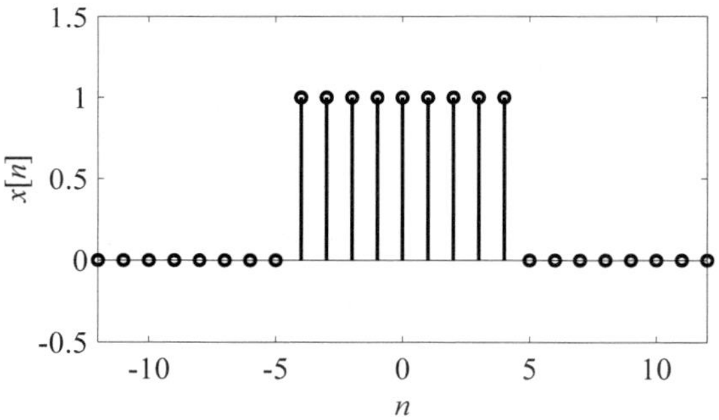

그림 6.5 예제 6-2에 대한 구형파 파형

풀이

수식 (6.14)로부터 비주기 신호에 대한 푸리에 변환을 계산하면 다음과 같다.

$$X(e^{j\Omega}) = \sum_{n=-\infty}^{\infty} x[n]e^{-j\Omega n}$$

$$= \sum_{n=-4}^{4} e^{-j\Omega n}$$

$m = n+4$로 치환하면 다음과 같이 계산된다.

$$X(e^{j\Omega}) = \sum_{m=0}^{8} e^{-j\Omega(m-4)}$$

$$= e^{j\Omega 4} \sum_{m=0}^{8} e^{-j\Omega m}$$

먼저, Ω가 2π의 정수배, 즉, $\Omega = 0, \pm 2\pi, \pm 4\pi, \cdots$인 경우, 푸리에 변환은 $X(e^{j\Omega}) = 9$이다.

다음으로, $\Omega \neq 0, \pm 2\pi, \pm 4\pi, \cdots$인 경우, 푸리에 변환 $X(e^{j\Omega})$는 다음과 같이 계산된다.

$$X(e^{j\Omega}) = e^{j\Omega 4} \sum_{m=0}^{8} e^{-j\Omega m}$$

$$= e^{j\Omega 4} \frac{1 - e^{-j\Omega 9}}{1 - e^{-j\Omega}}$$

$$= e^{j\Omega 4} \left(\frac{e^{-j\Omega 9/2}}{e^{-j\Omega/2}} \right) \left(\frac{e^{j\Omega 9/2} - e^{-j\Omega 9/2}}{e^{j\Omega/2} - e^{-j\Omega/2}} \right)$$

$$= \frac{\sin(9\Omega/2)}{\sin(\Omega/2)}$$

그림 6.6에 $X(e^{j\Omega})$를 나타내었다.

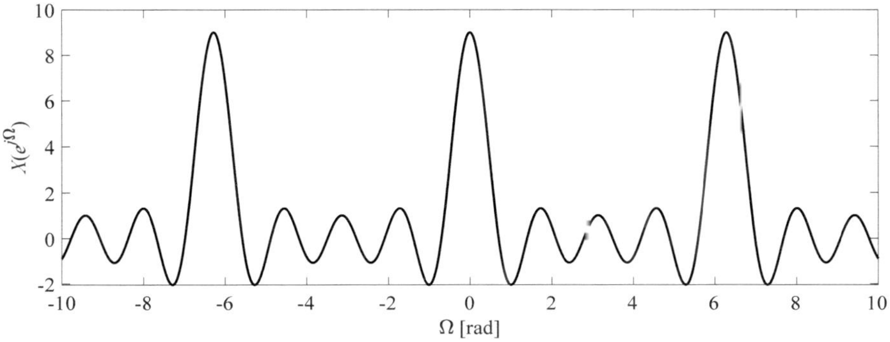

그림 6.6 구형파의 푸리에 변환

6.3.2 기본 신호의 푸리에 변환

이산시간 비주기 신호에 대한 푸리에 변환 쌍을 알고 있으면 이를 이용하여 푸리에 역변환을 찾을 수 있다. 먼저, 시간 영역에서 기본 신호에 대한 푸리에 변환을 살펴보도록 하자.

(1) 임펄스 신호

시간 영역에서 임펄스 신호 $\delta[n]$의 푸리에 변환을 계산하면 다음과 같다.

$$\delta[n] \leftrightarrow \sum_{n=-\infty}^{\infty} \delta[n] e^{-j\Omega n} = 1 \tag{6.15}$$

주파수 영역에서 임펄스 신호 $\delta(\Omega)$의 푸리에 역변환을 계산하면 다음과 같다.

$$\frac{1}{2\pi}\int_{-\pi}^{\pi} \delta(\Omega) e^{j\Omega n} d\Omega = \frac{1}{2\pi} \tag{6.16}$$

따라서, 다음과 같은 푸리에 변환 쌍이 성립한다.

$$1 \leftrightarrow 2\pi\delta(\Omega) \tag{6.17}$$

(2) 지수 신호

지수 신호 $x[n] = a^n u[n]$, $|a| < 1$의 푸리에 변환은 다음과 같이 계산된다.

$$\begin{aligned} X(e^{j\Omega}) &= \sum_{n=0}^{\infty} a^n e^{-j\Omega n} \\ &= \sum_{n=0}^{\infty} \left(ae^{-j\Omega}\right)^n \\ &= \frac{1}{1-ae^{-j\Omega}} \end{aligned} \tag{6.18}$$

6.4 이산시간 푸리에 역변환

푸리에 역변환은 앞서 수식 (6.13)과 같이 정의되었다. 여기서는, 연속시간 신호에서와 유사하게 부분 분수 전개를 통한 푸리에 역변환을 계산하는 방법에 대해서 살펴본다.

이산시간 푸리에 변환 결과가 다음과 같이 주어졌다고 가정하자.

$$X(e^{j\Omega}) = \frac{b_0 + b_1 e^{-j\Omega} + \cdots + b_{M-1} e^{-j\Omega(M-1)} + b_M e^{-j\Omega M}}{1 + a_1 e^{-j\Omega} + \cdots + a_{N-1} e^{-j\Omega(N-1)} + a_N e^{-j\Omega N}} \tag{6.19}$$

여기서, $N > M$을 가정한다.

이제, 수식 (6.19)의 분모를 인수 분해하여 다음과 같이 나타낼 수 있다.

$$X(e^{j\Omega}) = \frac{b_0 + b_1 e^{-j\Omega} + \cdots + b_{M-1} e^{-j\Omega(M-1)} + b_M e^{-j\Omega M}}{\prod_{k=1}^{N} \left(1 - p_k e^{-j\Omega}\right)} \tag{6.20}$$

그러면, 수식 (6.20)을 부분 분수 전개를 통하여 다음과 같이 N개의 분수들의 합으로 나타낼 수 있다.

$$X(e^{j\Omega}) = \sum_{k=1}^{N} \frac{B_k}{1 - p_k e^{-j\Omega}} \tag{6.21}$$

그러면, 수식 (6.21)을 구성하고 있는 각각의 분수는 다음과 같은 푸리에 변환 쌍이 된다.

$$B_k (p_k)^n u[n] \leftrightarrow \frac{B_k}{1 - p_k e^{-j\Omega}} \tag{6.22}$$

6.5 이산시간 푸리에 급수 및 변환의 성질

앞서, 이산시간 주기 신호의 푸리에 급수 쌍과 비주기 신호의 푸리에 변환 쌍을 이용한 푸리에 표현을 살펴보았다. 이번 절에서는 이산시간 푸리에 급수 및 변환의 성질들에 대해서 살펴보기로 한다. 이산시간 푸리에 급수 및 변환의 성질은 연속시간 푸리에 급수 및 변환의 성질과 유사하게 증명이 가능하므로 이 절에서는 증명은 생략하도록 한다.

6.5.1 선형성

두 개의 이산시간 신호 $x_1[n]$과 $x_2[n]$이 비주기 신호일 때 푸리에 변환 결과를 각각 $X_1(e^{j\Omega})$와 $X_2(e^{j\Omega})$라고 하자. 두 개의 이산시간 신호 $x_1[n]$과 $x_2[n]$이 주기 신호일 때 푸리에 급수 계수를 각각 $X_1[k]$와 $X_2[k]$라고 하자. 그러면, $x_1[n]$과 $x_2[n]$의 선형 결합에 대한 이산시간 푸리에 급수 및 푸리에 변환은 다음과 같이 나타낼 수 있다.

$$\text{FS:}\ \ ax_1[n]+bx_2[n] \leftrightarrow aX_1[k]+bX_2[k] \tag{6.23}$$

$$\text{FT:}\ \ ax_1[n]+bx_2[n] \leftrightarrow aX_1(e^{j\Omega})+bX_2(e^{j\Omega}) \tag{6.24}$$

6.5.2 대칭성

신호 $x[n]$이 실수 신호이고 $x[n]$이 비주기 신호일 때 이산시간 푸리에 변환 결과를 $X(e^{j\Omega})$라고 하자. 신호 $x[n]$이 주기 신호일 때 이산시간 푸리에 급수 계수를 $X[k]$라고 하자. 그러면, 이산시간 푸리에 급수 및 푸리에 변환은 다음과 같은 관계가 있다.

$$\text{FS:}\ \ X^*[k] = X[-k] \tag{6.25}$$

$$\text{FT:}\ \ X^*(e^{j\Omega}) = X(e^{-j\Omega}) \tag{6.26}$$

6.5.3 시간 이동

신호 $x[n]$가 시간 축으로 n_0 만큼 이동된 신호에 대해서 다음과 같은 성질을 만족한다.

$$\text{FS:}\ \ x[n-n_0] \leftrightarrow e^{-jk\Omega_0 n_0} X[k] \tag{6.27}$$

$$\text{FT:}\ \ x[n-n_0] \leftrightarrow e^{-j\Omega n_0} X(e^{j\Omega}) \tag{6.28}$$

즉, 시간 영역에서 이동은 주파수 영역에서 위상 회전을 발생시킨다.

6.5.4 주파수 이동

시간 영역에서 비주기 신호 $x[n]$에 $e^{j\Omega_0 n}$를 곱한 신호의 푸리에 변환과 주기 신호 $x[n]$에 $e^{jk_0\Omega_0 n}$를 곱한 신호의 푸리에 급수는 다음과 같은 성질을 만족한다.

$$\text{FS:}\ \ x[n]e^{jk_0\Omega_0 n} \leftrightarrow X[k-k_0] \tag{6.29}$$

$$\text{FT:}\ \ x[n]e^{j\Omega_0 n} \leftrightarrow X\left(e^{j(\Omega-\Omega_0)}\right) \tag{6.30}$$

즉, 시간 영역에서 위상 회전은 주파수 영역에서 이동을 발생시킨다.

6.5.5 컨벌루션 성질

두 신호 $x_1[n]$과 $x_2[n]$을 컨벌루션 합한 결과를 푸리에 변환하면 다음과 같다.

$$x_1[n]*x_2[n] \leftrightarrow X_1(e^{j\Omega})X_2(e^{j\Omega}) \tag{6.31}$$

즉, 시간 영역에서 두 신호의 컨벌루션 적분은 주파수 영역에서 각각의 푸리에 변환된 결과의 곱으로 나타난다.

6.5.6 곱 성질

두 신호 $x_1[n]$과 $x_2[n]$을 시간 영역에서 곱한 결과를 푸리에 변환하면 다음과 같다.

$$x_1[n]x_2[n] \leftrightarrow \frac{1}{2\pi}X_1(e^{j\Omega})*X_2(e^{j\Omega}) \tag{6.32}$$

여기서, $X_1(e^{j\Omega})$과 $X_2(e^{j\Omega})$는 주기가 2π인 주기 함수이며 연속 함수이다. 따라서, $X_1(e^{j\Omega})*X_2(e^{j\Omega})$는 다음과 같이 2π 주기 내에서 주기 컨벌루션 적분으로 정의된다.

$$X_1(e^{j\Omega})*X_2(e^{j\Omega}) = \int_{-\pi}^{\pi} X_1(e^{j\phi})X_2(e^{j(\Omega-\phi)})d\phi \tag{6.33}$$

6.5.7 파시벌 관계

신호 $x[n]$를 이산시간 비주기 신호라 할 때, 비주기 신호는 에너지 신호이므로 $x[n]$의 에너지를 시간 영역에서 계산하면 다음과 같다.

$$E_x = \sum_{-\infty}^{\infty} |x[n]|^2 \tag{6.34}$$

$$= \sum_{-\infty}^{\infty} x[n]x^*[n]$$

여기서, $x^*[n]$는

$$x^*[n] = \frac{1}{2\pi}\int_{-\pi}^{\pi} X^*(e^{j\Omega})e^{-j\Omega n}d\Omega \tag{6.35}$$

와 같이 나타낼 수 있으므로 수식 (6.35)는 다음과 같이 계산될 수 있다.

$$E_x = \sum_{-\infty}^{\infty} x[n]\left[\frac{1}{2\pi}\int_{-\pi}^{\pi} X^*(e^{j\Omega})e^{-j\Omega n}d\Omega\right] \tag{6.36}$$

$$= \frac{1}{2\pi}\int_{-\pi}^{\pi} X^*(e^{j\Omega})\left[\sum_{-\infty}^{\infty} x[n]e^{-j\Omega n}\right]d\Omega$$

$$= \frac{1}{2\pi}\int_{-\pi}^{\pi} X^*(e^{j\Omega})X(e^{j\Omega})d\Omega$$

$$= \frac{1}{2\pi}\int_{-\pi}^{\pi} |X(e^{j\Omega})|^2 d\Omega$$

주파수 영역에서 계산된 주파수당 에너지 $\frac{|X(e^{j\Omega})|^2}{2\pi}$를 길이 2π의 구간인 모든 주파수에 대해서 적분한 결과와 시간 영역데서 시간당 에너지 $|x[n]|^2$를 모든 시간에 대해서 누적한 결과가 같다. 따라서, 시간 영역과 주파수 영역에서 계산된 신호의 에너지는 동일함을 알 수 있다. 여기서, $|X(e^{j\Omega})|^2$는 이산시간 신호 $x[n]$의 에너지 밀도 스펙트럼이다.

신호 $x[n]$을 이산시간 주기 신호라 할 때, 주기 신호는 전력 신호이므로 $x[n]$의 평균 전력을 시간 영역에서 계산하면 다음과 같다.

$$P_x = \frac{1}{N}\sum_{n=0}^{N-1}|x[n]|^2 \tag{6.37}$$
$$= \frac{1}{N}\sum_{n=0}^{N-1}x[n]x^*[n]$$

여기서, $x^*[n]$는

$$x^*[n] = \sum_{k=0}^{N-1}X^*[k]e^{-jk\Omega_0 n} \tag{6.38}$$

와 같이 나타낼 수 있으므로 수식 (6.37)은 수식 (6.38)을 이용하여 다음과 같이 계산될 수 있다.

$$P_x = \frac{1}{N}\sum_{n=0}^{N-1}x[n]\left[\sum_{k=0}^{N-1}X^*[k]e^{-jk\Omega_0 n}\right] \tag{6.39}$$
$$= \sum_{k=0}^{N-1}X^*[k]\left[\frac{1}{N}\sum_{n=0}^{N-1}x[n]e^{-jk\Omega_0 n}\right]$$
$$= \sum_{k=0}^{N-1}X^*[k]X[k]$$
$$= \sum_{k=0}^{N-1}|X[k]|^2$$

따라서, 주파수 영역에서 계산된 주기 신호의 평균 전력은 시간 영역에서 계산된 주기 신호의 평균 전력과 동일함을 알 수 있다.

6장 요약

6.1 이산시간 신호를 복소 지수 함수들의 선형 결합으로 표현하는 방법에 대해서 살펴보았다.

6.2 이산시간 푸리에 급수는 이산시간 주기 신호의 주파수 영역 표현에 적용될 수 있으며, 기본 주파수의 정수 배에 해당하는 이산시간 복소 지수 함수들의 선형 결합으로 표현될 수 있다.

6.3 이산시간 푸리에 급수를 이용한 주파수 영역 표현은 선 스펙트럼으로 나타나는 이산 함수가 되고 주파수 영역에서 주기 함수로 나타난다.

6.4 이산시간 푸리에 변환을 이용한 주파수 영역 표현은 비주기 신호에 적용될 수 있으며, 모든 이산시간에 대해서 복소 지수 함수들의 선형 결합으로 표현할 수 있다. 여기서, 선형 결합은 무한 합을 이용하여 표현된다.

6.5 이산시간 푸리에 변환을 이용한 주파수 영역 표현은 모든 주파수에 대해서 연속인 함수가 되고 주파수 영역에서 주기 함수로 나타난다.

6.6 이산시간 푸리에 급수와 이산시간 푸리에 변환은 모두 복소 지수 함수들의 선형 결합의 형태로 표현되기 때문에 유사한 성질을 공유하게 되며 이러한 성질들을 이용하여 시간 영역 혹은 주파수 영역에서 신호들을 보다 수월하게 다룰 수 있게 된다.

6장 연습문제

6.1 다음 이산시간 신호의 기본 주기를 구하고 푸리에 표현을 이용하여 주파수 영역에서 나타내시오.

(a) $x[n]=\cos\left(\frac{\pi n}{2}\right)$

(b) $x[n]=\sin\left(\frac{\pi n}{2}+\frac{\pi}{4}\right)$

(c) 그림 P6.1(a)의 이산시간 신호 $x[n]$

(d) 그림 P6.1(b)의 이산시간 신호 $x[n]$

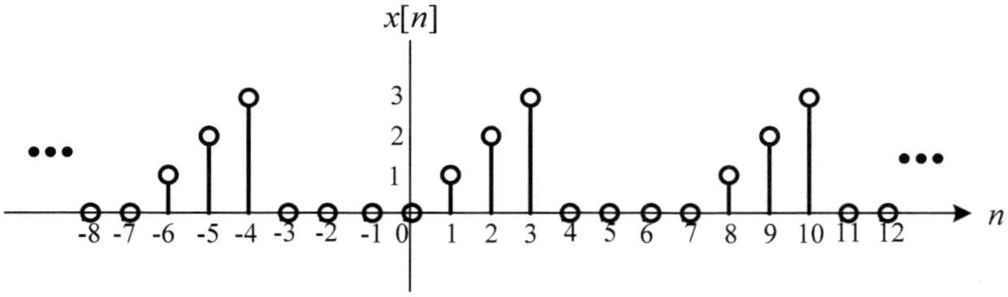

(a)

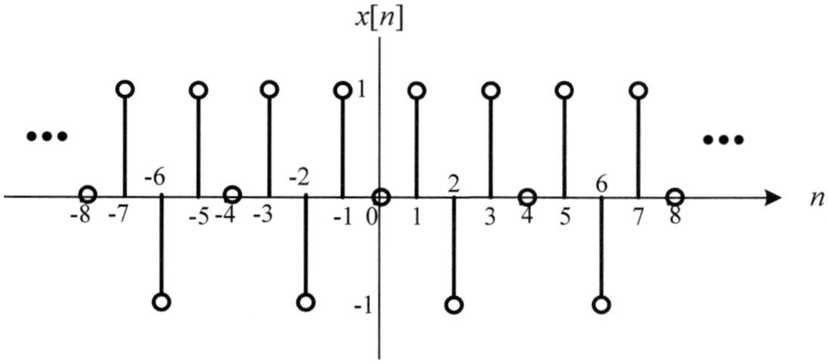

(b)

그림 P6.1

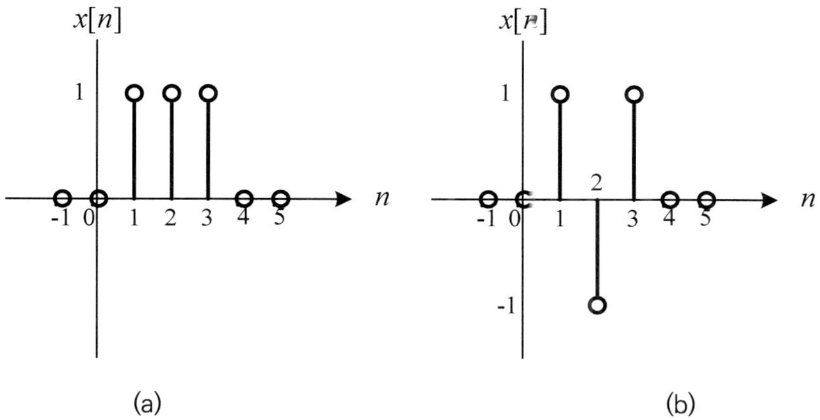

그림 P6.2

6.2 다음 이산시간 신호들에 대하여 주파수 영역 표현을 구하시오.

(a) $x[n] = \left(\frac{1}{2}\right)^n u[n-1]$

(b) $x[n] = e^{j\frac{\pi}{4}n}$

(c) 그림 P6.2(a)의 이산시간 신호 $x[n]$

(d) 그림 P6.2(b)의 이산시간 신호 $x[n]$

6.3 다음 신호들의 이산시간 푸리에 역변환을 구하시오.

(a) $X(e^{j\Omega}) = \dfrac{1}{1-\frac{1}{3}e^{-j\Omega}}$

(b) $X(e^{j\Omega}) = \dfrac{e^{-j\Omega}}{1-\frac{1}{2}e^{-j\Omega}}$

(c) $X(e^{j\Omega}) = \dfrac{2 - \frac{1}{6}e^{-j\Omega}}{2 - \frac{1}{3}e^{-j\Omega} - \frac{1}{3}e^{-j2\Omega}}$

(d) $X(e^{j\Omega}) = \dfrac{1 + e^{-j\Omega}}{6 + 5e^{-j\Omega} + e^{-j2\Omega}}$

6.4 다음 차분방정식으로 표현되는 이산시간 시스템의 주파수 응답을 구하시오.

(a) $\frac{1}{2}y[n-1] + y[n] = x[n]$

(b) $y[n-2] + y[n-1] - 6y[n] = \frac{1}{2}x[n-1] + x[n]$

6장 MATLAB 예제

이번 매트랩 예제에서는 이산시간 신호의 푸리데 급수를 이용한 주파수 표현을 보여준다.

MATLAB 예제 6-1은 그림 6.2의 이산시간 주기 구형파의 푸리에 급수 계수를 이용한 주파수 표현을 나타내는 예제이다.

(MATLAB 예제 6-1) 푸리에 급수를 이용한 주파수 표현

```
% Rectangular pulse
L = 16;
dt = 1;
t = [-L:dt:L-dt];
x = [zeros(1,12/dt) ones(1,9/dt) zeros(1,12/dt-1)];
figure(1); clf;
stem(t, x, 'k-');
grid on;
xlabel('\it n');
ylabel('{\it x}[{\it n}]');
axis([-16 16 -0.5 1.5]);

% Fourier series
M = 4;
N = 32;
w0 = 2*pi/N;
k = [-40:1:40];
```

```
X = exp(j*k*w0*M)/N.*((1-exp(-j*k*w0*(2*M+1)))./(1-exp(-j*k*w0)));
X((length(k)-1)/2+1) = (2*M+1)/N;
figure(2); clf;
stem(k, X, 'k-');
grid on;
xlabel('\it k');
ylabel('{\it X}[{\it k}]');
axis([-32 32 -0.1 0.3 ]);
```

7 장 z 변환을 이용한 이산시간 신호의 해석

7장 z 변환을 이용한 이산시간 신호의 해석

4장에서 연속시간 푸리에 변환에 대한 일반화된 방법으로 라플라스 변환을 살펴보았다. 6장에서 살펴본 바와 같이, 이산시간 푸리에 변환은 복소 지수 신호에 대한 이산시간 신호의 가중치 합으로 계산되므로 무한 합이 수렴해야 존재한다. 이산시간 신호에 대해서도 라플라스 변환에서와 마찬가지로 푸리에 변환보다 더 일반화된 방법으로 z 변환을 정의한다. z 변환은 라플라스 변환과 유사한 점이 많으며 각각 연속시간과 이산시간 신호 및 시스템에 적용된다는 점에서 차이를 살펴볼 수 있을 것이다.

7.1 z 변환

7.1.1 z 변환의 정의

앞서 이산시간 신호에 대하여 푸리에 변환을 통하여 주파수 분석을 했다. 그러나, 모든 이산시간 신호에 대하여 푸리에 변환이 수렴하는 것은 아니다. 연속시간 신호의 라플라스 변환에서와 같이 이산시간 신호에서도 푸리에 변환이 수렴하지 않는 경우를 포함하여 보다 일반적으로 분석하기 위하여 z 변환을 도입한다. 먼저, LTI 시스템에 복소 지수 함수 $z = re^{j\Omega}$를 입력하고 출력을 관찰해 보자.

그림 7.1의 LTI 시스템 출력은 컨벌루션 합 연산을 통하여 다음과 같이 구할 수 있다.

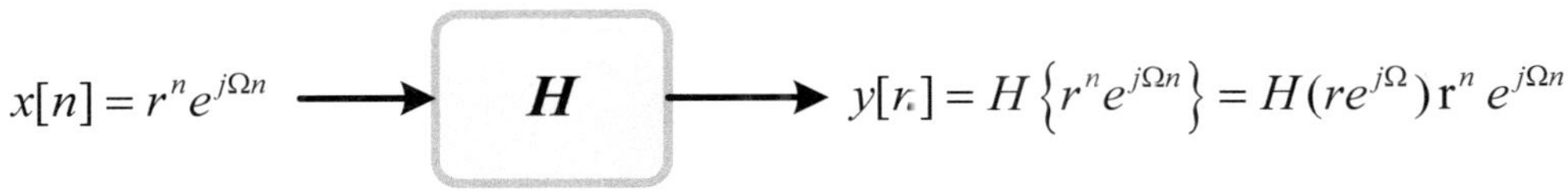

그림 7.1 복소 지수 신호에 대한 LTI 시스템의 출력

$$y[n] = \sum_{k=-\infty}^{\infty} h[k]x[n-k] \tag{7.1}$$

$$= \sum_{k=-\infty}^{\infty} h[k]r^{n-k}e^{j\Omega(n-k)}$$

$$= (re^{j\Omega})^n \sum_{k=-\infty}^{\infty} h[k](re^{j\Omega})^{-k}$$

$$= H(z)z^n$$

여기서, $H(z)$는 다음과 같이 정의된다.

$$H(z) = \sum_{k=-\infty}^{\infty} h[k]z^{-k} \tag{7.2}$$

그림 7.2에서 출력은 입력과 동일한 복소 지수 신호 z^n과 복소수 $H(z)$의 곱으로 나타난다. 여기서, $H(z)$는 복소수 z에 대한 복소 함수로서 주어진 입력에 대하여 $H(z)$에 따른 크기와 위상이 변화되어 출력된다.

수식 (7.2)는 다음과 같이 다시 쓸 수 있다.

$$H(re^{j\Omega}) = \sum_{k=-\infty}^{\infty} h[k](re^{j\Omega})^{-k} \tag{7.3}$$

$$= \sum_{k=-\infty}^{\infty} \left(h[k]r^{-k}\right)e^{-j\Omega k}$$

수식 (7.3)을 이산시간 푸리에 변환 수식 (6.14)와 비교해보면, $H(re^{j\Omega})$는 $h[k]r^{-k}$의 푸리에 변환임을 알 수 있다. 따라서, $h[k]r^{-k}$는 $H(re^{j\Omega})$를 푸리에 역변환함으로써 얻어지며 다음과 같이 쓸 수 있다.

$$h[n]r^{-n} = \frac{1}{2\pi}\int_{-\pi}^{\pi} H(re^{j\Omega})e^{j\Omega n}d\Omega \tag{7.4}$$

수식 (7.4)의 양변에 r^n을 곱함으로써 다음과 같이 $h[n]$을 얻을 수 있다.

$$h[n] = \frac{1}{2\pi}\int_{-\pi}^{\pi} H(re^{j\Omega})(re^{j\Omega})^n d\Omega \tag{7.5}$$

또한, $z = re^{j\Omega}$이고 $dz = jre^{j\Omega}d\Omega$ 이므로 수식 (7.5)는 다음과 같이 다시 쓸 수 있다.

$$h[n] = \frac{1}{2\pi j}\oint_{-\pi}^{\pi} H(z)z^{n-1}dz \tag{7.6}$$

수식 (7.2)의 과정을 z 변환(z transform) 이라 하고, 수식 (7.6)의 과정을 z 역변환(inverse z-transform)이라 한다. 수식 (7 2)와 수식 (7.6)이 임펄스 응답에 대한 z 변환과 z 역변환이라 한다면 임의의 이산시간 신호 $x[n]$에 대한 z 변환 및 z 역변환 관계는 다음과 같다.

$$\text{z 변환: } X(z) = \sum_{n=-\infty}^{\infty} x[n]z^{-n} \tag{7.7}$$

$$\text{z 역변환: } x[n] = \frac{1}{2\pi j}\oint_{-\pi}^{\pi} X(z)z^{n-1}dz \tag{7.8}$$

7.1.2 z 변환의 수렴성

z 변환이 존재하기 위해서는 수식 (7.7)의 무한 합이 수렴해야 한다. 따라서, 다음과 같은 조건을 만족해야 한다.

$$|X(z)| = \left| \sum_{n=-\infty}^{\infty} x[n]z^{-n} \right| < \infty \tag{7.9}$$

수식 (7.9)의 좌변은 다음과 같이 다시 나타낼 수 있다.

$$\left|\sum_{n=-\infty}^{\infty} x[n]z^{-n}\right| \leq \sum_{n=-\infty}^{\infty} \left|x[n]z^{-n}\right| \tag{7.10}$$

$$= \sum_{n=-\infty}^{\infty} \left|x[n]r^{-n}\right| < \infty$$

따라서, z 변환이 수렴하기 위한 조건은

$$\sum_{n=-\infty}^{\infty} \left|x[n]r^{-n}\right| < \infty \tag{7.11}$$

와 같으며, 수식 (7.11)에 따라 z 변환이 수렴하기 위한 r의 범위를 z 변환의 수렴 영역이라고 한다.

연속시간 신호의 라플라스 변환의 수렴 조건인 $\int_{-\infty}^{\infty} \left|x(t)e^{-\sigma t}\right| dt < \infty$와 비교해 보면 z 변환과 영역과 라플라스 변환의 수렴 영역이 갖는 특징을 쉽게 파악할 수 있다. 라플라스 변환에서는 σ의 범위에 따라서 수렴 영역이 결정되고 z 변환에서는 r의 범위에 따라서 수렴 영역이 결정된다. 또한, σ는 s-평면에서 실수 축을 나타내는 반면, r은 z-평면에서 원의 반지름을 나타낸다. 뒤에서 z 변환의 수렴 영역에 대한 성질을 보다 자세히 살펴보기로 한다.

예제 7-1 우측 신호의 z 변환 및 수렴 영역

다음 신호의 z 변환을 구하고, 수렴 영역도 표시하시오.

$$x[n] = a^n u[n]$$

풀이

수식 (7.7)에 주어진 $x[n]$을 대입하여 계산하면 다음과 같다.

$$X(z) = \sum_{n=-\infty}^{\infty} a^n u[n] z^{-n}$$

$$= \sum_{n=0}^{\infty} \left(\frac{a}{z}\right)^n$$

위 식은 $|a/z| < 1$ 일 때 다음과 같이 수렴한다.

$$X(z) = \frac{1}{1-az^{-1}}, \text{ ROC: } |z| > |a|$$

예제 7-2 좌측 신호의 z 변환 및 수렴 영역

다음 신호의 z 변환을 구하고, 수렴 영역도 표시하시오.

$$x[n] = -a^n u[-n-1]$$

풀이

수식 (7.7)에 주어진 $x[n]$을 대입하여 계산하면 다음과 같다.

$$X(z) = -\sum_{n=-\infty}^{\infty} a^n u[-n-1] z^{-n}$$

$$= -\sum_{n=-\infty}^{-1} \left(\frac{a}{z}\right)^n$$

$$= 1 - \sum_{n=0}^{\infty} \left(\frac{z}{a}\right)^n$$

$$= 1 - \frac{1}{1-z/a}$$

$$= \frac{1}{1-az^{-1}}, \ |z| < |a|$$

7.1.3 z-평면과 극점 및 영점

복소수 z의 위치를 나타내는 복소 평면을 z-평면이라고 한다. z-평면 상에 z의 위치를 나타냄으로써 z 변환의 수렴 영역을 눈으로 보기 쉽게 나타낼 수 있으며, 주어진 z 변환의 수렴성을 직관적으로 이해할 수 있다. 그림 7.2는 z 평면 상에서 한 점 $z=re^{j\Omega}$의 위치를 나타낸다. 한 점 z와 원점 사이의 거리는 r이고 실수축과 Ω의 각도를 이루고 있다. 특히, $r=1$인 경우 $z=e^{j\Omega}$이므로 z 변환은 이산시간 푸리에 변환과 동일하게 된다. 즉, 이산시간 푸리에 변환은 z 변환의 특별한 한 경우에 해당한다.

따라서, 수식 (7.12)와 같이 $z=e^{j\Omega}$으로 설정함으로써 z 변환으로부터 이산시간 푸리에 변환을 얻을 수 있다. 물론, 푸리에 변환의 연산이 수렴할 경우에만 푸리에 변환이 존재한다.

$$X(e^{j\Omega}) = X(z)\big|_{z=e^{j\Omega}} \tag{7.12}$$

z 변환의 일반적인 형태는 분모와 분자가 각각 z의 다항식으로 이루어진 다음과 같은 형태의 유리함수가 된다.

$$X(z) = \frac{\sum_{m=0}^{M} b_m z^{-m}}{\sum_{n=0}^{N} a_n z^{-n}} \tag{7.13}$$

$$= \frac{b_M z^{-M} + b_{M-1} z^{-M+1} + \cdots + b_0}{a_N z^{-N} + a_{N-1} z^{-N+1} + \cdots + a_0}$$

여기서, a_n과 b_m은 임의의 상수이다. 수식 (7.13)에서 분자의 다항식을 0으로 만드는 M개의 근을 영점(zeros)이라 하고, 분모의 다항식을 0으로 만드는

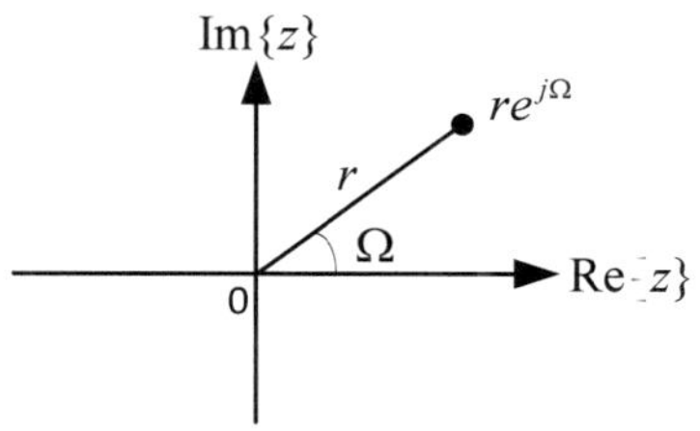

그림 7.2 z-평면

N개의 근을 극점(poles)이라 한다. 일반적으로 영점은 z-평면 상에서 기호 "o"로 표시하고 극점은 기호 "x"로 표시한다.

극점을 c_n이라 하고 영점을 d_m이라고 하면, 수식 (7.13)은 다음과 같이 나타낼 수 있다.

$$X(z) = K\frac{\prod_{m=0}^{M-1}\left(1-d_m z^{-1}\right)}{\prod_{n=0}^{N-1}\left(1-c_n z^{-1}\right)} \tag{7.14}$$

여기서, $K=b_0/a_0$이다.

예제 7-3 z-평면과 극점 및 영점

다음 신호의 z 변환을 구하여 z-평면에 극점과 영점을 나타내고, 수렴 영역도 표시하시오.

$$x[n] = \left(\frac{1}{2}\right)^n u[n] - \left(-\frac{3}{4}\right)^n u[-n-1]$$

풀이

수식 (7.7)에 주어진 $x[n]$을 대입하여 계산하면 다음과 같다.

$$X(z)=\sum_{n=-\infty}^{\infty}\left(\frac{1}{2}\right)^{n}u[n]z^{-n}-\sum_{n=-\infty}^{\infty}\left(-\frac{3}{4}\right)^{n}u[-n-1]z^{-n}$$

$$=\sum_{n=0}^{\infty}\left(\frac{1}{2z}\right)^{n}-\sum_{n=-\infty}^{-1}\left(-\frac{3}{4z}\right)^{n}$$

$$=\sum_{n=0}^{\infty}\left(\frac{1}{2z}\right)^{n}+1-\sum_{n=0}^{\infty}\left(-\frac{4}{3}z\right)^{n}$$

위 z 변환이 수렴하기 위해서는 $|2z|>1$와 $|4z/3|<1$를 동시에 만족해야 한다. 그러면, z 변환은

$$X(z)=\frac{1}{1-(1/2)z^{-1}}+1-\frac{1}{1+(4/3)z}$$

$$=\frac{z}{z-1/2}+\frac{z}{z+3/4}$$

$$=\frac{2z(z+1/8)}{(z-1/2)(z+3/4)}$$

와 같으며, ROC는 $1/2<|z|<3/4$와 같다.

z-평면에 수렴 영역과 극점 및 영점을 나타내면 그림 7.3과 같다.

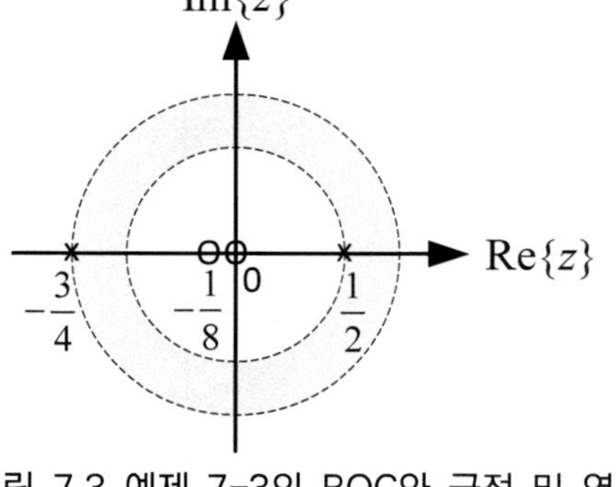

그림 7.3 예제 7-3의 ROC와 극점 및 영점

7.1.4 수렴 영역의 성질

앞에서 z 변환의 극점과 영점, 그리고 수렴 영역에 대해서 살펴봤다. 수렴 영역 내의 모든 z에 대해서 z 변환은 항상 수렴한다. 그러나, z의 값이 극점일 경우 해당 z 변환은 수렴하지 않으므로 극점은 수렴 영역에 포함될 수 없다. 이는 라플라스 변환에서도 유사함을 앞에서 살펴봤었다.

예제 7-1의 이산시간 신호 $x[n]=a^n u[n]$을 고려해 보도록 하자. 이 신호는 특정 시간 이후에만 양의 방향으로 정의되는 신호로서 우측 신호라고 한다. 극점은 $z=a$이고, ROC는 $|z|>|a|$로서 반경 $|a|$인 원의 외부에 해당하는 영역이다.

이제, 예제 7-2의 이산시간 신호 $x[n]=-a^n u[-n-1]$을 고려해 보도록 하자. 이 신호는 특정 시간 이전에만 음의 방향으로 정의되는 신호로서 좌측 신호라고 한다. 극점은 $z=a$이고, ROC는 $|z|<|a|$로서 반경 $|a|$인 원의 내부에 해당하는 영역이다.

위에서 살펴본 바와 같이, 우측 신호의 ROC는 극점까지의 거리를 반경으로 하는 원의 외부 영역이고, 좌측 신호의 ROC는 극점까지의 거리를 반경으로 하는 원의 내부 영역이다.

다음으로, 예제 7-3의 이산시간 신호 $x[n]=(1/2)^n u[n]-(-3/4)^n u[-n-1]$을 고려해 보도록 하자. 이 신호는 우측 신호인 $(1/2)^n u[n]$과 좌측 신호인 $-(-3/4)^n u[-n-1]$가 더해져 있다. 이와 같이, 양의 방향과 음의 방향으로 모두 정의되는 신호를 양측 신호라고 한다. 양측 신호를 구성하는 각각의 우측 신호 및 좌측 신호의 ROC를 모두 만족해야 한다. 따라서, 우측 신호에 대한 극점까지의 거리를 반경으로 하는 원의 외부와 좌측 신호에 대한 극점까지의 거리를 반경으로 하는 원의 내부의 공통되는 영역이 양측 신호의 ROC가 된다. 예제 7-3의 그림 7.3에서 볼 수 있듯이 우측 신호의 극점 $z=1/2$와 좌측 신호의 극점 $z=-3/4$까지의 거리를 각각 반경으로 하는 원의 외부 및 내부 영역이 ROC가 된다.

또한, ROC는 극점을 포함할 수 없으므로 서로 다른 극점을 가지는 다수의 신호가 더해져 있을 경우 극점이 ROC에 포함되지 않도록 해야 한다. 따라서, 우측 신호는 반경이 가장 큰 극점을 기준으로 원의 외부가 ROC가 되어야 하며, 좌측 신호는 반경이 가장 작은 극점을 기준으로 원의 내부가 ROC가 되어야 한다.

주어진 이산시간 신호에 대해서 우측 신호 성분의 가장 바깥에 위치한 극점의 반경을 r_R이라 하고, 좌측 신호 성분의 가장 안쪽에 위치한 극점의 반경을 r_L이라고 하자. 그러면, 주어진 이산시간 신호의 형태에 따른 ROC는 다음과 같다.

우측 신호의 ROC: $|z|>r_R$

좌측 신호의 ROC: $|z|<r_L$

양측 신호의 ROC: $r_R<|z|<r_L$

다음 예제를 통하여 이산시간 신호의 형태에 따른 ROC에 대해서 살펴보도록 하자.

예제 7-4 z-평면과 극점 및 영점

다음 신호의 ROC를 구하고 예제 7-3의 신호에 대한 ROC와 비교 하시오.

(a) $x[n]=\left(\frac{1}{2}\right)^n u[n]+\left(-\frac{3}{4}\right)^n u[n]$

(b) $x[n]=-\left(\frac{1}{2}\right)^n u[-n-1]-\left(-\frac{3}{4}\right)^n u[-n-1]$

풀이

(a) z 변환을 계산하면 다음과 같다.

$$X(z) = \sum_{n=-\infty}^{\infty}\left(\frac{1}{2}\right)^n u[n]z^{-n} + \sum_{n=-\infty}^{\infty}\left(-\frac{3}{4}\right)^n u[n]z^{-n}$$

$$= \sum_{n=0}^{\infty}\left(\frac{1}{2z}\right)^n + \sum_{n=0}^{\infty}\left(-\frac{3}{4z}\right)^n$$

위 z 변환이 수렴하기 위해서는 $|2z| > 1$와 $|4z| > 3$를 동시에 만족해야 한다.
그러면, z 변환은

$$X(z) = \frac{1}{1-(1/2)z^{-1}} + \frac{1}{1+(3/4)z^{-1}}$$

$$= \frac{z}{z-1/2} + \frac{z}{z+3/4}$$

$$= \frac{2z(z+1/8)}{(z-1/2)(z+3/4)}$$

와 같으며, ROC는 $|z| > 3/4$와 같다.
z-평면에 수렴 영역과 극점 및 영점을 나타내면 그림 7.4와 같다.

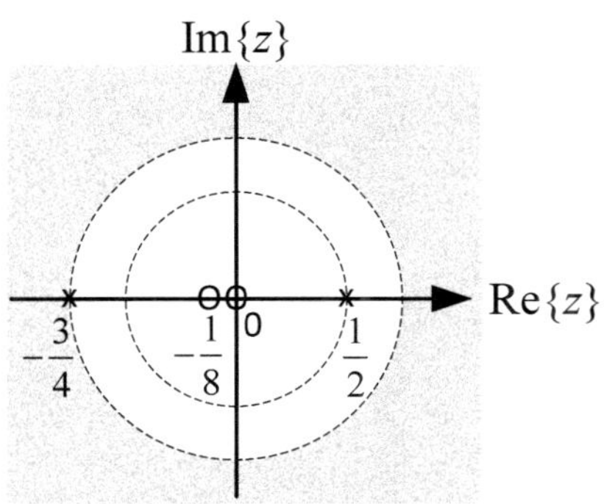

그림 7.4 예제 7-4(a)의 ROC와 극점 및 영점

(b) z 변환을 계산하면 다음과 같다.

$$X(z) = -\sum_{n=-\infty}^{\infty}\left(\frac{1}{2}\right)^n u[-n-1]z^{-n} - \sum_{n=-\infty}^{\infty}\left(-\frac{3}{4}\right)^n u[-n-1]z^{-n}$$

$$= -\sum_{n=-\infty}^{-1}\left(\frac{1}{2z}\right)^n - \sum_{n=-\infty}^{-1}\left(-\frac{3}{4z}\right)^n$$

$$= 1-\sum_{n=0}^{\infty}(2z)^n + 1 - \sum_{n=0}^{\infty}\left(-\frac{4}{3}z\right)^n$$

위 z 변환이 수렴하기 위해서는 $|2z|<1$와 $|4z/3|<1$를 동시에 만족해야 한다. 그러면, z 변환은

$$X(z) = 1-\frac{1}{1-2z}+1-\frac{1}{1+(4/3)z}$$

$$= \frac{z}{z-1/2}+\frac{z}{z+3/4}$$

$$= \frac{2z(z+1/8)}{(z-1/2)(z+3/4)}$$

와 같으며, ROC는 $|z|<1/2$와 같다.

z-평면에 수렴 영역과 극점 및 영점을 나타내면 그림 7.5와 같다.

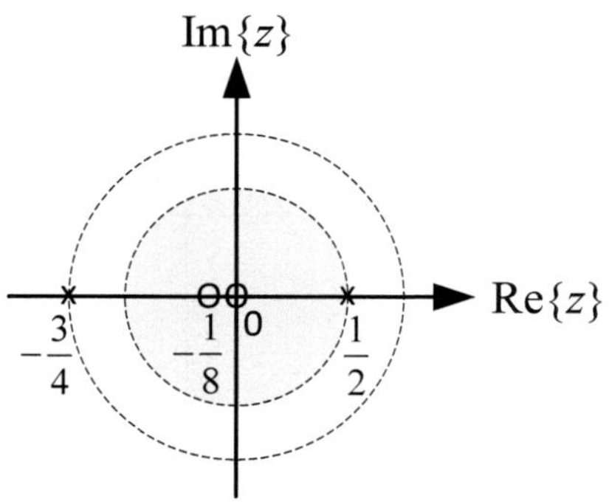

그림 7.5 예제 7-4(b)의 ROC와 극점 및 영점

예제 7-3의 신호는 우측 신호와 좌측 신호가 더해져 있고, 예제 7-4(a)는 두 개의 우측 신호, 예제 7-4(b)는 두 개의 좌측 신호가 더해져 있다. 세 개의 신호 모두 동일한 z 변환 결과를 가지나, 더해진 신호의 형태에 따라 서로 다른 ROC를 갖는다. 예제 7-4(a)는 두 개의 우측 신호가 더해져 있으므로 가장 바깥에 위치한 극점 $z=-3/4$에 대한 원의 외부가 ROC가 된다. 예제 7-4(b)는 두 개의 좌측 신호가 더해져 있으므로 가장 안쪽에 위치한 극점 $z=1/2$에 대한 원의 내부가 ROC가 된다. 이에 비해, 예제 7-3의 신호는 우측 신호와 좌측 신호가 더해져 있으므로 우측 신호의 가장 바깥에 위치한 극점인 $z=1/2$에 대한 원의 외부와 좌측 신호의 가장 안쪽에 위치한 극점인 $z=-3/4$에 대한 원의 내부가 ROC가 된다.

7.2 z 변환의 성질

z 변환은 이산시간 푸리에 변환과 매우 유사한 성질을 갖는다. 두 개의 신호 $x_1[n]$과 $x_2[n]$에 대한 z 변환을 각각 $x_1[n] \leftrightarrow X_1(z)$와 $x_2[n] \leftrightarrow X_2(z)$라고 가정하자. 또한, $X_1(z)$와 $X_2(z)$의 ROC를 각각 ROC_{X_1}과 ROC_{X_2}라 하자.

7.2.1 선형성

임의의 상수 a와 b에 대해서 다음 조건을 만족한다.

$$ax_1[n] + bx_2[n] \leftrightarrow aX_1(z) - bX_2(z) \tag{7.15}$$

ROC: $\mathrm{ROC}_{X_1} \cap \mathrm{ROC}_{X_2}$ 포함

예제 7-5 극점 및 영점의 상쇄

다음과 같이 주어진 두 개의 신호 $x_1[n]$과 $x_2[n]$에 대해서 $x_1[n]-x_2[n]$의 z 변환을 구하시오.

$$x_1[n] = \left(\frac{1}{2}\right)^n u[n] + \left(-\frac{3}{4}\right)^n u[-n-1]$$

$$x_2[n] = \left(\frac{1}{2}\right)^n u[n] - \left(\frac{1}{4}\right)^n u[n]$$

풀이

신호 $x_1[n]$과 $x_2[n]$의 z 변환 $X_1(z)$과 $X_2(z)$를 계산하면 다음과 같다.

$$X_1(z) = \frac{(5/4)z}{(z-1/2)(z+3/4)},\ \ 1/2 < |z| < 3/4$$

$$X_2(z) = \frac{(1/4)z}{(z-1/2)(z-1/4)},\ \ 1/2 < |z|$$

그러면, 선형성 성질에 의하여 $x_1[n] - x_2[n]$의 z 변환은 $X_1(z) - X_2(z)$와 같이 나타낼 수 있다.

$$\begin{aligned} X_1(z) - X_2(z) &= \frac{(5/4)z}{(z-1/2)(z+3/4)} - \frac{(1/4)z}{(z-1/2)(z-1/4)} \\ &= \frac{(5/4)z(z-1/4) - (1/4)z(z+3/4)}{(z-1/2)(z+3/4)(z-1/4)} \\ &= \frac{z(z-1/2)}{(z-1/2)(z+3/4)(z-1/4)} \end{aligned}$$

여기서, $z = 1/2$에서 영점이 $z = 1/2$에서 극점을 상쇄하게 되어 결국은

$$X_1(z) - X_2(z) = \frac{z}{(z+3/4)(z-1/4)}$$

와 같은 결과를 얻을 수 있다.

개별 ROC의 교집합은 $1/2 < |z| < 3/4$와 같다. 그러나, $x_1[n] - x_2[n]$을 계산하면

$$x_1[n] - x_2[n] = \left(-\frac{3}{4}\right)^n u[-n-1] - \left(\frac{1}{4}\right)^n u[n]$$

와 같이 나타나며, $\left(\frac{1}{2}\right)^n u[n]$ 항이 상쇄되어 제거된 것을 알 수 있다. 따라서, ROC는 $1/4 < |z| < 3/4$이 됨을 알 수 있다. 이는 개별 ROC의 교집합인 $1/2 < |z| < 3/4$ 보다 넓은 영역이다. 극점은 ROC의 경계를 형성하게 되는데 경점이 극점을 상쇄함으로써 ROC가 넓어지게 된다.

7.2.2 시간 이동

시간 영역에서 n_0 만큼의 시간 이동은 z 변환어서 복소 지수 신호 z^{-n_0}의 곱으로 나타난다.

$$x_1[n-n_0] \leftrightarrow z^{-n_0} X_1(z) \tag{7.16}$$

❖ 증명

먼저, $x_1[n-n_0]$의 z 변환은 다음과 같이 계산할 수 있다.

$$\begin{aligned} \sum_{n=-\infty}^{\infty} x_1[n-n_0] z^{-n} &= z^{-n_0} \sum_{n=-\infty}^{\infty} x_1[n-n_0] z^{-(n-n_0)} \\ &= z^{-n_0} X_1(z) \end{aligned} \tag{7.17}$$

7.2.3 지수신호의 곱

시간 영역 신호 $x_1[n]$과 복소 신호 a^n의 곱은 $X_1(z)$를 z 영역에서 복소수 a 만큼 스케일링한 결과를 나타난다.

$$a^n x_1[n] \leftrightarrow X_1(z/a) \tag{7.18}$$

ROC: $|a|\mathrm{ROC}_{\mathrm{X}_1}$

❖ 증명

$a^n x_1[n]$의 z 변환은 다음과 같이 계산할 수 있다.

$$\begin{aligned} \sum_{n=-\infty}^{\infty} a^n x_1[n] z^{-n} &= \sum_{n=-\infty}^{\infty} x_1[n]\left(\frac{z}{a}\right)^{-n} \\ &= X_1(z/a) \end{aligned} \tag{7.19}$$

7.2.4 컨벌루션

시간 영역에서 두 신호의 컨벌루션은 z 영역에서 z 변환된 결과의 곱으로 나타난다.

$$x_1[n]*x_2[n] \leftrightarrow X_1(z)X_2(z) \tag{7.20}$$

ROC: $\mathrm{ROC}_{X_1} \cap \mathrm{ROC}_{X_2}$ 를 포함

❖ 증명

$x_1[n]*x_2[n]$의 z 변환은 다음과 같이 계산할 수 있다.

$$\sum_{n=-\infty}^{\infty}\{x_1[n]*x_2[n]\}z^{-n}=\sum_{n=-\infty}^{\infty}\left\{\sum_{k=-\infty}^{\infty}x_1[k]x_2[n-k]\right\}z^{-n} \quad (7.21)$$

$$=\sum_{k=-\infty}^{\infty}x_1[k]z^{-k}\left\{\sum_{n=-\infty}^{\infty}x_2[n-k]z^{-(n-k)}\right\}$$

$$=X_1(z)X_2(z)$$

7.2.5 z 영역에서 미분

이산시간 신호 $x_1[n]$에 n을 곱하면 주파수 영역에서 다음과 같이 나타난다.

$$nx_1[n]\leftrightarrow -z\frac{d}{dz}X_1(z) \quad (7.22)$$

$$\text{ROC: } \text{ROC}_{X_1}$$

❖ 증명

z 영역에서 $X_1(z)$의 미분은 다음과 같이 계산할 수 있다.

$$-z\frac{d}{dz}X_1(z)=-z\frac{d}{dz}\left\{\sum_{n=-\infty}^{\infty}x_1[n]z^{-n}\right\} \quad (7.23)$$

$$=(-z)\sum_{n=-\infty}^{\infty}\{-nx_1[n]\}z^{-n-1}$$

$$=\sum_{n=-\infty}^{\infty}\{nx_1[n]\}z^{-n}$$

수식 (7.23)의 우변은 $nx_1[n]$의 z 변환과 같다.

예제 7-6 z 변환의 성질

다음 신호에 대한 z 변환을 구하시오.

$$x_1[n] = n\left(-\frac{1}{4}\right)^n u[n] * (2)^n u[n-2]$$

풀이

신호 $x_1[n]$을 $x_1[n] = v[n] * w[n]$라고 두면, 컨벌루션 성질에 의해서 z 변환은 $X_1(z) = V(z)\,W(z)$와 같이 나타낼 수 있다.

여기서,

$$v[n] = n\left(-\frac{1}{4}\right)^n u[n]$$

$$w[n] = (2)^n u[n-2]$$

와 같다.

먼저, $V(z)$를 얻기 위하여 z 영역에서 미분 성질을 이용한다.

$$\left(-\frac{1}{4}\right)^n u[n] \leftrightarrow \frac{z}{z+1/4},\ |z| > 1/4$$

그러면, z 영역에서 미분 성질에 의해서

$$v[n] = n\left(-\frac{1}{4}\right)^n u[n] \leftrightarrow V(z) = -z\frac{d}{dz}\left(\frac{z}{z+1/4}\right),\ |z| > 1/4$$

$$= -z\left(\frac{-z}{(z+1/4)^2} + \frac{z+1/4}{(z+1/4)^2}\right)$$

$$= \frac{-(1/4)z}{(z-1/4)^2}$$

와 같이 $V(z)$가 얻어진다.

다음으로, $W(z)$를 얻기 위하여 시간 이동 성질을 이용한다.

$$(2)^n u[n] \leftrightarrow \frac{z}{z-2}, \ |z|>2$$

그러면, $w[n]=(2)^n u[n-2]=2^2(2)^{(n-2)}u[n-2]$와 같이 나타낼 수 있으므로 시간 이동 성질에 의해서

$$w[n]=2^2(2)^{(n-2)}u[n-2] \leftrightarrow W(z)=2^2 z^{-2}\left(\frac{z}{z-2}\right), \ |z|>2$$

$$=\frac{4z^{-1}}{z-2}$$

와 같이 $W(z)$가 얻어진다.

마지막으로 컨벌루션 성질을 이용하면 $X_1(z)$는

$$X_1(z)=V(z)W(z)=\left(\frac{-(1/4)z}{(z-1/4)^2}\right)\left(\frac{4z^{-1}}{z-2}\right), \ |z|>2$$

$$=\frac{-1}{(z-1/4)^2(z-2)}$$

와 같이 얻어진다.

7.3 z 역변환

z 역변환은 수학적으로 수식 (7.8)과 같이 계산된다. 하지만, 직접적인 z 역변환은 경로 적분이 필요하므로 상당한 수학적 지식을 필요로 한다. 여기서는, 어려운 수학적 지식을 필요로 하지 않는 범위 내에서 z 역변환을 구하는 방법을 다루도록 한다. 앞서 라플라스 역변환에서와 유사하게 시간 영역과 z 영역 사이의 몇 가지 기본적인 변환 쌍과 z 변환의 성질을 활용하여 z 역변환을 구할 수 있다.

많은 경우에 있어서 z 변환된 결과는 분수 형태로 주어진다. 이러한 경우, 부분 분수 전개를 통하여 이미 잘 알려진 변환 쌍에 해당하는 항들의 합으로 표현하고 각각의 항에 대하여 변환 쌍 및 z 변환 성질을 적용하여 시간 영역 신호를 구할 수 있다. 다음 예제를 통하여 부분 분수 전개를 이용한 z 역변환 방법을 살펴보자.

유리함수의 형태를 나타내는 z 변환 결과가 다음과 같이 주어졌다고 가정하자.

$$X(z) = \frac{b_0 + b_1 z^{-1} + \cdots + b_M z^{-M}}{a_0 + a_1 z^{-1} + \cdots + a_N z^{-N}} \tag{7.24}$$

여기서, $N > M$을 가정한다.

이제, 수식 (7.24)의 분모를 인수 분해하여 다음과 같이 나타낼 수 있다.

$$X(z) = \frac{b_0 + b_1 z^{-1} + \cdots + b_M z^{-M}}{a_0 \prod_{k=1}^{N} \left(1 - p_k z^{-1}\right)} \tag{7.25}$$

그러면, 수식 (7.25)를 부분 분수 전개를 통하여 다음과 같이 N개의 분수들의 합으로 나타낼 수 있다.

$$X(z) = \sum_{k=1}^{N} \frac{B_k}{1 - p_k z^{-1}} \tag{7.26}$$

그러면, 수식 (7.26)을 구성하고 있는 각각의 분수는 다음과 같은 z 변환 쌍이 된다.

$$B_k (p_k)^n u[n] \leftrightarrow \frac{B_k}{1 - p_k z^{-1}}, \ \text{ROC: } |z| > p_k \tag{7.27}$$

또는

$$-B_k(p_k)^n u[-n-1] \leftrightarrow \frac{B_k}{1-p_k z^{-1}}, \text{ ROC: } |z| < p_k \tag{7.28}$$

여기서 주의해야 할 점은 동일한 전달함수를 갖더라도 수렴 영역에 따라서 z 역변환되는 결과가 달라진다는 점이다.

예제 7-7 z 역변환

다음과 같이 주어진 z 변환 $X(z)$의 z 역변환 $x[n]$을 구하시오.

$$X(z) = \frac{1-(1/2)z^{-1}}{(1+(1/4)z^{-1})(1-2z^{-1})}, \quad 1/4 < |z| < 2$$

풀이

부분 분수 전개를 이용하여 $X(z)$는 다음과 같이 나타낼 수 있다.

$$X(z) = \frac{1/3}{(1+(1/4)z^{-1})} + \frac{2/3}{(1-2z^{-1})}$$

그림 7.6에서와 같이 극점의 위치는 $z=-1/4$과 $z=2$이다. ROC와 극점의 위치 사이의 관계를 고려했을 때 극점 $z=-1/4$에 대한 항의 ROC는 반경 1/4인 원의 바깥 영역이 되어야 한다. 따라서,

$$\frac{1}{3}\left(-\frac{1}{4}\right)^n u[n] \leftrightarrow \frac{1/3}{(1+(1/4)z^{-1})}, \quad |z| > 1/4$$

와 같은 변환 쌍을 얻을 수 있다.

다음으로, 극점 $z=2$에 대한 항의 ROC는 반경 2인 원의 안쪽 영역이 되어야 한다. 따라서,

$$-\frac{2}{3}(2)^n u[-n-1] \leftrightarrow \frac{2/3}{(1-2z^{-1})}, \quad |z| < 2$$

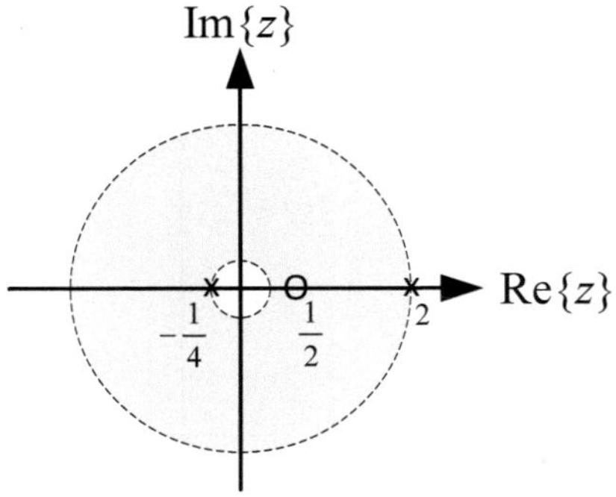

그림 7.6 예제 7-7의 ROC와 극점 및 영점

와 같은 변환 쌍을 얻을 수 있다.
그러면, 이들 두 개의 항을 더하여 z 역변환 $x[n]$은

$$x[n] = \frac{1}{3}\left(-\frac{1}{4}\right)^n u[n] - \frac{2}{3}(2)^n u[-n-1]$$

와 같이 얻어진다.

7.4 z 변환을 이용한 LTI 시스템 분석

시간 영역에서 이산시간 시스템의 수학적인 모델링을 통하여 차분방정식을 얻게 된다. 이러한 차분방정식의 해를 구함에 있어서 z 변환을 이용할 수 있다. 또한, z 변환을 이용한 LTI 시스템의 입출력 동작에 대한 표현 방법을 살펴본다.

7.4.1 전달함수

앞에서, 임펄스 응답 $h[n]$를 갖는 LTI 시스템에 입력된 $x[n]$에 대한 출력 $y[n]$는 컨벌루션 합에 의하여

$$y[n]=h[n]*x[n] \tag{7.29}$$

와 같이 표현됨을 알고 있다. 또한, z 변환의 컨벌루션 성질에 의해서 수식 (7.29)는 다음과 같은 관계를 얻는다.

$$Y(z)=H(z)X(z) \tag{7.30}$$

즉, 출력 신호의 z 변환은 임펄스 응답의 z 변환과 입력 신호의 z 변환의 곱이다. 그러면, 임펄스 응답의 z 변환은

$$H(z)=\frac{Y(z)}{X(z)} \tag{7.31}$$

와 같이 계산되고, 이를 z 영역에서 전달함수로 정의한다.

전달함수는 임펄스 응답의 z 변환이고, LTI 시스템의 입력과 출력 사이의 관계를 표현하는 또 하나의 방법을 제공한다. 상기하자면, 시간 영역에서는 입출력 사이의 관계가 임펄스 응답과 입력 신호에 대한 컨벌루션 합으로 표현되었다. z 변환을 이용하여 시간 영역 신호를 z 영역의 신호로 변환하고 시스템의 전달함수를 이용함으로써 시스템의 출력을 구할 수 있다. 이는 차분방정식으로 모델링되는 시스템을 분석함에 있어서 매우 유용한 수학적 도구를 제공한다.

예제 7-8 전달함수

LTI 시스템의 입력 $x[n]$과 출력 $y[n]$이 다음과 같이 주어질 때, 인과적 LTI 시스템의 전달함수 및 임펄스 응답을 구하시오.

$$x[n]=\left(-\frac{1}{2}\right)^n u[n]$$

$$y[n]=2\left(\frac{1}{2}\right)^n u[n]+\left(-\frac{1}{4}\right)^n u[n]$$

풀이

먼저, 입력과 출력 신호를 각각 z 변환하여 $X(z)$와 $Y(z)$를 구한다.

$$X(z) = \frac{1}{1+(1/2)z^{-1}}, \quad |z| > 1/2$$

$$Y(z) = \frac{2}{1-(1/2)z^{-1}} + \frac{1}{1+(1/4)z^{-1}}, \quad |z| > 1/2$$

$$= \frac{3}{\left(1-(1/2)z^{-1}\right)\left(1+(1/4)z^{-1}\right)}$$

수식 (7.31)을 이용하여 전달함수 $H(z)$를 구하면 다음과 같다.

$$H(z) = \frac{Y(z)}{X(z)} = \frac{3\left(1+(1/2)z^{-1}\right)}{\left(1-(1/2)z^{-1}\right)\left(1+(1/4)z^{-1}\right)}, \quad |z| > 1/2$$

전달함수 $H(z)$를 부분 분수 전개를 통해 다시 나타내면 다음과 같다.

$$H(z) = \frac{4}{1-(1/2)z^{-1}} - \frac{1}{1+(1/4)z^{-1}}$$

그러면, $H(z)$의 z 역변환을 통하여 시스템의 임펄스 응답 $h[n]$은 다음과 같이 얻어진다.

$$h[n] = 4\left(\frac{1}{2}\right)^n u[n] - \left(-\frac{1}{4}\right)^n u[n]$$

7.4.2 차분방정식으로 표현되는 LTI 시스템의 전달함수

z 변환을 이용하여 차분방정식으로 표현되는 LTI 시스템의 입력과 출력 사이의 관계를 나타내는 전달함수를 구해보자. 먼저, 다음과 같은 간단한 차분방정식을 예로 들어 생각해보자.

$$y[n-2]+a_1y[n-1]+a_0y[n]=b_1x[n-1]+b_0x[n] \tag{7.32}$$

모든 초기 조건을 0이라고 가정하고, 수식 (7.32)의 양변에 z 변환을 적용하면 다음과 같이 나타낼 수 있다.

$$z^{-2}Y(z)+a_1z^{-1}Y(z)+a_0Y(z)=b_1z^{-1}X(z)+b_0X(z) \tag{7.33}$$

그러면, 수식 (7.33)으로부터 다음과 같은 전달함수를 얻게 된다.

$$H(z)=\frac{b_1z^{-1}+b_0}{z^{-2}+a_1z^{-1}+a_0} \tag{7.34}$$

차분방정식으로 표현되는 입력과 출력 사이의 관계는 소프트웨어 혹은 하드웨어로 시스템을 직접 구현하는데 있어서 매우 유용하게 사용된다. 우리는 8장에서 차분방정식으로 표현되는 이산시간 시스템이 어떻게 구현되는지 살펴볼 것이다.

예제 7-9 차분방정식과 전달함수

다음과 같이 주어진 LTI 시스템의 차분방정식에 대해서 전달함수를 구하시오.

$$-\frac{1}{6}y[n-2]-\frac{1}{6}y[n-1]+y[n]=x[n-1]+x[n]$$

풀이

z 변환을 이용하여 주어진 차분방정식은 다음과 같이 변환된다.

$$-\frac{1}{6}z^{-2}Y(z)-\frac{1}{6}z^{-1}Y(z)+Y(z)=z^{-1}X(z)+X(z)$$

그러면, 시스템의 전달함수 $H(z)$는 다음과 같이 구할 수 있다.

$$H(z) = \frac{z^{-1}+1}{(-1/6)z^{-2}-(1/6)z^{-1}+1}$$

$$= \frac{1+z^{-1}}{(1-(1/2)z^{-1})(1+(1/3)z^{-1})}$$

7장 요약

7.1 z 변환은 이산시간 신호의 이산시간 푸리에 변환이 존재하지 않는 경우에도 적용이 가능하다.

7.2 이산시간 푸리에 변환은 z 변환에서 $|z|=1$이 되는 한 가지 특수한 경우에 해당한다.

7.3 ROC는 z 변환이 수렴하는 z 값의 범위를 나타낸다.

7.4 이산시간 신호에 대해서 z 변환이 유일하게 대응되기 위해서는 ROC가 주어져야 한다.

7.5 z 변환의 ROC가 단위 원을 포함하면 안정한 시스템이다.

7.6 z 변환의 성질은 이산시간 푸리에 변환과 유사하다.

7.7 ROC는 극점을 포함하지 않아야 한다.

7.8 ROC와 극점의 상대적인 위치는 이산시간 신호의 방향성 (우방향 또는 좌방향)을 결정한다.

7.9 차분방정식을 z 변환함으로써 시스템 입출력 사이의 전달함수를 구할 수 있고, 전달함수를 z 역변환함으로써 시스템 임펄스 응답을 구할 수 있다.

7장 연습문제

7.1 다음 이산시간 신호의 z 변환과 ROC를 구하여라.

(a) $x[n] = \left(\frac{1}{2}\right)^n u[n]$

(b) $x[n] = \left(\frac{1}{2}\right)^n (u[n] - u[n-1])$

(c) $x[n] = \left(\frac{1}{3}\right)^n u[-n]$

(d) $x[n] = \left(\frac{1}{2}\right)^n (u[-n] - u[-n-1])$

7.2 다음과 같이 주어진 신호에 대해서 z 변환의 성질을 이용하여 z 변환을 구하시오.

(a) $x[n] = \left(\frac{1}{2}\right)^n u[n-1]$

(b) $x[n] = \left(\frac{1}{2}\right)^n u[n] * \left(\frac{1}{3}\right)^n u[n]$

(c) $x[n] = n\left(\frac{1}{4}\right)^n u[n]$

(d) $x[n] = \left(\frac{1}{2}\right)^n \sin(n\pi/4) u[n]$

7.3 다음의 z 변환된 결과 및 ROC로부터 이에 대응되는 시간 영역 신호를 구하여라.

(a) $X(z)=\dfrac{1}{1+\frac{1}{4}z^{-1}},\ |z|>\dfrac{1}{4}$

(b) $X(z)=\dfrac{1}{1+\frac{1}{4}z^{-1}},\ |z|<\dfrac{1}{4}$

(c) $X(z)=\dfrac{z^{-1}}{\left(1+\frac{1}{3}z^{-1}\right)(1+2z^{-1})},\ |z|>2$

(d) $X(z)=\dfrac{z^{-1}}{\left(1+\frac{1}{3}z^{-1}\right)(1+2z^{-1})},\ \dfrac{1}{3}<|z|<2$

7.4 다음 z 변환 결과에 대응되는 시간 영역 신호를 구하시오.

(a) $X(z)=\dfrac{z+\frac{5}{6}}{z^2+\frac{5}{6}z+\frac{1}{6}},\ |z|>\dfrac{1}{2}$

(b) $X(z)=\dfrac{z+1}{z+\frac{1}{6}},\ |z|>\dfrac{1}{6}$

7.5 다음 차분방정식으로 주어지는 시스템의 전달함수를 구하여라.

(a) $y[n]-\dfrac{1}{2}y[n-1]=x[n]$

(b) $y[n]+\dfrac{1}{4}y[n-1]-\dfrac{1}{8}y[n-2]=x[n]+x[n-1]$

(c) $y[n]=\dfrac{1}{2}x[n]+x[n-1]+\dfrac{1}{2}x[n-2]$

7장 MATLAB 예제

이번 매트랩 예제에서는 z 변환을 이용한 전달함수 및 임펄스 응답의 표현을 보여준다.

MATLAB 예제 7-1은 다음 전달함수 $H(z)$에 대한 전달함수 및 임펄스 응답을 구하는 예제이다.

$$H(z) = \frac{2z^2 - z + 3}{3z^2 - z + 2}$$

(MATLAB 예제 7-1) 전달함수 및 임펄스 응답 구하기

```
% Transfer function
H = tf([2 -1 3], [3 -1 2], -1);

% Impulse response
h = impulse(H);

figure(1); clf;
stem(h, 'ko');
grid on;
```

MATLAB 예제 7-2는 z=0.25+0.5j, 1.5에서 영점을 갖고 z=-0.5+2j, -0.5에서 극점을 갖는 전달함수와 이에 대한 임펄스 응답을 구하는 예제이다. 이산시간 신호에 대해서 영점 및 극점의 위치를 z 평면에 나타내기 위하여 zplane 함수를 이용한다.

(MATLAB 예제 7-2) 영점, 극점 나타내기

```
% Convert zero-pole-gain to transfer function form
z = [1/4+j/2 1.5]';
p = [-1/2+j/2 -1/2]';
[num,den] = zp2tf(z,p,1);

% Transfer function
H = tf(num,den, -1);

% Impulse response
h = impulse(H);

figure(1); clf;
stem(h, 'ko');
grid on;

figure(2);
zplane(z,p);
```

8 장 이산시간 필터

8장 이산시간 필터

이전 장들에서 이산시간 신호 및 시스템을 분석하는 다양한 기법들을 살펴봤다. 이러한 기법들을 통해서 임펄스 응답, 전달함수, 선형 상계수 차분방정식 등으로 주어지는 선형 시불변 이산시간 시스템의 특성을 분석할 수 있었다. 이번 장에서는 이러한 특성들로부터 시스템을 하드웨어 혹은 소프트웨어를 이용하여 어떻게 구현하는지에 대해서 살펴보도록 한다. 우리가 다루었던 대부분의 시스템은 인과 시스템이었으며 이번 장에서 다루는 시스템은 모두 인과 시스템을 가정한다.

이산시간 시스템은 차분방정식으로 모델링될 수 있으며 차분방정식은 시간 지연 소자, 덧셈 및 곱셈 소자들을 이용하여 하드웨어로 구현될 수 있다. 또한, 차분방정식은 프로세서를 이용하여 소프트웨어로도 구현이 가능하다. 우리가 관심이 있는 이산시간 시스템은 어떤 주파수를 갖는 신호를 입력으로 받아 신호를 처리한 후 출력한다. 시스템의 주파수 응답에 따라 어떤 주파수에서는 신호 성분이 크게 감소하기도 하고, 어떤 주파수에서는 신호 성분이 출력에 그대로 전달되기도 한다. 따라서, 우리는 이산시간 시스템을 이산시간 필터(discrete-time filter)로 간주하기도 한다. 샘플링된 이산시간 신호의 크기를 유한한 비트 수로 양자화하고 필터가 이러한 양자화된 신호를 처리한다면 우리는 이를 디지털 필터(digital filter)라고 한다.

이번 장에서는 수학적으로 표현된 차분방정식을 구현하기 위한 이산시간 시스템의 구조에 대해서 살펴보고 이산시간 필터를 설계하는 방법을 알아본다. 연속시간 신호는 아날로그-디지털 변환기(analog-to-digital converter: ADC)를 통하여 이산시간 신호로 변환이 가능하며, 디지털-아날로그 변환기(digital-to-analog converter: DAC)를 통하여 연속시간 신호로 변환이 가능하다. 따라서, 우리는 연속시간 신호를 처리하는데 있어서 ADC 및 DAC를 사용하여 연속시간 시스템의 특성에 근접하는 이산시간 시스템을 설계하여 사용할 수 있다.

따라서, 이번 장에서는 연속시간 시스템을 이산시간 시스템으로 근사화하여 설계하는 방법에 대해서도 살펴본다. 이산시간 필터를 설계하는 기술은 매우 다양하므로 이번 장에서는 기초적인 내용에 대해서만 살펴보기로 한다.

8.1 LTI 차분시스템의 블록 다이어그램 구현

LTI 차분시스템은 덧셈기, 곱셈기, 지연 소자를 사용하여 구현할 수 있다. 이들 세 가지 기본 소자에 대한 블록 다이어그램을 그림 8.1에 나타내었다. 덧셈기에서는 서로 다른 두 개의 신호가 더해지고, 곱셈기에서는 입력 신호에 상수가 곱해진다. 곱셈기는 증폭기 혹은 감쇄기의 역할을 하며, 지연 소자는 시스템에서 메모리 요소를 나타낸다.

수식(8.1)의 1차 차분방정식을 세 가지 기본 소자를 이용하여 블록 다이어그램으로 표현해 보면 그림 8.2와 같이 나타낼 수 있다.

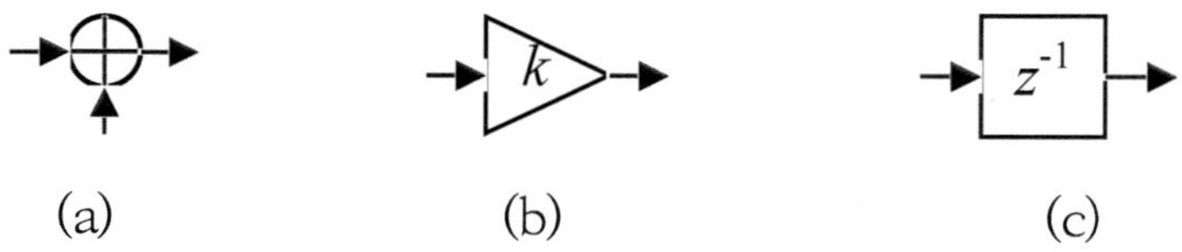

그림 8.1 LTI 차분시스템 구현을 위한 기본 소자의 블록 다이어그램, (a)덧셈기, (b)곱셈기, (c)지연 소자

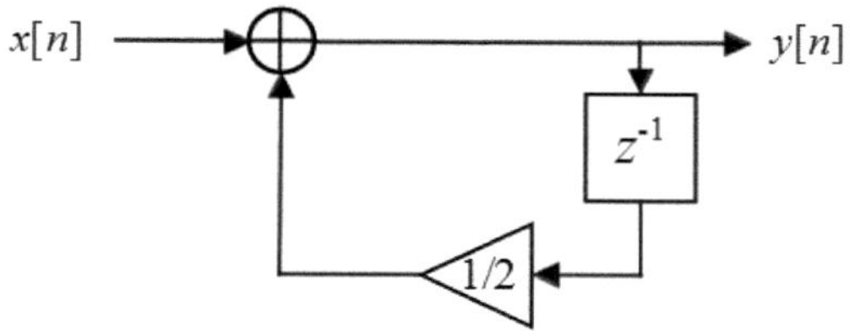

그림 8.2 1차 차분방정식의 구현 예

$$y[n] = x[n] + \frac{1}{2}y[n-1] \tag{8.1}$$

위 1차 차분방정식에 대해서 z 변환을 이용하여 전달함수를 구하면 다음과 같다.

$$H(z) = \frac{Y(z)}{X(z)} = \frac{1}{1 - \frac{1}{2}z^{-1}} \tag{8.2}$$

다음과 같은 2차 차분방정식을 블록 다이어그램으로 표현해 보면 그림 8.3과 같다.

$$y[n] + a_1 y[n-1] + a_2 y[n-2] = b_0 x[n] + b_1 x[n-1] \tag{8.3}$$

수식 (8.3)의 차분방정식에 대해서 좌변에는 $y[n]$만 남기고 나머지 항들은 모두 우변으로 넘김으로써 다음과 같이 정리하여 나타낼 수 있다.

$$y[n] = b_0 x[n] + b_1 x[n-1] - a_1 y[n-1] - a_2 y[n-2] \tag{8.4}$$

수식 (8.4)에서 시간 지연된 출력 신호가 현재의 출력에 피드백(feedback)되어 영향을 주고 있음을 알 수 있다.

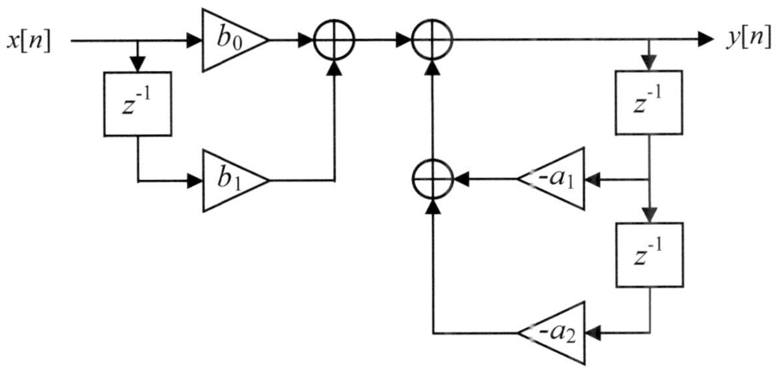

그림 8.3 2차 차분방정식의 구현 예

또한, 위 2차 차분방정식에 대해서 z 변환을 이용하여 전달함수를 구하면 다음과 같다.

$$H(z)=\frac{Y(z)}{X(z)}=\frac{b_0+b_1z^{-1}}{1+a_1z^{-1}+a_2z^{-2}} \tag{8.5}$$

8.2 이산시간 필터의 구분

2장에서 이산시간 LTI 시스템의 출력은 컨벌루션 합으로 계산됨을 살펴보았다. 따라서 이산시간 필터를 구현하는 방법으로서 입력 신호와 임펄스 응답의 컨벌루션 합을 다음과 같이 직접적으로 계산하는 방법을 사용할 수 있으므로 시스템의 구현에 있어서 임펄스 응답의 길이가 중요하다.

$$y[n]=\sum_{m=-\infty}^{\infty}h[m]x[n-m]$$

이산시간 필터는 임펄스 응답의 길이에 따라 무한 임펄스 응답(infinite impulse response: IIR) 필터와 유한 임펄스 응답(finite impulse response: FIR) 필터로 구분할 수 있다. IIR 필터는 임펄스 응답의 길이가 무한한 필터를 나타내고 FIR 필터는 임펄스 응답의 길이가 유한한 필터를 나타낸다.

또 다른 구분으로서, 시스템이 피드백 경로를 가지고 있는 재귀적(recursive) 필터와 피드백 경로가 없는 비재귀적(nonrecursive) 필터가 있다. 재귀적 필터는 피드백 경로로 인하여 전달함수에서 극점을 가지고 있다. 보통 IIR 필터는 재귀적으로 구현되며, FIR 필터는 비재귀적으로 구현된다.

8.3 IIR 필터의 구조

이번 절에서는 수학적으로 표현된 차분방정식을 구현하기 위한 시스템 구조들 중 IIR 필터의 형태로 구현이 가능한 시스템 구조에 대해서 살펴본다. IIR 필터에 대한 이해를 돕기 위하여 그림 8.4와 같은 1차 차분방정식으로 구현된 시스템을 고려하자.

그림 8.4의 시스템은 다음과 같이 나타낼 수 있다.

$$y[n]-ay[n-1]=x[n] \tag{8.6}$$

위 1차 차분방정식의 초기조건이 0이라고 가정하고 임펄스 신호를 입력으로 인가하면 차분방정식의 해는 $y[n]=a^n u[n]$과 같이 얻어지고 이는 시스템의 임펄스 응답 $h[n]$이 된다. 즉, 위 1차 차분방정식의 임펄스 응답은

$$h[n]=a^n u[n] \tag{8.7}$$

과 같다. 수식 (8.7)의 임펄스 응답은 무한히 지속됨을 알 수 있다. 이와 같이 임펄스 응답이 무한이 지속되는 시스템을 무한 임펄스 응답 필터라고 한다. IIR 필터는 임펄스 응답이 무한히 지속되므로 컨벌루션 합으로서 시스템 출력을 구현하는 것이 사실상 불가능하다. 따라서, IIR 필터는 그림 8.4와 같이 과거의 출력 값이 시간 지연되어 입력으로 피드백되어 현재의 출력에 영향을 주는 형태로 구현된다.

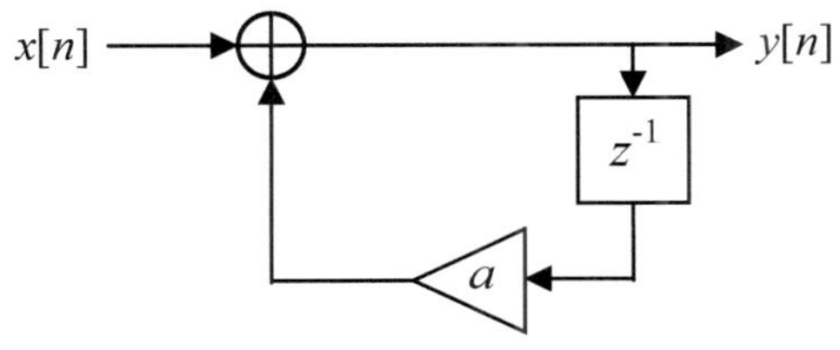

그림 8.4 1차 차분방정식의 구현 예

예제 8-1 IIR 필터의 구현

다음과 같은 차분방정식으로 주어진 IIR 필터를 블록 다이어그램으로 구현하시오.

$$y[n]+\frac{1}{2}y[n-1]+\frac{1}{4}y[n-2]=x[n]$$

풀이

위 차분방정식의 출력은 최대 2만큼 시간 지연되어 입력으로 피드백되고 있으므로 그림 8.5와 같이 구현할 수 있다.

일반적인 IIR 필터의 구조를 살펴보기 위하여 다음과 같은 N차 차분방정식을 고려하자.

$$\sum_{k=0}^{N} a_k y[n-k]=\sum_{k=0}^{M} b_k x[n-k] \tag{8.8}$$

여기서, $N>M$이다. 그리고 수식 (8.8)의 양변을 적절히 스케일링하여 a_0의 값이 1이 되도록 할 수 있다.

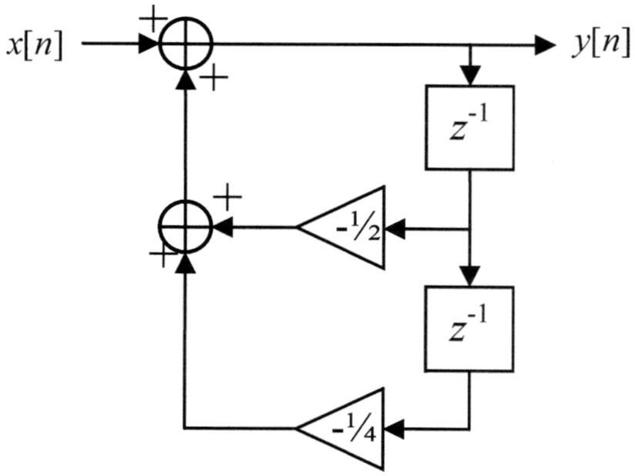

그림 8.5 예제 8-1의 차분방정식으로 구현된 시스템

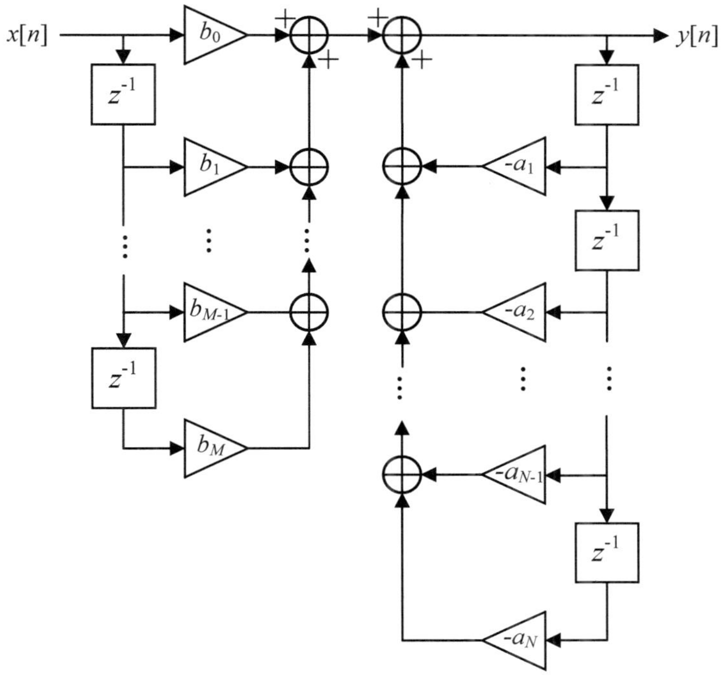

그림 8.6 제1 직접형 IIR 필터 구조

수식 (8.8)의 좌변은 현재의 출력 및 과거 출력의 피드백 값의 결합으로 이루어져 있다. 우변은 현재의 입력 및 과거 입력 값의 결합으로 이루어져 있다. 과거의 입력 값들 및 과거의 출력 값들은 지연 소자를 사용하여 구현이 가능하므로 수식 (8.8)의 차분방정식은 그림 8.6과 같이 입력에 관련된 항들과 출력에 관련된 항들을 구분하여 블록 다이어그램으로 나타낼 수 있다. 이러한 필터의 구조를 제1 직접형(direct form I)이라고 한다.

수식 (8.8)의 차분방정식을 z 변환하면 다음과 같은 전달함수를 얻는다.

$$H(z) = \frac{Y(z)}{X(z)} = \frac{b_0 + b_1 z^{-1} + b_2 z^{-2} - \cdots + b_M z^{-M}}{1 + a_1 z^{-1} + a_2 z^{-2} - \cdots + a_N z^{-N}} \tag{8.9}$$

전달함수의 분자에 해당하는 계수들 $b_0, b_{1,} \cdots, b_M$은 순방향 경로(feedforward path) 상의 곱셈기로 구현되며, 분모에 해당하는 계수들 $a_{1,} \cdots, a_N$은 피드백 경로(feedback path) 상의 곱셈기로 구현됨을 알 수 있다.

다음으로, 제1 직접형과 다른 형태로 구현하는 방법을 살펴보자. 수식 (8.9)의 전달함수는 다음과 같은 2개의 전달함수의 곱으로 나타낼 수 있다.

$$H(z) = \left\{ \frac{1}{1 + a_1 z^{-1} + a_2 z^{-2} + \cdots + a_N z^{-N}} \right\} \cdot \left\{ b_0 + b_1 z^{-1} + b_2 z^{-2} + \cdots + b_M z^{-M} \right\} = H_1(z) H_2(z) \tag{8.10}$$

여기서,

$$H_1(z) = \frac{1}{1 + a_1 z^{-1} + a_2 z^{-2} + \cdots + a_N z^{-N}} \tag{8.11}$$

$$H_2(z) = b_0 + b_1 z^{-1} + b_2 z^{-2} + \cdots + b_M z^{-M} \tag{8.12}$$

와 같다.

그러면, $H(z)$는 $H_1(z)$과 $H_2(z)$ 시스템의 직렬 연결로 나타나므로 그림 8.6의 구조를 그림 8.7과 같은 형태로 나타낼 수 있으며 이러한 형태를 제2 직접형(direct form II) 구조라고 한다. 그림 8.6에서 입력 신호 $x[n]$은 $H_1(z)$에 먼저 입력되고 $H_1(z)$의 출력은 다시 $H_2(z)$에 입력되어 최종 $y[n]$이 출력된다.

제1 직접형과 제2 직접형은 모두 동일한 시스템을 나타내지만 구현 복잡도 측면에서는 차이점을 가진다. 먼저, 그림 8.6의 제1 직접형을 구현할 경우 입력

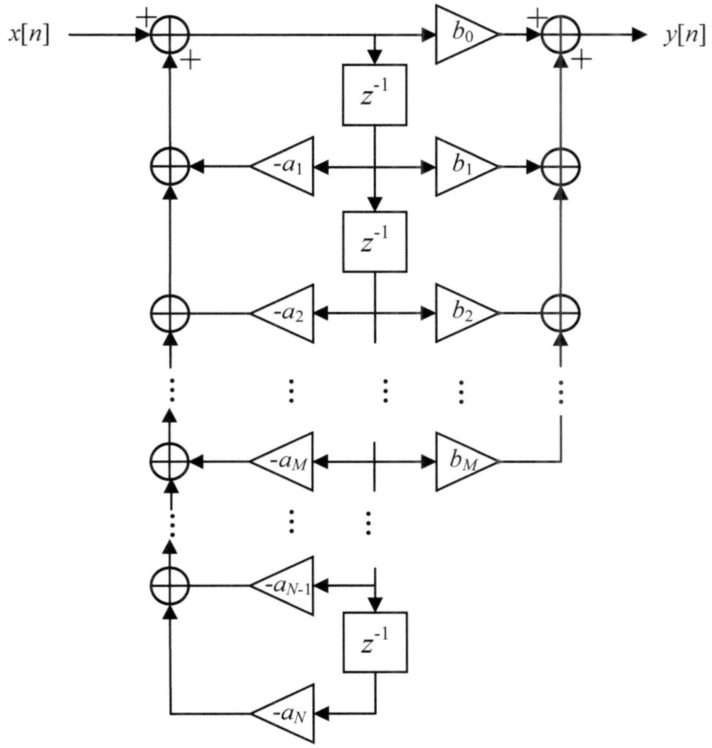

그림 8.7 제 2 직접형 IIR 필터 구조

신호의 시간 지연을 위한 M 개의 지연 소자와 출력 신호의 시간 지연을 위한 N 개의 지연 소자가 필요하며, $(M+N+1)$개의 곱셈기와 $(M+N)$개의 덧셈기가 필요하다. 반면에 그림 8.7의 제2 직접형을 구현할 경우 필요한 곱셈기와 덧셈기의 수는 제1 직접형과 동일하지만 필요한 지연 소자의 개수는 N개로 줄어든다. 지연 소자는 메모리 소자로 구현될 수 있으므로 제2 직접형은 제1 직접형에 비해 메모리의 사용을 줄일 수 있다.

예제 8-2 IIR 필터의 구조

다음과 같은 전달함수로 주어진 IIR 필터를 제1 직접형 및 제2 직접형으로 구현하시오.

$$H(z)=\frac{2z^3-3z^2+4z}{z^3-2z^2+3z-1.5}$$

풀이

수식 (8.9)와 같은 표준 형태의 전달함수를 얻기 위하여 주어진 전달함수의 분모와 분자에 각각 z^{-3}을 곱하면 다음과 같은 전달함수를 얻는다.

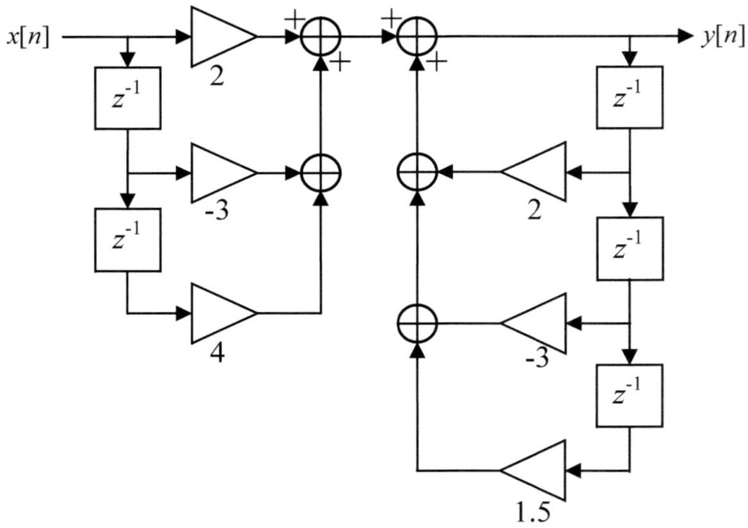

그림 8.8 예제 8-2의 시스템에 대한 제1 직접형 구조

$$H(z)=\frac{2-3z^{-1}+4z^{-2}}{1-2z^{-1}+3z^{-2}-1.5z^{-3}}$$

전달함수의 분자에 해당하는 계수들은 순방향 경로 상의 곱셈기로 구현하고, 분모에 해당하는 계수들은 피드백 경로 상의 곱셈기로 구현함으로써 제1 직접형 및 제2 직접형 구조를 나타내면, 각각 그림 8.8 및 그림 8.9와 같다.

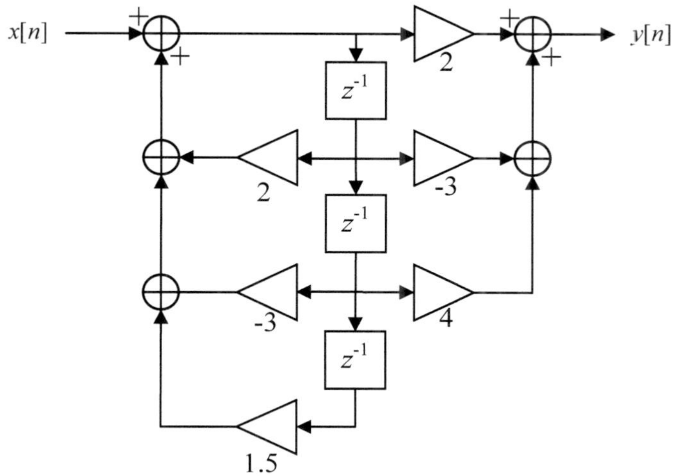

그림 8.9 예제 8-2의 시스템에 대한 제2 직접형 구조

제1 직접형과 제2 직접형에서는 주어진 전체 전달함수의 형태 그대로 직접 구현된다. 우리는 이미 다양한 연결 방법을 통해 전체 시스템을 여러 개의 작은 시스템들의 결합으로 구성할 수 있음을 알고 있다. 이제, 전달함수를 분해(decomposition)하여 분해된 각각의 전달함수를 시스템으로 구현하고 서로 연결함으로써 전체 시스템을 구현하는 방법을 살펴보자. 전체 시스템을 구성하는 각각의 분해된 시스템을 부시스템(subsystem)이라고 한다. 전체 시스템을 구성하기 위해서 부시스템을 서로 연결하는 방법으로는 1장에서 살펴본 시스템의 연결 방법을 사용하며 직렬 및 병렬 연결이 사용될 수 있다.

먼저, 수식 (8.9)의 전달함수로부터 분모와 분자를 각각 인수 분해하여 다음과 같이 더 낮은 차수의 다항식의 곱으로 표현할 수 있다.

$$H(z) = \frac{Y(z)}{X(z)} = \frac{N_1(z)N_2(z)\cdots N_q(z)}{D_1(z)D_2(z)\cdots D_p(z)} \tag{8.13}$$

편의상, $q < p < M$라고 가정하자. 그러면, 수식 (8.13)은 다음과 같이 p 개의 분해된 전달함수의 곱으로 나타낼 수 있다.

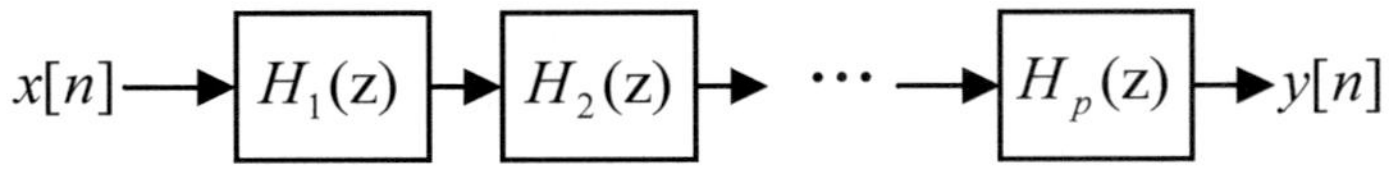

그림 8.10 이산시간 필터의 직렬 연결 구조

$$H(z)=\left\{\frac{N_1(z)}{D_1(z)}\right\}\left\{\frac{N_2(z)}{D_2(z)}\right\}\cdots\left\{\frac{N_q(z)}{D_q(z)}\right\}\left\{\frac{1}{D_{q+1}(z)}\right\}\cdots\left\{\frac{1}{D_p(z)}\right\} \quad (8.14)$$
$$=H_1(z)H_2(z)\cdots H_p(z)$$

각각의 분해된 전달함수는 하나의 부시스템을 나타내며, p 개의 부시스템을 그림 8.10과 같이 차례대로 연결하여 전체 시스템을 구성할 수 있다.

만약, $p<q<M$ 이라면, 수식 (8.13)은 다음과 같이 q 개의 분해된 전달함수의 곱으로 나타낼 수 있으며 모두 q 개의 부시스템의 직렬 연결로 구성될 수 있다.

$$H(z)=\left\{\frac{N_1(z)}{D_1(z)}\right\}\left\{\frac{N_2(z)}{D_2(z)}\right\}\cdots\left\{\frac{N_p(z)}{D_p(z)}\right\}\{N_{p+1}(z)\}\cdots\{N_q(z)\} \quad (8.15)$$
$$=H_1(z)H_2(z)\cdots H_q(z)$$

한편, $q<p<M$인 경우 수식 (8.13)은 다음과 같이 p 개의 부분 분수의 합으로도 표현이 가능하다.

$$H(z)=K_1\frac{B_1(z)}{D_1(z)}+K_2\frac{B_2(z)}{D_2(z)}+\cdots+K_p\frac{B_p(z)}{D_p(z)} \quad (8.16)$$
$$=H_1(z)+H_2(z)+\cdots+H_p(z)$$

따라서, 수식 (8.16)으로부터 전체 시스템은 p 개의 부시스템의 합으로 구성되며 그림 8.11과 같이 나타낼 수 있다.

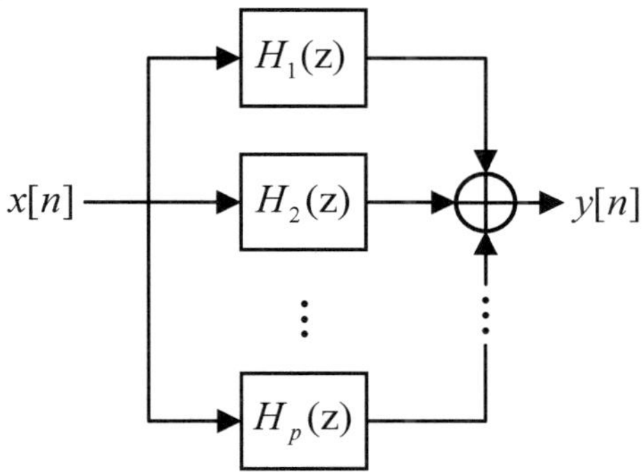

그림 8.11 이산시간 필터의 병렬 연결 구조

부시스템의 차수는 1차 이상이며 각각의 부시스템은 제1 직접형 혹은 제2 직접형으로 구현될 수 있다. 전체 시스템을 하나 이상의 부시스템으로 분해하여 직렬 혹은 병렬 연결하여 구성한 시스템은 각 부시스템을 모듈화할 수 있다는 장점이 있다.

예제 8-3 직렬 및 병렬 연결 구조

다음과 같은 전달함수로 주어진 IIR 필터를 직렬 및 병렬 연결 구조로 구현하시오.

$$H(z) = \frac{3z^2 + 21z + 36}{z^3 + 3.5z^2 + 3z}$$

풀이

주어진 전달함수의 분모와 분자를 인수분해하면 다음과 같은 형태의 전달함수를 얻는다.

$$H(z) = \frac{3(z+3)(z+4)}{z(z+1.5)(z+2)}$$

먼저, 전체 전달함수를 다음과 같이 3개의 전달함수의 직렬 연결로 구성할 수 있다.

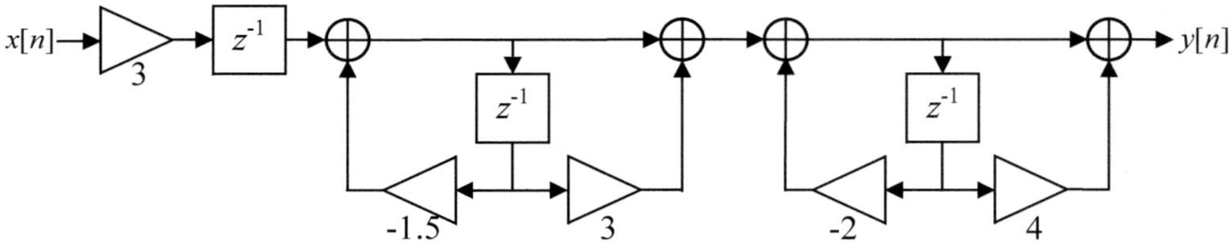

그림 8.12 예제 8-3의 시스템에 대한 직렬 연결 구조

$$H(z) = \left(\frac{3}{z}\right)\left(\frac{z+3}{z+1.5}\right)\left(\frac{z+4}{z+2}\right)$$

분해된 전달함수의 분모와 분자에 각각 z^{-3}을 곱함으로써 각각의 부시스템이 수식 (8.9)의 표준 형태를 가지도록 다시 나타내면 다음과 같다.

$$H(z) = (3z^{-1})\left(\frac{1+3z^{-1}}{1+1.5z^{-1}}\right)\left(\frac{1+4z^{-1}}{1+2z^{-1}}\right)$$
$$= H_1(z)H_2(z)H_3(z)$$

따라서,

$$H_1(z) = 3z^{-1},$$

$$H_2(z) = \frac{1+3z^{-1}}{1+1.5z^{-1}},$$

$$H_3(z) = \frac{1+4z^{-1}}{1+2z^{-1}}$$

와 같이 3개의 부시스템의 직렬 연결 구조를 나타내면 그림 8.12와 같다. 여기서, 각각의 부시스템은 제2 직접형 구조로 구성하였다.

다음으로, 주어진 전달함수를 병렬 연결 구조로 구성하기 위하여 다음과 같이 부분 분수들의 합으로 표현한다.

$$H(z) = \frac{3(z+3)(z+4)}{z(z+1.5)(z+2)}$$

$$= z\left(\frac{3(z+3)(z+4)}{z^2(z+1.5)(z+2)}\right)$$

$$= z\left(\frac{K_1}{z^2} + \frac{K_2}{z} + \frac{K_3}{z+1.5} - \frac{K_4}{z+2}\right)$$

여기서, K_1, K_2, K_3, K_4의 값은 다음과 같이 구할 수 있다.

$$K_1 = z^2\left(\frac{3(z+3)(z+4)}{z^2(z+1.5)(z+2)}\right)\Bigg|_{z=0} = 12$$

$$K_2 = \frac{d}{dz}\left[z^2\left(\frac{3(z+3)(z+4)}{z^2(z+1.5)(z+2)}\right)\right]\Bigg|_{z=0} = -7$$

$$K_3 = (z+1.5)\left(\frac{3(z+3)(z+4)}{z^2(z+1.5)(z+2)}\right)\Bigg|_{z=-1.5} = 10$$

$$K_4 = (z+2)\left(\frac{3(z+3)(z+4)}{z^2(z+1.5)(z+2)}\right)\Bigg|_{z=-2} = -3$$

따라서, 전달함수는 다음과 같이 나타낼 수 있다.

$$H(z) = \frac{12z}{z^2} + \frac{-7z}{z} + \frac{10z}{z+1.5} - \frac{-3z}{z+2}$$

$$= \frac{12}{z} - 7 + \frac{10}{1+1.5z^{-1}} - \frac{3}{1+2z^{-1}}$$

따라서, 4개의 부시스템의 병렬 연결 구조로 전체 시스템을 구성할 수 있으며 블록 다이어그램을 나타내면 그림 8.13과 같다.

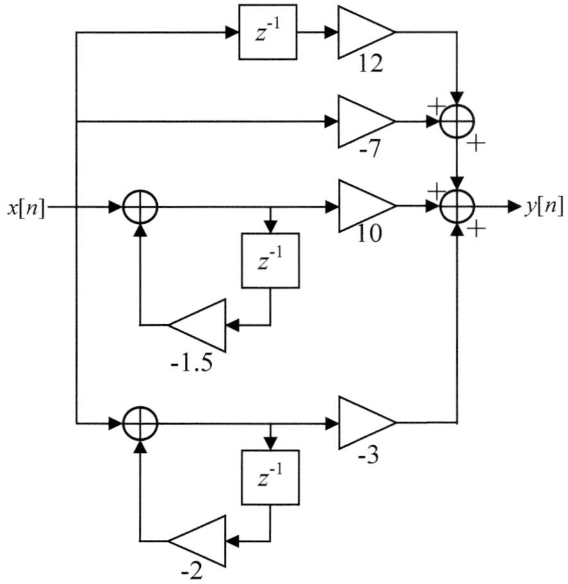

그림 8.13 예제 8-3의 시스템에 대한 병렬 연결 구조

8.4 FIR 필터의 구조

FIR 필터는 임펄스 응답의 길이가 유한인 시스템을 나타내고 시간 지연된 출력이 입력으로 피드백되지 않는다. 일반적인 FIR 필터를 차분방정식의 수식으로 다음과 같이 나타낼 수 있다.

$$y[n] = \sum_{k=0}^{M} b_k x[n-k] \tag{8.17}$$

여기서, 임펄스 응답은

$$h[n] = b_0\delta[n] + b_1\delta[n-1] + \cdots + b_M\delta[n-M] \tag{8.18}$$

와 같이 나타낼 수 있다.

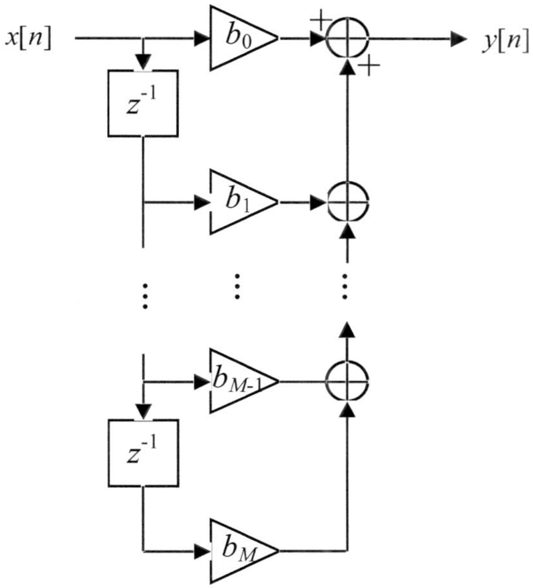

그림 8.14 FIR 필터의 블록 다0 어그램

이제, 수식 (8.17)의 차분방정식을 z 변환하면 다음과 같은 전달함수를 얻는다.

$$H(z)=\frac{Y(z)}{X(z)}=b_0+b_1z^{-1}+b_2z^{-2}+\cdots+b_Mz^{-M} \tag{8.19}$$

수식 (8.19)의 시스템을 블록 다이어그램으로 나타내면 그림 8.14와 같다.

IIR 필터는 출력이 시간 지연되어 입력으로 피드백되므로 출력의 크기가 지속적으로 증가되는 불안정 시스템이 될 가능성이 존재한다. 이에 비해 FIR 필터는 유한한 길이의 임펄스 응답을 가지므로 FIR 필터는 항상 안정한 시스템이 된다.

8.5 이산시간 필터의 설계

앞에서 이산시간 필터의 구조에 대해서 살펴봤다. 이제 이산시간 필터를 설계하는 방법에 대해서 살펴보기로 한다. 우리가 관심있는 시스템은 인과 시스템이다. 또한, 앞으로 살펴볼 시스템에 대해서 0보다 작은 시간에서 신호는 0이고 초기 조건도 0이라고 가정한다.

주어진 설계 조건을 최대한 만족시키기 위한 전달함수를 찾음으로써 이산시간 필터를 설계할 수 있다. 우리가 다루는 대부분의 이산시간 신호는 연속시간 신호를 샘플링함으로써 얻을 수 있다. 여기서는 연속시간 신호를 처리하는 연속시간 필터를 이산시간 필터로 구현하는 방법에 대해서 살펴보기로 한다. 연속시간 시스템은 미분방정식으로 표현될 수 있으며, 시간 응답 및 주파수 응답에 따라 고유한 특성이 결정된다. 따라서, 연속시간 영역에서 주어지는 미분방정식, 시간 응답, 주파수 응답을 이산시간 영역으로 근사화하여 표현함으로써 이산시간 필터를 구현할 수 있다.

8.5.1 미분방정식 모델의 근사화

연속시간 시스템의 미분방정식 모델을 차분방정식으로 근사화하여 이를 이산시간 필터로 구현할 수 있다. 연속시간 영역에서 미분은 이산시간 영역에서 차분으로 근사화될 수 있다. 연속시간 신호 $x(t)$를 시간 T 간격으로 샘플링함으로써 이산시간 신호 $x(nT)$를 얻을 수 있다. 여기서, n은 정수이다.

그러면, 다음과 같이 정의되는 연속시간 미분 $dx(t)/dt$을 이산시간 차분 연산에 해당하는 $x_d(n)$으로 근사화한다.

$$x_d(t) = \frac{dx(t)}{dt} = \lim_{\tau \to 0} \frac{x(t) - x(t-\tau)}{\tau} \tag{8.20}$$

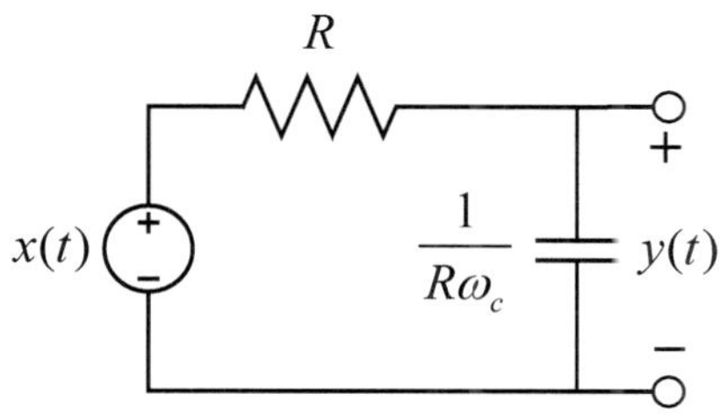

그림 8.15 예제 8-4의 연속시간 필터 회로

$$x_d(n) = \frac{x(nT) - x(nT-T)}{T} \tag{8.21}$$

여기서, T가 0으로 근접함에 따라 $x_d(n)$은 $x_c(t)$로 수렴한다. 즉, 이산시간 필터에서 사용하는 샘플링율이 높을수록 연속시간 시스템의 미분방정식을 보다 정확히 모델링할 수 있다.

다음 예제를 통하여 연속시간 필터를 이산시간 필터로 근사화하여 나타내보자.

예제 8-4 미분방정식 모델의 근사화

그림 8.15는 1차 저역통과 필터의 회로를 나타낸다. 커퍼시터의 정전용량은 $C = 1/(R\omega_c)$와 같이 주어진다. 주어진 시스템을 이산시간 필터로 근사화하여 구현하시오.

풀이

주어진 RC 회로에 대한 미분방정식을 다음과 같이 나타낼 수 있다.

$$R\left(\frac{1}{R\omega_c}\frac{dy(t)}{dt}\right) + y(t) = x(t)$$

신호의 샘플링 간격을 T로 가정하고 위 미분방정식을 다음과 같은 차분방정식으로 모델링한다.

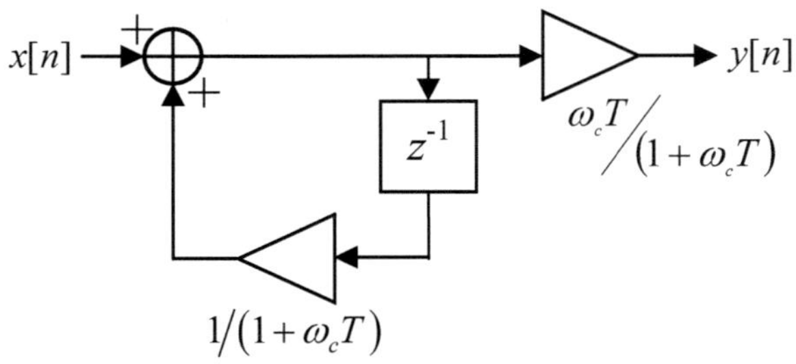

그림 8.16 예제 8-4의 연속시간 필터를 근사화한 이산시간 필터

$$\frac{y[n]-y[n-1]}{\omega_c T}+y[n]=x[n]$$

위 차분방정식에 대해서 z 변환을 적용하면 다음과 같다.

$$\frac{Y(z)-z^{-1}Y(z)}{\omega_c T}+Y(z)=X(z)$$

이제 전달함수를 구하면 다음과 같다.

$$H(z)=\frac{Y(z)}{X(z)}=\frac{\omega_c T}{1+\omega_c T-z^{-1}}$$

$$=\frac{\omega_c T/(1+\omega_c T)}{1-z^{-1}/(1+\omega_c T)}$$

위 전달함수에 대한 블록 다이어그램을 나타내면 그림 8.16과 같은 IIR 필터 구조를 가진다.

8.5.2 시간 응답의 근사화

연속시간 필터의 시간 응답을 이산시간 시간 응답으로 근사화하여 이를 이산시간 필터로 구현할 수 있다. 이산시간 시간 응답은 연속시간 시간 응답을 샘플링하여 얻을 수 있다. 여기서, 연속시간 입력신호 $x(t)$와 연속시간 시스템의 전달함수 $H(s)$를 알고 있다고 가정한다.

먼저, 입력신호 $x(t)$에 대한 라플라스 변환을 수행하여 $X(s)$를 얻고, 전달함수 $H(s)$를 곱함으로써 출력신호 $y(t)$에 대한 라플라스 변환된 결과 $Y(s)$를 얻는다.

$$Y(s) = H(s)X(s) \tag{8.22}$$

그러면, $Y(s)$에 대하여 라플라스 역변환을 수행하여 연속시간 출력신호 $y(t)$를 얻을 수 있다.

다음으로, 입력신호 $x(t)$와 출력신호 $y(t)$를 각각 시간 T 간격으로 샘플링하여 이산시간 신호 $x[n] = x(nT)$와 $y[n] = y(nT)$를 얻는다. 또한, 이산시간 신호 $x[n]$과 $y[n]$에 대해서 각각 z 변환을 수행하여 $X(z)$와 $Y(z)$를 얻는다.

마지막으로, 이산시간 전달함수 $H(z)$를 다음과 같이 얻을 수 있다.

$$H(z) = \frac{Y(z)}{X(z)} = \frac{Z\left\{L^{-1}\{H(s)X(s)\}\big|_{t=nT}\right\}}{X(z)} \tag{8.23}$$

다음 예제를 통하여 연속시간 시스템을 시간 응답의 근사화를 통하여 이산시간 필터로 나타내보자.

예제 8-5 시간 응답의 근사화

다음과 같이 주어진 연속시간 저역통과 필터 $H(s)$를 이산시간 필터로 근사화하여 구현하시오. 주어진 이산시간 시스템의 샘플 시간 간격은 $T = 0.01$[sec]이다.

$$H(s) = \frac{2}{2+s}$$

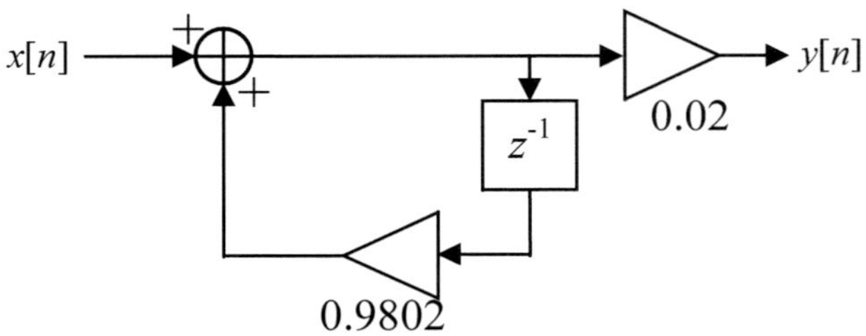

그림 8.17 예제 8-5의 연속시간 필터를 근사화한 이산시간 필터

풀이

주어진 시스템에 임펄스 신호 $x(t)=\delta(t)$가 입력될 때 입력신호에 대한 라플라스 변환된 결과는 $X(s)=1$와 같으며, 연속시간 필터의 출력신호 $y(t)$에 대한 라플라스 변환된 결과는

$$Y(s)=\frac{2}{2+s}$$

와 같다.

그러면, 출력신호 $y(t)$는 다음과 같이 계산된다.

$$\begin{aligned} y(t) &= L^{-1}\{H(s)X(s)\} \\ &= L^{-1}\left\{\frac{2}{2+s}\right\} \\ &= 2e^{-2t}u(t) \end{aligned}$$

이산시간 임펄스 신호의 샘플링된 이산시간 신호는 $(1/T)\delta[n]$과 같고 주어진 시스템의 샘플링율은 100Hz이므로 이산시간 필터의 전달함수는

$$H(z) = \frac{Z\left\{L^{-1}\{H(s)X(s)\}\big|_{t=nT}\right\}}{X(z)}$$

$$= TZ\left\{L^{-1}\{H(s)X(s)\}\big|_{t=nT}\right\}$$

$$= 0.01Z\left\{\{2e^{-2t}u(t)\}\big|_{t=0.01n}\right\}$$

$$= 0.01Z\left\{2e^{-0.02n}u_T[n]\right\}$$

$$= \frac{0.02}{1-e^{-0.02}z^{-1}} = \frac{0.02}{1-0.9802z^{-1}}$$

와 같이 계산된다.

따라서, 이산시간 필터의 블록다이어그램은 그림 8.17과 같이 나타낼 수 있다.

8.5.3 이중선형 변환을 이용한 설계

연속시간 필터의 시간 응답을 근사화하는 방법에서는 특정한 입력신호에 대한 출력신호 응답을 갖는 이산시간 필터를 설계하였다. 이산시간 필터를 설계하는 또 다른 방법으로서, 연속시간 필터의 주파수 응답을 이산시간 주파수 응답으로 근사화하여 이를 이산시간 필터로 구현할 수 있다. 실제 시스템 설계에서는 많은 경우에 있어서 출력신호 응답 보다 주파수 응답을 근사화하는 이산시간 필터를 설계하는 방법을 사용한다. 연속시간 필터의 주파수 응답은 비주기이며 대역폭도 제한되어 있지 않은 반면, 이산시간 필터의 경우 주파수 응답은 샘플링율의 정수배에 해당하는 주기를 갖는다.

이중선형 변환(bilinear transformation)은 비선형 변환으로서 연속시간 필터의 전체 주파수 응답을 이산시간 필터의 주파수 범위 이내로 맵핑하는 역할을 수행한다. 이중선형 변환은 다음과 같이 s-평면 상의 한 점을 z-평면 상의 한 점으로 맵핑한다.

$$s = \left(\frac{2}{T}\right)\left(\frac{1-z^{-1}}{1+z^{-1}}\right) \tag{8.24}$$

그러면, 이산시간 필터는 이중선형 변환에 의해서 다음과 같이 나타낼 수 있다.

$$H(z) = H(s)\big|_{s=(2/T)(1-z^{-1})/(1+z^{-1})} \tag{8.25}$$

다음 예제를 통하여 이중선형 변환을 이용하여 주어진 연속시간 필터로부터 이산시간 IIR 필터를 설계해본다.

예제 8-6 이중선형 변환을 이용한 IIR 필터 설계

예제 8-5에서 주어진 연속시간 저역통과 필터 $H(s)$를 이산시간 필터로 근사화하기 위해 이중선형 변환을 이용하시오. 이산시간 필터의 샘플 시간 간격은 $T=0.01$이다.

$$H(s) = \frac{2}{2+s}$$

풀이

이중선형 변환에 의한 이산시간 전달함수는 수식 (8.25)와 같이 나타낼 수 있으므로 문제에서 주어진 저역통과 필터에 대해 수식 (8.25)를 적용하면 다음과 같이 나타낼 수 있다.

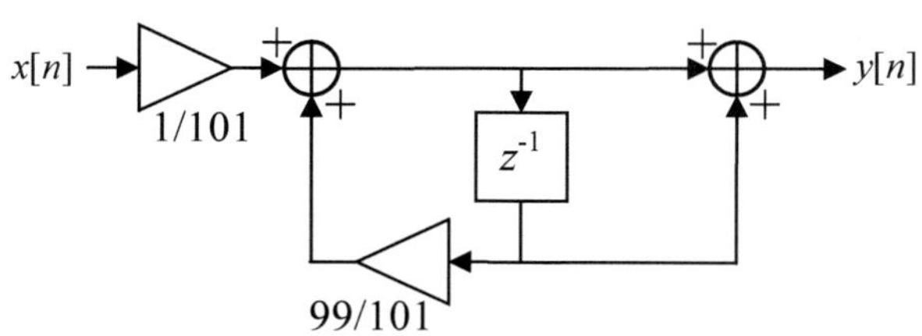

그림 8.18 예제 8-6의 연속시간 필터를 근사화한 이산시간 필터

$$
\begin{aligned}
H(z) &= H\left(\frac{2}{T}\frac{1-z^{-1}}{1+z^{-1}}\right) \\
&= \frac{2}{2+\dfrac{2}{T}\dfrac{1-z^{-1}}{1+z^{-1}}} \\
&= \frac{1+z^{-1}}{(1+1/T)+(1-1/T)z^{-1}} \\
&= \frac{1+z^{-1}}{101-99z^{-1}} \\
&= \frac{1}{101}\frac{1+z^{-1}}{1-(99/101)z^{-1}}
\end{aligned}
$$

와 같다.

이를 블록 다이어그램으로 표현하면 그림 8.18과 같이 나타낼 수 있다.

8장 요약

8.1 디지털 시스템은 덧셈기, 곱셈기, 지연 소자를 이용하여 구현될 수 있다.

8.2 디지털 시스템은 임펄스 응답의 길이에 따라 IIR 혹은 FIR 필터로 구분된다.

8.3 IIR 필터는 임펄스 응답의 길이가 무한이므로 컨벌루션 합을 그대로 구현하는 것이 사실상 불가능하므로 컨벌루션 합 대신 차분방정식을 구현함으로써 실현될 수 있다.

8.4 FIR 필터는 임펄스 응답의 길이가 유한이므로 컨벌루션 합을 그대로 구현함으로써 실현될 수 있다.

8.5 FIR 필터는 컨벌루션 합과 차분방정식의 형태가 동일하다.

8.6 IIR 필터는 다양한 구조로 구현될 수 있으며 구조에 따라 구현 복잡도가 달라진다.

8장 연습문제

8.1 다음의 차분방정식으로 주어진 시스템이 FIR 필터인지 혹은 IIR 필터인지 판단하고 블록 다이어그램으로 그리시오.

(a) $y[n]+\frac{1}{2}y[n-1]+\frac{1}{4}y[n-2]=x[n]+\frac{1}{2}x[n-1]$

(b) $y[n]=x[n]+\frac{1}{2}x[n-1]$

(c) $2y[n]+\frac{1}{2}y[n-1]+\frac{3}{2}y[n-2]=x[n]$

(d) $4y[n]=x[n]+2x[n-1]+x[n-2]$

8.2 다음과 같이 주어진 전달함수에 대해서 제1 직접형 및 제2 직접형의 블록 다이어그램을 그리시오.

(a) $H(z)=\dfrac{1+3z^{-1}}{1-2z^{-1}+0.5z^{-2}}$

(b) $H(z)=\dfrac{z^{-1}+2z^{-2}}{(1-z^{-1})(1+2z^{-1}-z^{-2})}$

(c) $H(z)=\dfrac{3z^2+z+2}{(z^2-1)(z^2-5z+4)}$

(d) $H(z)=\dfrac{1+3z^{-2}+2z^{-4}}{1-0.1z^{-1}+0.2z^{-3}}$

8.3 다음과 같이 주어진 전달함수를 갖는 시스템을 직렬 연결로 구현하시오.

(a) $H(z)=\dfrac{2-z^{-1}}{(1-2z^{-1})(1+z^{-1})}$

(b) $H(z)=\dfrac{z^{-1}+3z^{-2}}{(1-z^{-1})(1+1.5z^{-1}-z^{-2})}$

(c) $H(z)=\dfrac{2z^2+z}{(z-1)(z^2-5z+6)}$

(d) $H(z)=\dfrac{1+3z^{-2}+2z^{-4}}{1-0.1z^{-1}-0.2z^{-2}}$

8.4 문제 8.3의 시스템을 병렬 연결로 구현하시오.

8.5 문제 8.3의 시스템에 대한 임펄스 응답을 구하시오.

8.6 다음과 같이 주어진 전달함수 $H(z)$를 갖는 시스템에 대해서 다음 질문에 답하시오.

$$H(z)=\frac{(1-2z^{-1})(1-3z^{-1})}{z(1-0.5z^{-1})}$$

(a) 위 시스템의 입력 신호를 $x[n]$, 출력 신호를 $y[n]$이라 할 때, 위 시스템의 차분방정식을 구하시오.
(b) 위 시스템에 대하여 제1 직접형의 블록 다이어그램을 그리시오.
(c) 위 시스템에 대하여 제2 직접형의 블록 다이어그램을 그리시오.
(d) 위 시스템을 직렬 연결로 구현하시오.
(e) 위 시스템을 병렬 연결로 구현하시오.

부록

부록 A 주요 수학 공식

부록 A.1 삼각함수

$$\tan\theta = \frac{\sin\theta}{\cos\theta}$$

$$\sec\theta = \frac{1}{\cos\theta}$$

$$\csc\theta = \frac{1}{\sin\theta}$$

$$\cot\theta = \frac{1}{\tan\theta}$$

$$\cos^2\theta + \sin^2\theta = 1$$

$$\sin 2\theta = 2\sin\theta\cos\theta$$

$$\cos 2\theta = \cos^2\theta - \sin^2\theta = 2\cos^2\theta - 1 = 1 - 2\sin^2\theta$$

$$\cos^2\theta = \frac{1}{2}(1 + \cos 2\theta)$$

$$\sin^2\theta = \frac{1}{2}(1 - \cos 2\theta)$$

$$\sin(A \pm B) = \sin A\cos B \pm \cos A\sin B$$

$$\cos(A \pm B) = \cos A\cos B \mp \sin A\sin B$$

$$\sin A\cos B = \frac{1}{2}[\sin(A+B) + \sin(A-B)]$$

$$\cos A \cos B = \frac{1}{2}[\cos(A+B) + \cos(A-B)]$$

$$\sin A \sin B = \frac{1}{2}[\cos(A-B) - \cos(A+B)]$$

부록 A.2 복소수

복소수 $z = x + jy = re^{j\theta}$일 때,

켤레 복소수: $z^* = (x+jy)^* = x - jy = re^{-j\theta}$

$$zz^* = |z| = r^2$$

$$x = \mathrm{Re}(z) = \frac{z + z^*}{2}$$

$$y = \mathrm{Im}(z) = \frac{z - z^*}{j2}$$

$$r = |z| = \sqrt{x^2 + y^2}$$

$$\theta = \arctan\left(\frac{y}{x}\right)$$

오일러 공식: $e^{j\theta} = \cos\theta + j\sin\theta$

$$\cos\theta = \frac{1}{2}\left(e^{j\theta} + e^{-j\theta}\right)$$

$$\sin\theta = \frac{1}{j2}\left(e^{j\theta} - e^{-j\theta}\right)$$

부록 A.3 급수

$$\sum_{n=0}^{N} a^n = \frac{1-a^{N+1}}{1-a}$$

$$\sum_{n=0}^{\infty} a^n = \frac{1}{1-a}, \ |a| < 1$$

$$\sum_{n=L}^{N} a^n = \frac{a^L - a^{N+1}}{1-a}$$

$$\sum_{n=L}^{\infty} a^n = \frac{a^k}{1-a}, \ |a| < 1$$

$$\sum_{n=-L}^{-\infty} a^n = \frac{a^{1-L}}{a-1}, \ |a| > 1$$

부록 A.4 미분

$$\frac{d}{dx}[x^n] = nx^{n-1}$$

$$\frac{d}{dx}[e^{ax}] = ae^{ax}$$

$$\frac{d}{dx}[\ln(x)] = \frac{1}{x}$$

$$\frac{d}{dx}[\sin(ax)] = a\cos(ax)$$

$$\frac{d}{dx}[\cos(ax)] = -a\sin(ax)$$

$$\frac{d}{dx}[\tan(ax)]=a\sec^2(ax)$$

$$\frac{d}{dx}[\sec(ax)]=\frac{a}{\sqrt{1-(ax)^2}}$$

$$\frac{d}{dx}[\csc(ax)]=-\frac{a}{\sqrt{1-(ax)^2}}$$

$$\frac{d}{dx}[\cot(ax)]=\frac{a}{\sqrt{1+(ax)^2}}$$

$$\frac{d}{dx}[f(x)g(x)]=f(x)\frac{d}{dx}[g(x)]+g(x)\frac{d}{dx}[f(x)]$$

부록 A. 5 적분

$$\int x^n dx=\frac{1}{n+1}x^{n+1}+C,\ n\neq -1$$

$$\int e^{ax}dx=\frac{1}{a}e^{ax}+C,\ a\neq 0$$

$$\int x^{-1}dx=\ln|x|+C,\ x\neq 0$$

$$\int \cos(ax)dx=\frac{1}{a}sin(ax)+C$$

$$\int \sin(ax)dx=-\frac{1}{a}cos(ax)+C$$

$$\int xe^{ax}dx=\frac{1}{a}xe^{ax}-\frac{1}{a^2}e^{ax}+C$$

$$\int x\cos(ax)dx=\frac{1}{a}x\sin(\mathrm{ax})+\frac{1}{\mathrm{a}^2}\cos(\mathrm{ax})+\mathrm{C}$$

$$\int x\sin(ax)dx = -\frac{1}{a}x\cos(ax) + \frac{1}{a^2}sin(ax) + C$$

$$\int x^n\cos(ax)dx = \frac{1}{a}x^n\sin(ax) - \frac{1}{a}n\int x^{n-1}\sin(ax)dx$$

$$\int x^n\sin(ax)dx = -\frac{1}{a}x^n\cos(ax) + \frac{1}{a}n\int x^{n-1}\cos(ax)dx$$

$$\int e^{bx}\cos(ax)dx = \frac{e^{bx}}{b^2+a^2}b\cos(ax) + \frac{e^{bx}}{b^2+a^2}a\sin(ax) + C$$

$$\int e^{bx}\sin(ax)dx = \frac{e^{bx}}{b^2+a^2}b\sin(ax) - \frac{e^{bx}}{b^2+a^2}a\cos(ax) + C$$

$$\int f(x)\left[\frac{g(x)}{dx}\right]dx = f(x)g(x) - \int g(x)\left[\frac{f(x)}{dx}\right]dx$$

부록 B 푸리에 표현 표

부록 B.1 연속시간 푸리에 급수 쌍

표 B.1 연속시간 신호의 주요 푸리에 급수 쌍

시간 영역 $x(t)$	주파수 영역 $X[k]$
$x(t)=\sum_{k=-\infty}^{\infty} X[k]e^{jk\omega_0 t}$, 주기: T	$X[k]=\frac{1}{T}\int_{-T/2}^{T/2} x(t)e^{-jk\omega_0 t}dt$, $\omega_0=\frac{2\pi}{T}$
$\cos(k_0\omega_0 t)$	$\frac{1}{2}\delta[k-k_0]+\frac{1}{2}\delta[k+k_0]$
$\sin(k_0\omega_0 t)$	$\frac{1}{j2}\delta[k-k_0]-\frac{1}{j2}\delta[k+k_0]$
$e^{jk_0\omega_0 t}$	$\delta[k-k_0]$
$x(t)=\begin{cases}1, & \|t\|\le\tau \\ 0, & \tau<\|t\|\le T/2\end{cases}$	$\frac{\sin(k\omega_0\tau)}{k\pi}$
$\sum_{m=-\infty}^{\infty}\delta(t-mT)$	$\frac{1}{T}$

부록 B.2 연속시간 푸리에 변환 쌍

표 B.2 연속시간 신호의 주요 푸리에 변환 쌍

시간 영역 $x(t)$	주파수 영역 $X(j\omega)$
$x(t)=\frac{1}{2\pi}\int_{-\infty}^{\infty}X(j\omega)e^{j\omega t}d\omega$	$X(j\omega)=\int_{-\infty}^{\infty}x(t)e^{-j\omega t}dt$
$\delta(t)$	1
1	$2\pi\delta(\omega)$
$u(t)$	$\frac{1}{j\omega}+\pi\delta(\omega)$
$e^{-at}u(t),\ \mathrm{Re}\{a\}>0$	$\frac{1}{a+j\omega}$
$te^{-at}u(t),\ \mathrm{Re}\{a\}>0$	$\frac{1}{(a+j\omega)^2}$
$e^{-a\|t\|},\ a>0$	$\frac{2a}{a^2+\omega^2}$
$x(t)=\begin{cases}1, & \|t\|\le\tau \\ 0, & otherwise\end{cases}$	$\frac{2\sin(\omega\tau)}{\omega}$
$\frac{\sin(\omega_0 t)}{\pi t}$	$X(j\omega)=\begin{cases}1, & \|\omega\|\le\omega_0 \\ 0, & otherwise\end{cases}$
$\cos(\omega t+\theta)$	$\pi e^{-j\theta}\delta(\omega-\omega_0)+\ \pi e^{j\theta}\delta(\omega+\omega_0)$
$\sum_{n=-\infty}^{\infty}\delta(t-nT)$	$\frac{2\pi}{T}\sum_{m=-\infty}^{\infty}\delta\left(\omega-m\frac{2\pi}{T}\right)$
$\mathrm{sgn(t)}$	$\frac{2}{j\omega}$

표 B.3 연속시간 주기 신호의 주요 푸리에 변환 쌍

시간 영역 $x(t)$	주파수 영역 $X(j\omega)$
$x(t) = \sum_{k=-\infty}^{\infty} X[k] e^{jk\omega_0 t}$, 주기: T	$X(j\omega) = 2\pi \sum_{k=-\infty}^{\infty} X[k] \delta(\omega - k\omega_0)$
$\cos(\omega_0 t + \theta)$	$\pi e^{-j\theta} \delta(\omega - \omega_0) + \pi e^{j\theta} \delta(\omega + \omega_0)$
$e^{j\omega_0 t}$	$2\pi \delta(\omega - \omega_0)$
$\sum_{n=-\infty}^{\infty} \delta(t - nT)$	$\frac{2\pi}{T} \sum_{m=-\infty}^{\infty} \delta\left(\omega - m\frac{2\pi}{T}\right)$
$x(t) = \begin{cases} 1, & \|t\| \le \tau \\ 0, & \tau < \|t\| < T/2 \end{cases}$	$\sum_{k=-\infty}^{\infty} \frac{2\sin(k\omega_0 \tau)}{k} \delta(\omega - k\omega_0)$

부록 B.3 이산시간 푸리에 급수 쌍

표 B.4 이산시간 신호의 주요 푸리에 급수 쌍

시간 영역 $x[n]$	주파수 영역 $X[k]$
$x[n]=\sum_{k=0}^{N-1}X[k]e^{jkn\Omega_0}$, N : 주기	$X[k]=\frac{1}{N}\sum_{n=0}^{N-1}x[n]e^{-jkn\Omega_0}$, $\Omega_0=\frac{2\pi}{N}$
$\cos(k_0\Omega_0 n)$	$X[k]=\begin{cases}1/2, & k=\pm k_0, \pm k_0 \pm N, \cdots \\ 0, & \text{otherwise}\end{cases}$
$e^{jk_0\Omega_0 n}$	$X[k]=\begin{cases}1, & k=k_0, k_0 \pm N, \cdots \\ 0, & \text{otherwise}\end{cases}$
$x[n]=\begin{cases}1, & \|n\| \le N_0 \\ 0, & N_0 < \|n\| \le N/2\end{cases}$	$\frac{\sin(k\Omega_0(2N_0+1)/2)}{N\sin(k\Omega_0/2)}$
$\sum_{m=-\infty}^{\infty}\delta[n-mN]$	$\frac{1}{N}$
1	$X[k]=\begin{cases}1, & k=0, \pm N, \cdots \\ 0, & \text{otherwise}\end{cases}$

부록 B.4 이산시간 푸리에 변환 쌍

표 B.5 이산시간 신호의 주요 푸리에 변환 쌍

시간 영역 $x[n]$	주파수 영역 $X(e^{j\Omega})$
$x[n]=\frac{1}{2\pi}\int_{-\pi}^{\pi}X(e^{j\Omega})e^{j\Omega n}d\Omega$	$X(e^{j\Omega})=\sum_{n=-\infty}^{\infty}x[n]e^{-j\Omega n}$
$\delta[n]$	1
$u[n]$	$\frac{1}{1-e^{-j\Omega}}+\pi\sum_{k=-\infty}^{\infty}\delta(\Omega-2\pi k)$
$a^n u[n],\ \lvert a\rvert<1$	$\frac{1}{1-ae^{-j\Omega}}$
$x[n]=\begin{cases}1, & \lvert n\rvert\le N_0\\ 0, & \text{otherwise}\end{cases}$	$\frac{\sin(\Omega(2N_0+1)/2)}{\sin(\Omega/2)}$
$\frac{\sin(\Omega_0 n)}{\pi n},\ 0<\Omega_0\le\pi$	$X(j\omega)=\begin{cases}1, & \lvert\Omega\rvert\le\Omega_0\\ 0, & \Omega_0\le\lvert\Omega\rvert\le\pi\end{cases}$

표 B.6 이산시간 주기 신호의 주요 푸리에 변환 쌍

시간 영역 $x[n]$	주파수 영역 $X(e^{j\Omega})$
$x[n]=\sum_{k=0}^{N-1}X[k]e^{jkn\Omega_0}$, N : 주기	$X(e^{j\Omega})=2\pi\sum_{k=-\infty}^{\infty}X[k]\delta(\Omega-k\Omega_0)$
$\cos(\Omega_0 n)$	$\pi\sum_{k=-\infty}^{\infty}\{\delta(\Omega-\Omega_0-2\pi k)+\delta(\Omega+\Omega_0-2\pi k)\}$
$e^{j\Omega_0 n}$	$2\pi\sum_{k=-\infty}^{\infty}\delta(\Omega-\Omega_0-2\pi k)$
$\sum_{-\infty}^{\infty}\delta(n-kN_0)$	$\frac{2\pi}{N}\sum_{k=-\infty}^{\infty}\delta\left(\Omega-\frac{2\pi k}{N}\right)$

부록 C 라플라스 변환 표

부록 C.1 연속시간 라플라스 변환 쌍

표 C.1 연속시간 신호의 주요 라플라스 변환 쌍

시간 영역 신호 $x(t)$	라플라스 변환 $X(s)$
$x(t)=\frac{1}{2\pi j}\int_{\sigma-j\infty}^{\sigma+j\infty}X(s)e^{st}ds$	$x(t)=\int_{-\infty}^{\infty}x(t)e^{-st}ds$
$\delta(t)$	1
$u(t)$	$\frac{1}{s}$, $\mathrm{Re}\{s\}>0$
$tu(t)$	$\frac{1}{s^2}$, $\mathrm{Re}\{s\}>0$
$e^{-at}u(t)$	$\frac{1}{s+a}$, $\mathrm{Re}\{s\}>-a$
$te^{-at}u(t)$	$\frac{1}{(s+a)^2}$, $\mathrm{Re}\{s\}>-a$
$\cos(\omega_0 t)u(t)$	$\frac{s}{s^2+\omega_0^2}$, $\mathrm{Re}\{s\}>0$
$\sin(\omega_0 t)u(t)$	$\frac{\omega_0}{s^2+\omega_0^2}$, $\mathrm{Re}\{s\}>0$
$e^{-at}\cos(\omega_0 t)u(t)$	$\frac{s+a}{(s+a)^2+\omega_0^2}$, $\mathrm{Re}\{s\}>-a$
$e^{-at}\sin(\omega_0 t)u(t)$	$\frac{\omega_0}{(s+a)^2+\omega_0^2}$, $\mathrm{Re}\{s\}>-a$

부록 D z 변환표

부록 D.1 이산시간 z 변환 쌍

표 D.1 이산시간 신호의 주요 z 변환 쌍

시간 영역 신호 $x[n]$	z 변환 $X(z)$
$x[n]=\dfrac{1}{2\pi j}\oint X(z)z^{n-1}dz$	$X[z]=\sum\limits_{n=-\infty}^{\infty}x[n]z^{-n}$
$\delta[n]$	1
$u[n]$	$\dfrac{1}{1-z^{-1}},\ \lvert z\rvert>1$
$a^n u[n]$	$\dfrac{1}{1-az^{-1}},\ \lvert z\rvert>\lvert a\rvert$
$\cos(\Omega_0 n)u[n]$	$\dfrac{1-z^{-1}\sin\Omega_0}{1-2z^{-1}\cos\Omega_0+z^{-2}},\ \lvert z\rvert>1$
$\sin(\Omega_0 n)u[n]$	$\dfrac{z^{-1}\sin\Omega_0}{1-2z^{-1}\cos\Omega_0+z^{-2}},\ \lvert z\rvert>1$
$a^n\cos(\Omega_0 n)u[n],\ a>0$	$\dfrac{1-az^{-1}\sin\Omega_0}{1-2az^{-1}\cos\Omega_0+a^2z^{-2}},\ \lvert z\rvert>a$
$a^n\sin(\Omega_0 n)u[n],\ a>0$	$\dfrac{az^{-1}\sin\Omega_0}{1-2az^{-1}\cos\Omega_0+a^2z^{-2}},\ \lvert z\rvert>a$

찾아보기

§